科普经典译丛

KEPU JINGDIAN YICONG

活力地球

地球面临的挑战

环境与地质

◎ 〔美〕乔恩·埃里克森 著

◎ 杨心鸽 译

首都师范大学出版社

CAPITAL NORMAL UNIVERSITY PRESS

图书在版编目（CIP）数据

地球面临的挑战：环境与地质/(美)乔恩·埃里克森著；杨心鸽译.
—北京：首都师范大学出版社，2010.7
（科普经典译丛.活力地球）
ISBN 978-7-5656-0044-9

Ⅰ.①地… Ⅱ.①乔… ②杨… Ⅲ.①地球科学－普及读物
Ⅳ.①P-49

中国版本图书馆CIP数据核字(2010)第130775号

ENVIRONMENTAL GEOLOGY: Facing the Challenges of Our Changing Earth by Jon Erickson
Copyright © 2002 by Jon Erickson
This edition arranged by Facts On File, Inc.
Simplified Chinese edition copyright © 2010 by Capital Normal University Press
All rights reserved.
北京市版权局著作权合同登记号 图字:01-2008-2147

活力地球丛书

DIQIU MIANLIN DE TIAOZHAN—HUANJING YU DIZHI

地球面临的挑战——环境与地质（修订版）

［美］乔恩·埃里克森　著

杨心鸽　译

项目统筹　杨林玉　　　　　　　　版权引进　杨小兵　喜崇爽
责任编辑　林予　杨帆　　　　　　封面设计　王征发
责任校对　李佳艺
首都师范大学出版社出版发行
地　址　北京西三环北路105号
邮　编　100048
电　话　010-68418523（总编室）　68982468（发行部）
网　址　www.cnupn.com.cn
北京集惠印刷有限责任公司印刷
全国新华书店发行
版　次　2010年7月第1版
印　次　2013 年 2 月第5次印刷
开　本　787mm×1092mm　1/16
印　张　18
字　数　194千
定　价　42.00元

目录

10 土地利用
地貌的改变

简表

致谢

感谢美国国家航空航天局，美国大气及海洋管理局，美国国家公共管理局，美国空军，美国陆军工程兵团，美国农业部，美国农业部林业局，美国农业部土壤资源保护局，美国能源部，美国地质调查局和美国海军为本书提供图片。

衷心感谢责任编辑弗兰克·达姆施塔特先生(Frank K. Darmstadt) 和副编辑辛西娅·亚兹贝克女士(Cynthia Yazbek)为本套书的制作、出版付出的努力。

序言

现在，地球上的人口已超过60亿，我们每一个人都需要空气、食物、水和居住空间。地球还能承担多少人口？现存人口的两倍？是的，也许可以。

由于地球处在不断变化的过程中，因而要对可用资源和未来的资源需求进行准确预测显得着实不易。我们周围正在发生的变化，其中一些是不可避免的自然演变的结果，但多数是人类活动引发的后果。如果想要了解人类面临的希望和灾难，我们必须更深入地了解环境变化的原因以及结果。对此环境地质科学将是解决之道。

地球总是处在运动中。地壳运动会形成火山，断层不断移动会引发地震，地球表面太阳能的分布不均会引起风的激烈运动，形成巨大的破坏力。我们可能会把这些看作不幸的灾难，但是，如果没有这些能量运动，地球将呈现一片死寂。我们需要学会与这些巨大力量相处，也许还需要将其收为己用。只有学习环境地质学，我们才能实现这一目的。

我们十分惊奇地发现，人类自身在地球上的活动事实上能对大自然的力量产生巨大作用。在50年前，科学家就意识到，燃烧煤、石油等化石燃料会改变大气中二氧化碳的含量。地球、大气圈、海洋和土壤形成的储层，能够吸收人类倾倒的任何废物。如今我们知道人类能够打破大自然的平衡，并且正在进行这个破坏过程。如果想要准确认识并抑制人类的影响，我们需要通过更详细地量化、分析、理解本书描述的碳、氮、水等地球大循环。

现在，我们知道地球温度在稳步增长，而且很可能人类活动是造成这个进程的起因。对于野生动物和人类，温度升高带来的结果仍富有争议。然而，气候改变是毫无疑问的，它可能导致世界部分地区天气的巨大波动。某些地区已经处在强大的人类压力下，如酸雨地区，它们的生产力会越来越弱，必然导致饥荒和人类苦难。一些动植物物种可能会被推向灭绝边缘，我们将会失去这些未经研究的基因资源。渔业、林业和农业也将受到这些即将到来的变化的影响，从而对整个社会产生重大的影响。

　　环境地质学的研究可能还不能提供这些问题的所有答案，但是至少它为我们提供了很清晰的视野。本书的目的正是提供这样的视野。随着周围环境的不断变化，我们迫切需要认识并掌握这些信息。变化总是伴随着我们，但是这些巨变却是史无前例的。面对变化中的地球带给我们的难题，我们需要完备的知识和全新的思维方式。本书旨在为我们提供需要的信息，而且它也能激发富有想象力的、新颖的想法。这些想法是下一代面对挑战，维护地球所必需的。

——彼得·穆尔　博士

简介

环境地质学是一门相对较新的学科。它涉及人和地质环境的关系，主要研究由人类活动引起的自然环境恶化及生态问题。环境地质学应用地质学知识去解决自然和人为的环境问题。环境地质学的其他重要主题包括生态学（生命及其生存环境的相互关系）、水文学（研究从海洋到大陆的水循环）、自然资源（矿产资源和能源资源）和土地利用（地球表面土地的利用）。

地球一直在变化。这些变化有些是自然演变的结果，但是也有很多是由人类活动引起的。随着人口数量的快速增长，人们的需求也随之增加，由于人类活动引起的环境污染正不断地改变着地球。在某种意义上，这种改变足以与长期的地质作用的影响相提并论。因为人类对于环境的影响是全球范围的，与大火山爆发类似，所以人们称之为"人类火山"。因此人类成了地质活动的重要组成部分。

本书首先介绍了自然力量，介绍它们是如何影响地球生存环境并维持生物循环的，接着研究了大气和水污染，废弃物处置和环境修复，然后探讨了温室气体和大气污染影响气候的方式，之后介绍了气候对大陆水分布的作用，洪水的影响以及如何控制洪水从而拯救人类生命和财产，继而探讨了河流运载的沉积物到达海洋时，海岸过程对沿海居民的影响，并探讨了海洋如何开垦新陆地。

接下来，本书介绍了地震和火山运动及其对社会的危害作用，然后具体介绍了土壤侵蚀、山体滑坡、地面断裂等破坏作用，接着介绍了沙漠地区的地质危害以及干旱、沙漠扩张、荒漠化和沙丘移动对人类生活的影响，继而探讨了自然资源的耗竭和新能源的开发，最后介绍了正确使用土地对维持生命的重要性。

简而言之，地质作用过程塑造了地球表面，使地球成为一个活的星体。对于科学爱好者来说，这是一门充满魅力的学科。通过对本书的学习，读者将更好地了解地球自然力的运作方式。对于地质学和地球科学专业的学生来说，本书将有助于他们将来的研究工作，是一本有价值的参考书。本书配有丰富的照片、具体的说明和详细的表格，读者将享受这种清晰并且通俗易懂的介绍方式。此外，本书附有全面的词汇表，对书中较为难懂的专业术语进行了详细的解释。

1

大自然的平衡

自然进程

　　本章探讨自然力及其影响地球生存条件的方式。生命的许多方面受循环过程掌控。可能地月系统的周期是生命出现的首要因素。持续的潮涨潮落是潮间带大幅增大的原因。地球自身的循环也影响着地理生化进程。海水不断蒸发后降落回大陆的过程是自然界最重要的循环之一。

　　岩石循环引起了火山活动，对气候和生命产生了深远的影响。碳循环维持着热能输入和输出平衡，决定了地球的温度。事实上，如果没有温室效应，就没有生命能在地球上存活，因为它圈住了大气中的热量，防止它逃逸至外太空。生物圈中的氮循环也是支撑着生命在地球上生存的基本因素。

生物圈

生物圈容纳了所有生物体，它所拥有的生命体比我们以往想象的要更加广阔、更加丰富。地球表面的生命显而易见，以至于我们经常忘记，地球上绝大部分的生物隐藏于我们的视线之外。它们是氮循环中的简单生物，有助于其他所有生命形式的生存。

生命伊始，它已经对地球上多样的化学、气候和地理变化作出回应，物种或适应变化或灭绝。在化石记录中，我们能找到进化树的枝干上的许多结点，而化石记录本身只代表了现存物种的一部分。几乎生物体每一种可能的形式和功能都被尝试过，这些尝试有成功也有失败。借助这种尝试的选择性方式，自然使适者生存，不适者淘汰。

现存物种几乎已经适应了所有可能的环境，从冰点以下到沸点、从强酸到强碱，也适应了深海，适应了洋底深处的强压。在深层地下也可以发现存活的细菌。几百万年前困于琥珀中而后埋藏于厚沉积岩中的细菌孢子能奇迹般地复活。在洋底冰冷黑暗的地方有一个奇异角落，那里生存着一些地球上最奇特的生物。人们也发现有复杂动物，有时也称极端生物（extremeophile），生存于这种令人出乎意料的奇特环境，这显示了生命在极限条件下的超强适应力。

地球上几乎没有生命绝迹之所。在最炎热的沙漠和最寒冷的极地中，我们也能找到生命。生命可以栖息于最深的峡谷和最高的山脉。生命也存在于最深的海洋和对流层的最高处。在滚热的温泉中（图1）或者地下深层的高温环境中也有生物存在。地球表面经常看到的物种看似是塑造地球的主力，但实际上，不可见的微生物贡献才是最大的。它们将近占生命体的总重量的90%。这些形态简单的生物具有生化多样性和强适应性，必然成为维持地球生存境况的必要条件。

活跃于海洋光照区的单细胞光合作用生物生成了大气中80%的氧气。细菌等微生物在分解动植物遗体以及保持生物圈氮循环方面起着重要的作用。地表植物需要依赖于根系的细菌固氮。细菌寄生于动物体内，帮助其消化食物。生物作用可以聚集地壳中的硅、碳、铁、镁、铜和硫。简单生物体也包含了生物生存最终依赖的食物链中的最底层生物。

生物是造成地球广泛变化的一个主要因素。地球历史中生物圈演化进程

图1
怀俄明州黄石国家公园蛇河温泉群中最大的温泉（照片由J. D. Love拍摄，美国地质勘探局提供）

的证据属于广阔的生物地质学领域。叠层石（图2）可能是最古老的微生物群的遗体化石，早达35亿年前便已存在。年龄为38亿岁的格陵兰岛西南部伊沙地层的碳沉积显示了碳13到碳12的衰变，这普遍被认为是生物活动的证据。因此，生命进程可能已经延续了至少80％的地球史。

随着时间推进，生物已经给地球带来了一些显著的、普遍的变化。第一个重要变化是大陆边缘含铁地层被铁细菌析出。为了获取铁矿，全世界的人们广泛开采这些地层。第二个变化源于能量来源之一的光合作用将大气和海洋中的绝大部分二氧化碳转化为氧气。（图3）光合作用生成的氧气还有另一个重要作用，即形成大气上层的臭氧层。臭氧层阻挡了太阳辐射有害紫外线，为陆生植物和动物创造了安全的生存条件，使得它们能够在地球上繁衍。

人类进化还带来了另一个巨变。大量化石燃料的燃烧、有毒废物对环境的污染、森林和野生生物生存环境的破坏以及难以控制的人口的快速增长，使人类在相对较短的时间内成为影响地球重要变化的独一无二的因素。这使得人类成为引起地球变化的一种主要生物力量。

图2
亚利桑那州吉拉县峡谷溪(Canyon Creek)和盐河 (Salt River)接合处的叠层石（照片由希莱德 (A.F. Shride) 拍摄，美国地质勘探局提供）

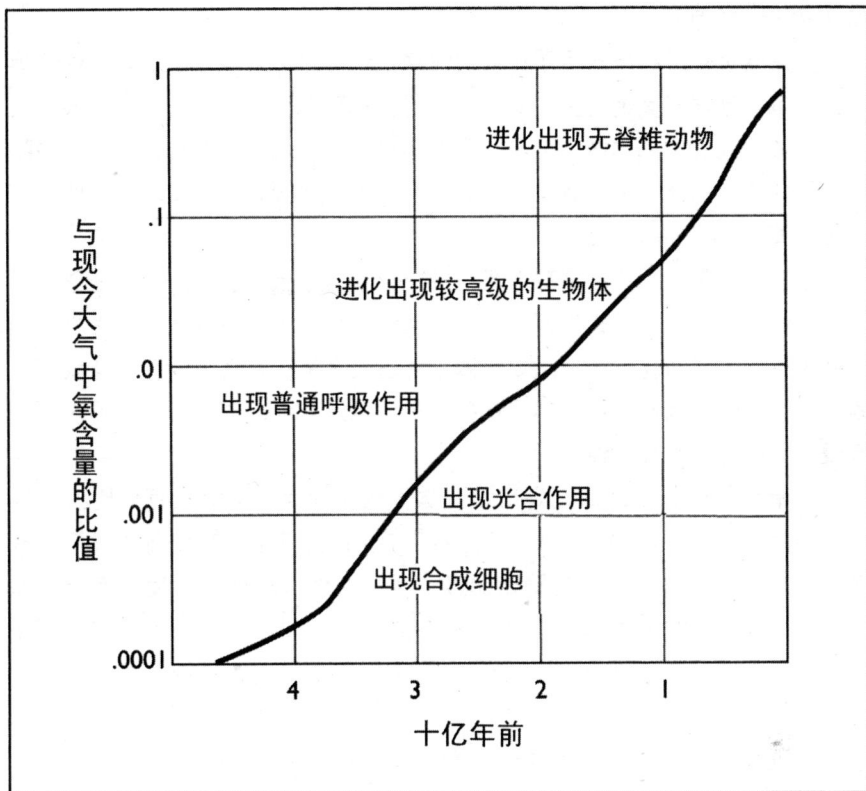

图3
生命的进化与氧气的关系

盖亚假说

　　不仅仅是地球为生命提供了生存所必需的条件，生命本身也会通过完成自身的一些变化维持生命体的最优状态，这就是盖亚假说。盖亚假说以希腊的大地神命名，暗示生命在一定程度上对自身生存环境起着积极的影响作用，并能优化生存条件。盖亚假说将地球描述为一个为自身创造良好环境的巨大生命有机体。因此，生命体和非生命体之间的互相影响形成了一个保持平衡常态的自我调节系统。

　　在物理学上，生命的定义是：一个巨大复杂的分子机器，它至少能暂时克服热力学第二规律（热力学第二规律认为每一种有序形式最终会消解而进入混沌状态）。生命试图与宇宙的稳定衰退抗争。但是，生命的逆向抗争却是以消耗太阳提供的大量能量为代价的。这能从大气和海洋中存在的大量氧气得到证明。如果没有生命，化学反应会减速，所有的氧气早就和地壳的其他元素结合而消失。

生命在进化过程中产生了许多缓慢稳定的变化，对地球的成型产生了极大的影响。地球和其他行星及其卫星一样，都有地核、地幔、地壳，甚至大气圈、液态或固态的水圈。但是，只有地球拥有生物圈，而且，这个生物圈不仅仅包含生命体。只有融合了生命的岩石圈、水圈和大气圈才能组成完整的生物圈。

板块构造是生命能在地球上繁衍的一个主要原因。也许，如果地球上不存在生命，这些活跃的板块运动也不会活动。大洋中形成碳酸钙的生物体吸收了大气中的二氧化碳（造成温室效应的重要气体）并将其储存于洋底的沉积物中。这能使地球表面的温度保持在板块构造有效运动的必须范围内，进而维持了地球的生存条件。

原始大气成分中近25％是二氧化碳，与当前大气的氧气百分比大致相同。当时，到达地球的太阳光比现在少1/3，而高浓度的二氧化碳维持了地球的温度。如果缺少这种起稳定温度作用的气体，地球早已完全冻结，加上冰对阳光强大的反射作用，地球将变成一个冰球。事实上，在大约6亿8千万年前，地球上发生过最严重的冰川作用，那时，连热带地区都被封冻住了。

在进化过程中，绿色植物通过光合作用吸收二氧化碳，生成复杂有机物、氧气等副产物。在生命进化过程中，太阳在逐渐变热，因此大气中不再需要大量二氧化碳。如果生物圈没有将大气中的二氧化碳去除，那么地球早就遭遇了和火星一样的命运，早在几千万年前地表的高温就使海洋蒸发了；而如果地球一开始便拥有当前的大气，它会像水星一样冷。不管是哪种情况，生命都不会生存。

起初，简单生物体生存于厌氧（缺少氧气）环境中，即氧气对于生命是有毒的。早在35亿年前，在光合作用起始阶段，当藻类建造了第一批叠层石时，植物生产的所有氧都与化学元素结合。这些氧被永远封存于地壳中。大约20亿年前，这些氧库吸纳了最大量的氧气。海洋与大气中的氧气开始逐渐积累。当氧含量到达较高水平时，复杂生物开始进化（表1）。当氧含量达到当前水平时，臭氧屏障使得植物和动物占领了陆地。

生命完美地保持了氧气和二氧化碳的平衡。任何一种气体过量都将产生灾难性后果。生命以某种特殊方式直接与温室效应相联系，它一方面将大气作为原材料来源（如氧、氮），另一方面将其作为废物库（如二氧化碳）。活的生物借此能将气候调节到利于自身的状态。因此可以说，没有生命，地球气候将完全失去控制。

表1　生命和大气的演化

演化	起始（百万年）	大气
地球起源	4600	氢气、氦气
生命起源	3800	氮气、甲烷、二氧化碳
光合作用	2300	氮气、二氧化碳、氧气
真核细胞	1400	氮气、二氧化碳、氧气
有性生殖	1100	氮气、氧气、二氧化碳
后生动物	700	氮气、氧气
陆生植物	400	氮气、氧气
陆生动物	350	氮气、氧气
哺乳动物	200	氮气、氧气
人类	2	氮气、氧气

动态平衡

　　地球的温度位于水的凝固点和沸点之间，这是适于生物生存的环境。地球与太阳的距离对温度范围起着最重要的影响作用，仅10%的日地差距，可能便是地球生物的生死之线。即便是极小的轨道变化也能促发冰川时期的到来。

　　温室效应是影响气候的最主要因素（图4），它能吸收太阳能量，否则能量将逃逸至太空。如果火星大气中的二氧化碳含量与水星相同，即便远在太阳系之外，它也将比地球热。火星接收到极少量太阳辐射，并且通常这些热能会逃逸至外太空，但是强烈的温室效应会保存这些热量。另一个方面，如果水星大气二氧化碳含量与火星一样稀少，即便离太阳较近，它也会比地球冷。

　　因此可以说，温室效应使生命得以在地球上存在。尽管太阳辐射量比现在少，早期大气中大量的温室气体将温度保持在生命能够忍耐、维持的范围。大气中二氧化碳含量的波动已经严重地影响了全球气候变化。在冰川时期，碳循环使大量的二氧化碳从大气中清除，导致温度急剧降低，巨大的冰盖漂浮在陆地上。另一方面，当剧烈的火山运动将大量的二氧化碳气体释放到大气中，会使温度上升，地球变为温室。因此，只有将二氧化碳的含量维

7

图4
温室效应的原理。大气温室气体吸收太阳红外辐射，然后再辐射到地球表面

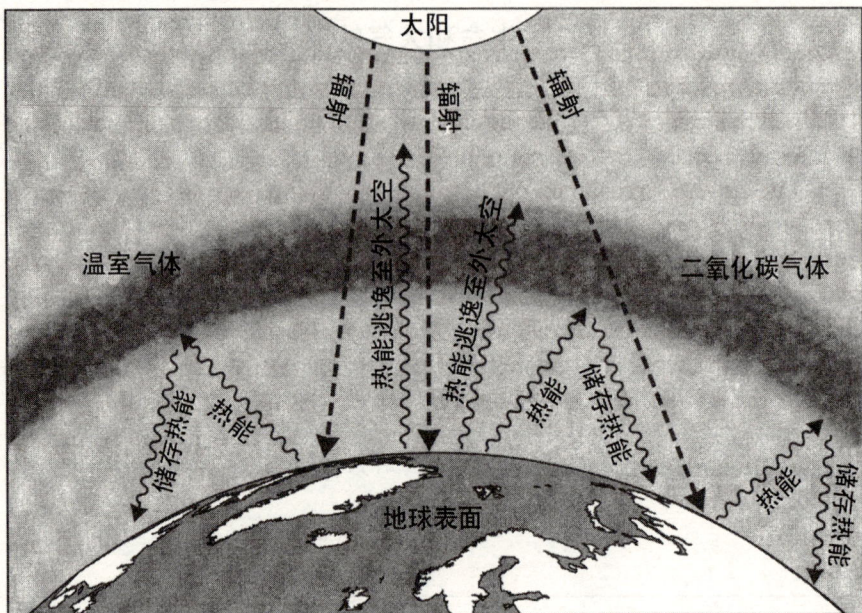

持在标准状态下，气候才最适于生命体生存。

生态圈，将生命和其他的地球演化进程结合，为生命体的生存提供了最基本的需求。正如盖亚假说中提出的，为了维持最佳生存条件，生命体自身也发生了重要变化。地球中存在生命的生物圈，看似可以在一定程度上调节气候从而控制环境。这类似于人体通过调整体温使新陈代谢最优化。例如，一种特殊的藻类会向大气中释放一种特殊的硫化物，这种物质可以促进云团形成。如果地球变暖，藻类生长速度就会加快，它会释放更多的促进云团形成的硫化物来冷却地球，从而稳定温度。

光合生物将大气二氧化碳中的碳和水中的氢结合生成碳氢化合物，从而获得能量。从已变成化石的茎、叶（图5）中可以证明，煤矿床来源于古代沼泽地中茂盛的植物，因此它本质上是埋藏的太阳能。而大量的地下石油储层实际上是燃烧碳氢，它们来自以前存活的微生物。这些化石燃料已经积聚了上百万年。当它们在工厂、熔炉和机动车中燃烧时，化学反应式倒转，碳和氧气结合生成二氧化碳重新释放到大气中（图6）。

人类工业化进程以及生存环境的破坏（包括砍伐森林、丧失湿地等）向大气中释放了大量二氧化碳，从而干扰了地球碳循环。大量化石燃料的燃

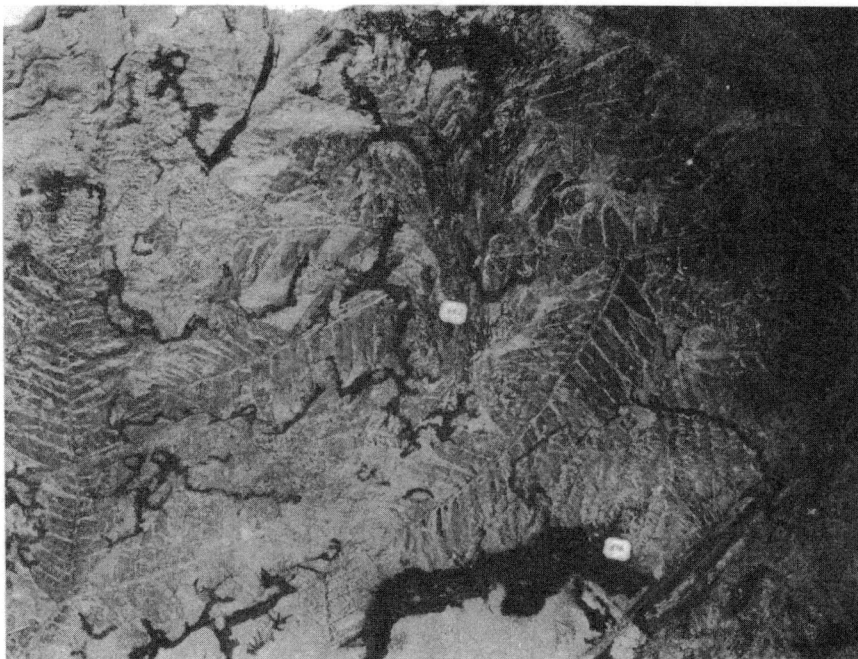

图5
宾夕法尼亚州菲耶特县，桫椤科脉羊齿属的化石叶（照片由 E. B. Hardin哈丁拍摄，美国地质勘探局提供）

烧，有毒废弃物对环境的污染、森林的破坏、物种的灭绝以及难以控制的人口增长使人类在相对较短的时间内成为影响地球重要变化的独一无二的因素。照这样下去，人类正在快速成为这颗星球上最具毁灭性的一种力量，破坏了自然界正努力维持的平衡。

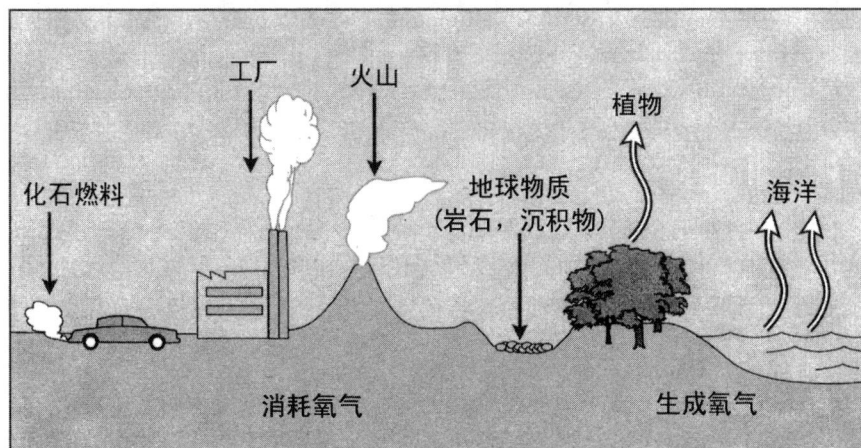

图6
化石燃料燃烧和材料氧化作用所消耗的氧气通过陆地和海洋上的植物呼吸作用达到平衡

9

图7
地球热能收支

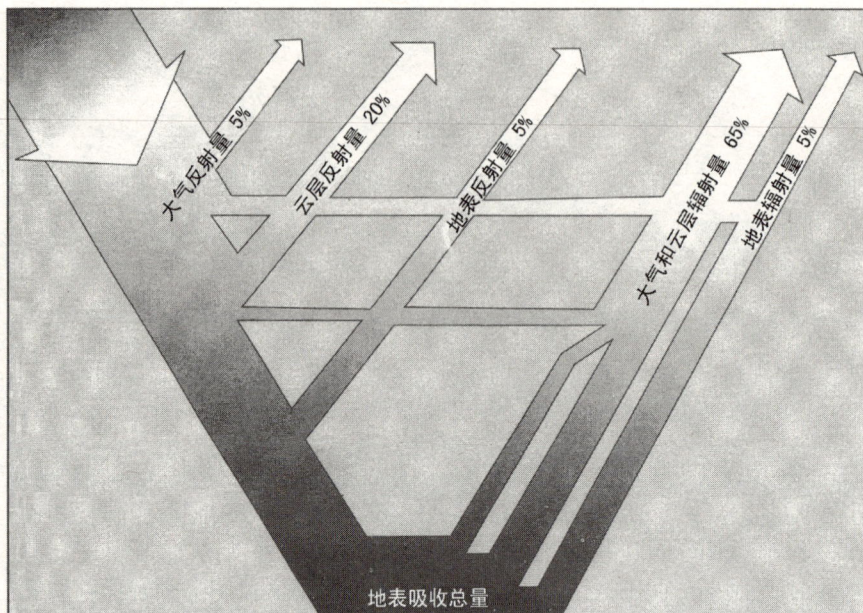

大气反射量 5% 云层反射量 20% 地表反射量 5% 大气和云层辐射量 65% 地表辐射量 5%

地表吸收总量

能量收支

　　大气维持着入射太阳辐射能与出射的红外辐射能之间的平衡。地球截取了约十亿分之一的太阳射线，但是仅1/2到达了地表，其中90%用于蒸发水分。当水蒸气凝结形成云时，就将热能释放到大气中。地球再辐射到太空中的能量总量与它从太阳中吸收的量相当。然而，如果地球释放了过多的热量，温度将会急剧下降。这种微妙的平衡作用被称为能量平衡或热平衡（图7）。它将地球温度维持在适于生命生存的狭窄范围内。

　　当太阳辐射地球表面时，会转变为红外能。一部分红外能被位于1.5万至2.0万英尺（约4.5千米至6.0千米）之间的大气层吸收，另外一部分红外能则被释放到太空中。每年，照射到足球场大小的地面上的平均太阳能多于100万瓦特，这相当于来自地球内部平均辐射能的5000倍，甚至更多。

　　太阳照射的角度也会影响吸收和反射的太阳能总量。在赤道附近的热带地区，太阳光直接垂直照射地面，因此地面吸收的太阳射线比反射的太阳射线多。在极地地区，太阳射线的入射角很小，因此反射的太阳射线比入射的太阳射线多。如果热量没有受大气和海洋影响，那么热带地区将更加炎热，而高纬度地区将更寒冷。假设这种情况发生，那么地球上只有极少数的地方适宜生存。

太阳能也会被大气中的微尘颗粒及气溶胶散射。这些微粒主要来自尘暴、森林火灾、海盐、流星、大气污染和火山——最大的自然污染源（图8）。这些大气微小颗粒是天空呈蓝色的主要原因。蓝色占据了太阳光谱的大部分范围，它会被大气散射。如果大气不能散射太阳光，那么白天将和黑夜一样黑暗，而太阳看起来会像一个巨大的星星。当太阳光位于地平线时，阳光需要穿过极厚的大气，因此只有红色波段能够透过，于是产生了绯红的

图8
1968年11月，尼加拉瓜西部的切罗内格罗火山（Cerro Negro Volcano）爆发（照片由美国地质勘探局提供）

日升和日落。

热量收支也是影响气候的一个重要因素。窄柱状的暖气流在赤道附近上升，然后向两极的高空移动，在两极地区，大气因释放热能而变冷、下降，然后下降的冷气流移动到赤道，继而又被加热，这样就形成了一个连续的循环。这种能量交换实际上包括三个对流环路，被称为哈德利环流。它是以发现大气对流的英国气象学家乔治·哈德利的名字命名的。海洋上的气流循环也是类似的，只是稍微缓慢一些，需要更长的循环周期。中纬度地区，即温带地区，是温暖潮湿的热带气流和寒冷干燥的极地气流的"战场"。气团在这里猛烈碰撞，产生了暴风雨。

气团的不同分布产生了风。地球的自转使气流在科里奥利效应下发生弯曲。在赤道附近的气流表面移动速度比两极地区快，这是因为赤道气流与转轴的距离较远，所以它需要在一定的时间里移动更远。由于地面对气流的减速作用，向两极移动的气流会向东偏移。另一方面，由于地面对气流的加速作用，向赤道移动的气流会向西偏移。

海洋对太阳能的分配起着重要作用。太阳能的辐射使海水变暖，继而太阳能通过洋流传递。部分能量因传递、辐射、蒸发而损失，而降雨使得能量得以释放（图9）。海洋和大气之间的热流是形成云的原因。在将海水蒸发为水汽的过程中，大量热能被消耗。当云团飘移到世界的其他地区时，能量

图9
地球热能平衡，首先海水吸收热能变成水蒸气进入云层，然后通过降雨释放能量，最后通过洋流分配热能

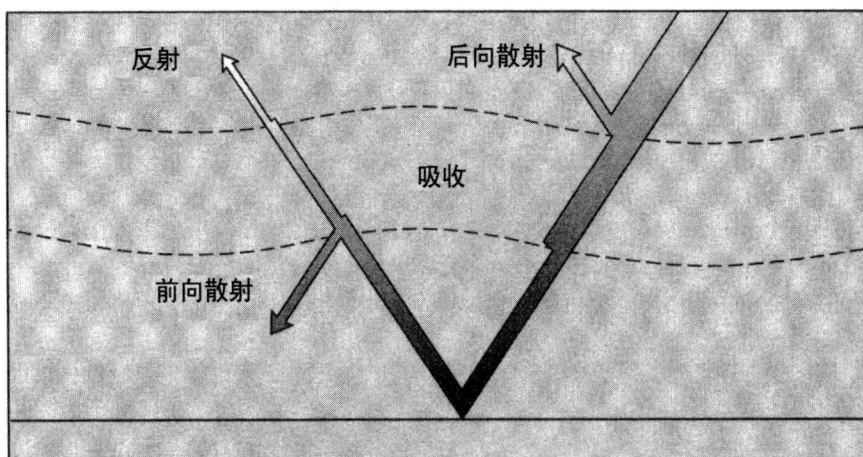

图10
入射太阳光的反照率效应

通过降雨释放。所以说，云有助于全球的热循环。

　　另外一种从海洋到大气的传输机制为风传输海洋物质。破裂的气泡和风中的浪花将海洋物质喷溅到大气中。微小的浪花蒸发形成细小海盐颗粒，跟随气流飘浮在高空中。每年约有100亿吨的盐以这种方式进入大气层。盐颗粒还为雨的凝结提供了籽晶。

　　海洋对平稳的陆地风及海风也有重要影响作用。白天，陆地的温度比海洋高，暖气流从陆地上升并向海洋的高空移动，在那里，空气被冷却后下降到陆地。夜晚，陆地的温度比海洋低，暖气流从海洋上升并向陆地的高空移动，在那里，空气被冷却后下降到海面。季风也是通过这种方式形成的，只不过它们具有季节性，它为世界很多地区提供了维持生命的降雨。

　　热能收支主要依赖于反照率效应（图10和表2）。反照率效应是指物体反射太阳光辐射的能力，取决于物质的颜色和结构。有一些物质反射太阳能的能力比其他物质强，这是由于这些物质具有较强的反射特性。浅色的物质，如云层、雪地、沙漠，它们反射的太阳能比吸收的多。深色的物质，如海洋和森林，它们吸收的太阳能比反射的多。大部分的太阳能辐照在海洋上，用于海水蒸发。当水蒸气凝结成雨的时候，能量就逃逸到太空中。

　　将近1/3的太阳能量未被地球利用而直接反射进入外太空。大部分的能量是通过云层反射的。卫星数据表明，整体而言，云起着冷却地球的作用。在中纬地区，这种冷却效应的影响比赤道更加明显。高空卷云（图11）能够保存地球热量，相反的，低空层状云阻挡阳光并冷却地表。

表2 不同地表的反照率

地表	反射率（%）
云层	
<500英尺（约150米）厚	25~63
500~1000英尺（约150~300米）厚	45~75
1000~2000英尺（约300~600米）厚	59~84
所有云层的平均厚度	50~55
雪，新鲜的	80~90
雪，陈旧的	45~70
白沙	30~60
轻质土（或沙漠）	25~30
混凝土	17~27
耕地，潮湿	14~17
农作物，绿色	5~25
草地，绿色	5~10
森林，绿色	5~10
暗色土壤	5~15
土地，柏油路	5~10
水，据入射太阳光线而定	5~60

随着地球的变暖，为了缓和暖化趋势，云层的冷却作用会不断增加。在热带地区，这种暖化和云层的冷却作用几乎可以平衡。而在中纬度地区，云层的冷却作用更强一些。一些自然或人为产生的微细固体或液体颗粒喷射到大气中，这些颗粒会阻挡太阳光线到达地表，同时也会使红外热能从地表逃逸到太空中，引起地球的制冷效应。

只有一半的太阳能能够到达地表，加热海洋和陆地。在陆地上，大部分的能量被土壤和植物吸收。植被利用红色和蓝色调的光进行光合作用，而不需要绿色光，于是绿光被反射。因此，植物通常呈现绿色。最终，照射到地表的所有太阳光转化为红外能后向外辐射。假设没有温室效应阻止这些红外能离开地球，地球将成为一个极寒冷的星球。

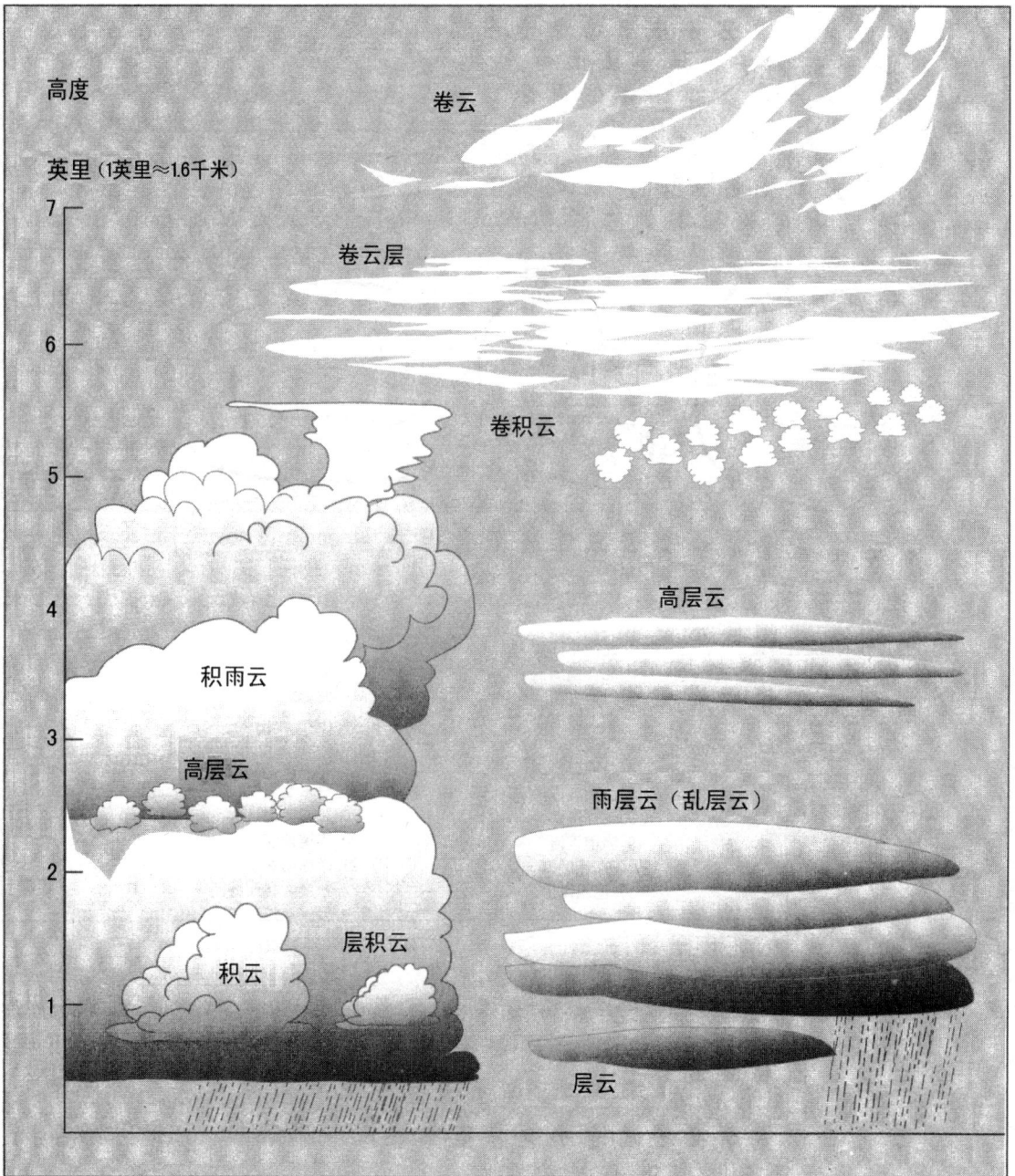

高度

英里（1英里≈1.6千米）

卷云

卷云层

卷积云

高层云

7

6

5

积雨云

4

高层云

雨层云（乱层云）

3

2

层积云

积云

1

层云

洋流

与大气相比，海洋储存、运输大量热能的能力更强大，对气候的影响也

图11
不同类型的云层反射
和吸收太阳能不同

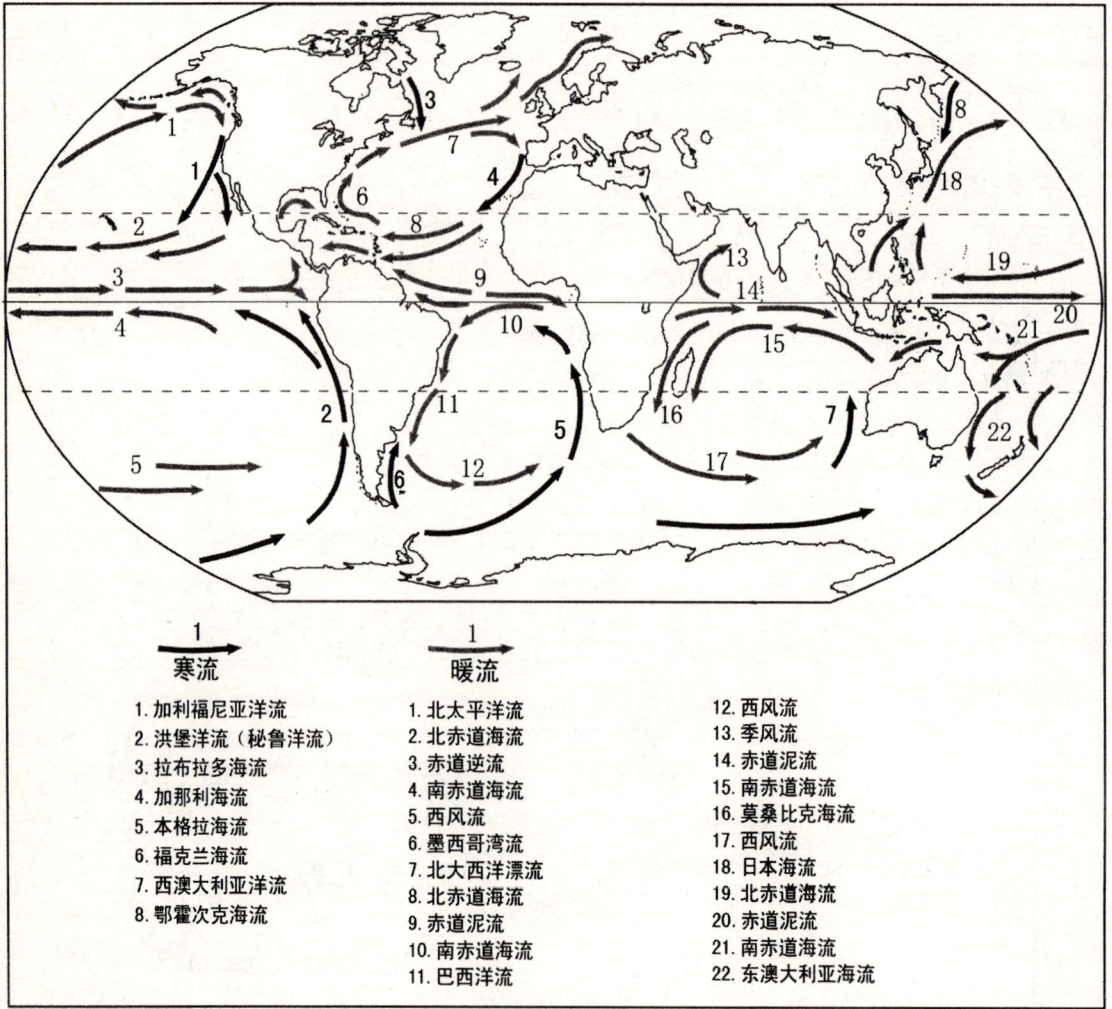

	寒流		暖流	
	1 →		1 →	

寒流
1. 加利福尼亚洋流
2. 洪堡洋流（秘鲁洋流）
3. 拉布拉多海流
4. 加那利海流
5. 本格拉海流
6. 福克兰海流
7. 西澳大利亚洋流
8. 鄂霍次克海流

暖流
1. 北太平洋流
2. 北赤道海流
3. 赤道逆流
4. 南赤道海流
5. 西风流
6. 墨西哥湾流
7. 北大西洋漂流
8. 北赤道海流
9. 赤道泥流
10. 南赤道海流
11. 巴西洋流
12. 西风流
13. 季风流
14. 赤道泥流
15. 南赤道海流
16. 莫桑比克海流
17. 西风流
18. 日本海流
19. 北赤道海流
20. 赤道泥流
21. 南赤道海流
22. 东澳大利亚海流

图12
世界主要洋流分散地球热量

更深刻。海洋的大热容使它能将夏天的热能保留至冬天释放，从而调节地球四季的温度。每年夏天，海洋表面的温度比前一年冬天的温度高15℃。改变1,000英尺（约300米）海洋的温度约需要10年的时间，而改变整个海洋的温度需要上千年。这被称为海洋热滞后。海洋的热容很大，因此，要使全球气候变化至少需要上百年的时间。

表面流和深海流使地球热量得以传递（图12）。海洋表面流由定常风驱动，与大气流功能相似。洋流运送热带的暖水，将其分散到高纬地区，同时将冷却后的水带回。在流动气团的影响下，海洋表面流因科里奥利效应（Coriolis effect）而发生偏转，在北半球通常向右偏转，在南半球通常向左偏转。

深海洋流被海洋中的热动力所驱动。在极地地区，冷水向下流动，到达洋底而分散开，继而流向赤道附近，在热带地区上升。在热带地区的深海上升流也运送高浓度的溶解二氧化碳，因而赤道上空产生了显著的二氧化碳高峰值。深水洋流所采取的路径受大陆的分布和洋底的地形影响。由于地球向东自转，当深海洋流流向赤道时，洋流会挤压大陆的东部边缘，而自身向西偏移。

北极寒冷、稠密、含有盐分的地表水沉至底部，形成一个深海洋流，称为北大西洋深层水（NADW）。这是一个地下海洋河，其体积是世界上所有陆地河流的总和的20倍，甚至更多。另一个地下洋流被称为西部边界潜流，沿北美洲东部流动，每年输送约两万立方米水。

当极地地区向下的水流与赤道的上升流汇聚时，就会产生有效的热交换。完成从赤道到极地，再从极地返回需要上千年的时间。到达热带时，深海的冷水向地表上升。这种上升流在运输营养方面起着重要的作用，它能将深海底部养分运输到表面，供海洋生物使用。虽然这些地区只涵盖了约1％的海洋表面积，但是它们却维持着40％左右的海洋生物生存。

当受到挤压时，部分洋流形成漩涡或环状涡流，它们对海水的混合起到了重要作用。这些涡流横跨100多英里（约160千米），深达3英里（约4.8千米）。海洋生物往往被困在这些漩涡中，然后被带到恶劣环境中，通常直到数月之后，等这种漩涡停止作用后才能脱离。

洋流对天气有巨大的影响。这些洋流系统的变化会引起世界上的天气异常。每2～7年，南太平洋会发生一次异常的大气压力变化，导致西行信风遭到破坏，这就是所谓的厄尔尼诺—南方涛动现象（ENSO）（图13）。暖水在风的作用下积聚于西太平洋地区，而后被吹向东部，引起南太平洋盆地的海水剧烈晃动。在厄尔尼诺—南方涛动现象影响下，东太平洋的暖水层不断增厚。这就抑制了温跃层（指冷水和暖水层的边界），阻止底部的冷水上升。这会暂时阻断海底营养的上升，从而对当地的海洋生物产生不利的影响。

相反的情况是，当太平洋表面水变冷时，就会产生拉尼娜现象。在1988年的年中，太平洋中部水温变得异常寒冷，这正是气候从厄尔尼诺向拉尼娜转变的征兆。那一年，强季风袭击了印度和孟加拉国，澳大利亚也出现了强降雨。拉尼娜可能也是导致1988年美国严重干旱以及1989年全球降温的罪魁祸首。1993年，美国中西部地区发生特大洪水，这是美国历史上最严重的一次灾难，而这场灾难很大程度上可以归咎于异常的厄尔尼诺现象。在2000年至2001年冬季，不论是厄尔尼诺现象还是拉尼娜现象都很少出现，这可能应

图13
在厄尔尼诺影响下
（太平洋中部变
暖），典型的北方冬
季气温和降水格局。
阴影地区气候干燥，
斑点地区气候潮湿，
环线地区气候温暖。

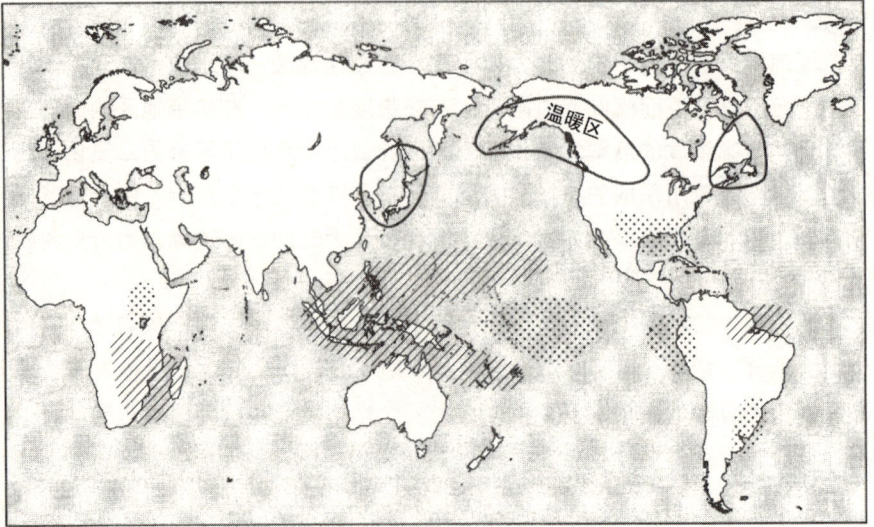

该归因于大多数地区的寒冷天气。

风在水面吹动会产生海浪。海上暴风雨生成了大部分的拍击海岸的海浪。海面上的飓风引起的波浪最大，这种波浪极具危害性。受风影响的海水层包括水下100至200英尺（约30至60米）的范围。这是地球上最均衡的环境，其始终与大气保持着平衡。不过，这只是两英里（约3.2千米）深的海洋表面上的一层薄膜，而海洋的大部分几乎是静止不动的。

月球对地球的引力作用产生了海潮（图14）。太阳也会影响潮汐，但是由于太阳离地球远，这种影响相对较小。月亮绕着地球的椭圆轨道旋转，它施加于近地球一侧的拉力，大于远地球一侧的拉力。两侧的万有引力相差13%，从而导致地月系统的引力中心被拉长。随着地球自转，洋流形成两个潮汐波，一个是面向月球的，另外一个是背向月球的。因此，潮汐波之间的海面会相对降低，形成近椭圆形。在海洋中心的海潮最高点约升高2.5 英尺（约762米），但是由于受海水流动及海岸线地貌的影响，海潮往往升高数倍。

由于地球的自转，每天，其表面的任意一点都会产生两个潮汐波。因此，每天都会发生两次潮涨潮落。月球绕着地球自转的相同方向旋转，每天会多旋转一点。当地球表面的某一点旋转还未完成时，潮汐波向月球方向推进，并且该点每天必须移动更远距离。因此，实际的潮汐周期是12小时25分钟。

每逢农历初一、十五时，即在朔日（新月）和望日（满月），潮汐振幅达到最高值，此时，地球、月亮和太阳三个天体位于同一条直线上，也就是我们所知的朔望（syzygy），在希腊语中，朔望（syzygy）的意思是"会合在一起"。这种地球、月亮和太阳位于同一直线的布局能够引起大潮，在撒克逊语（古撒克逊民族的西日耳曼语）中"sprignam"的意思是河水上升或上涨。在每月阴历初八（上弦）、二十三（下弦），潮汐振幅达到最小值，形成小潮，此时月球和太阳对地球的方位相互垂直，太阳引潮力和月球引潮力的合力最小。

涨潮与落潮形成了潮间带（图15），就是海水涨至最高时与潮水退到最

图14
从阿波罗太空船上拍摄的太阳从月亮地平线上升起的照片（照片由美国地质勘探局提供）

低时之间的范围。海浪不断冲击面向大海的海滩，使此处的生物形成了特定的活动模式。而潮间带生物在海湾包围中，较少受海浪波动影响。它们受到更微妙的条件控制，如潮汐引发的温度降低或压力变化。

大部分海洋生物生存在海洋的混合层，即从海洋表面到海面下250英尺（约76米）之间的地带，称为向光区。这些海洋生物必须生存在近海洋表面地带，从而可以利用穿透海水的阳光进行光合作用。海洋表面的生命活动对二氧化碳和氧气的交换起着重要作用。此外，海洋植物生成了80%的地球总供给。如果没有呼吸作用、动植物遗体分解等消耗氧气的过程会在一万年内使地球的氧浓度将增加一倍，地球将会自燃。

地球化学碳循环

碳循环贯穿整个地球圈层，使得地球成为众行星中一个独特的星球。大气含有大量氧气便是一个事实证据。若没有碳循环，氧气将长久地埋藏于地壳中。幸运的是，植物的光合作用释放出氧气，这一过程在生物圈的碳循环中起了重要作用，并为所有生命奠定基础。

地球化学碳循环（图16）是指碳在生态圈内的迁移。它涉及地壳、海洋、大气和生命之间的相互作用。二氧化碳转换为碳酸氢盐被冲出陆地进入海洋，海洋生物将它转换为碳沉积物，而后推入地球内部成为熔融岩浆的一部分，然后随着火山喷发二氧化碳回到大气中。直到19、20世纪之交，这个重要循环的许多方面才被美国地质学界托马斯·张伯伦（Thomas Chamberlain）和化学家哈罗德·尤里（Harold Urey）破解。但是，直到近几年地球化学碳循环才被纳入更全面的板块运动（地球地质活动的起因）框架内。

　　碳的生物循环只是这个循环的一小部分。植物光合作用将大气圈中的碳转换，生成有机化合物。当植物进行呼吸作用或死亡腐烂时，碳重新回到大气圈中。大约1/3的化学元素，主要是氢、氧、碳和氮等，生命主要元素是通过生物循环的。

　　生物圈在碳循环中起了很重要的作用。泥炭沼泽的形成与分解可能是过去两个冰川期大部分大气二氧化碳含量变化的原因。自上个冰川末期以来，这些沼泽在过去的1万年间累积了2.5亿吨以上的碳，这些碳大部分分布在北半球温带地区。随着地质演变，更多大陆板块漂向大量的碳以泥炭形式贮藏的纬度地区。在过去的100万年，冰川作用将大面积的北半球改造为更利于

图16
转换为碳酸氢盐的二氧化碳被冲出陆地进入海洋。海洋生物将它转换为碳沉积物，而后推入地球内部成为熔融岩浆的一部分

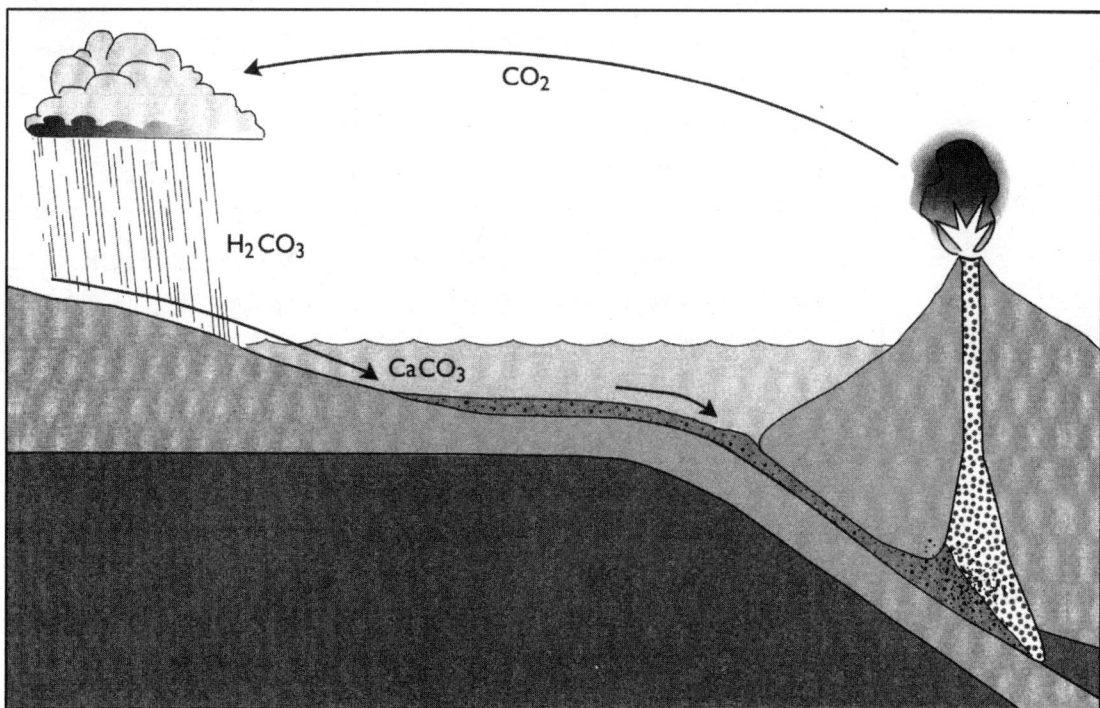

泥炭沼泽形成的湿地。

　　大部分碳不是贮藏在生物组织中，而是埋藏于沉积岩中。相比之下，甚至化石燃料的含碳量也很少。然而，大量化石燃料的燃烧和森林的破坏使得碳转移回空气中，这些碳量超过了大气承受的范围。碳燃料的燃烧会产生温室效应，对气候产生显著影响。二氧化碳的人为释放比自然进程快得多，人类加速了碳循环。

　　当前大气中二氧化碳含量为0.0365%，约有8亿吨。它是最重要的温室气体，能圈住太阳能量，防止其逃逸至外太空。因此，二氧化碳有点像调温器，调节着地球温度。因为对调节地球温度起着重要作用，碳循环的重大变化能对气候产生深刻影响。如果碳循环消耗了过多的二氧化碳，地球会变冷，相反，如果碳循环产生过多二氧化碳，地球会变暖。因此，即便是碳循环微小的变化也能对气候产生相当大的影响。

　　地球上的海洋对空气二氧化碳含量的平衡起着重要作用。在海洋的上层，气体含量与大气保持常数平衡。海洋混合层的二氧化碳含量与大气的二氧化碳含量相当。气体主要是经由洋面的波动溶于海水。如果海洋不含有吸收二氧化碳进行光合作用的植物，那么海洋吸收的二氧化碳会回到大气，大气的二氧化碳含量会比现在增加三倍。

　　海洋中的很大一部分碳来自于陆地。空气中的二氧化碳融于雨水形成碳酸。碳酸进而与地面的岩石发生反应，生成可溶的碳酸氢钙，然后随水流进入海洋。海洋生物利用这些物质构造自身的碳酸钙骨架以及其他的支架结构。当这些生物死亡时，它们的骨架沉入洋底，溶于深海的水中。所以，巨大的深海含有世界上最多的二氧化碳，它含有的碳是整个大气的60倍。

　　洋底和陆面的沉积物储存了大部分的碳。在浅水区，生物的碳酸钙遗骨构成了大量的碳酸岩，如石灰岩（图17）。这些石灰岩使得碳永久贮藏于地壳中。以这种方式储存的碳酸钙含有洋底碳储量的80%。地壳上层碳酸钙矿物中的碳大约有8万亿吨。其余的碳酸钙来自于从陆地上冲刷下来的生物遗体。

　　在这一方面，海洋生物发挥了泵的作用，将大气和洋面的二氧化碳转移到深海中。生物泵运转得越快，吸收的大气二氧化碳越多，这取决于海洋的营养物质含量。营养物的减少会减慢生物泵的作用，使深海的二氧化碳回到大气中。

　　大半的碳酸钙会重新变为二氧化碳，大部分二氧化碳经由热带的上升流回到大气中。因此，赤道附近的大气的二氧化碳的含量最高。如果没有这个过程，那么在仅仅1万年后，大气中所有的二氧化碳都将被吸收。这种重要

图17
阿拉巴马州罗素维拉市附近班戈石灰石 (Bangor limestone) 采石场（照片由美国地质勘探局提供）

温室气体的缺失，将导致光合作用的停止和生物灭绝。

碳循环的最后阶段是火山活动（图18）。在恢复大气的二氧化碳含量方面，火山发挥了很重要的作用。含碳沉积物在地球内部熔化，形成新的火山

图18
夏威夷火山喷发的岩浆流入海洋（照片由美国国家公园管理局提供）

23

岩浆，并在火山喷发的过程中释放出二氧化碳。熔融的岩浆及其携带的二氧化碳上升至表面，填充火山下的岩浆房。当火山爆发时，岩浆中的二氧化碳得到释放回到大气。

氮循环

大气中含有78%的氮气，一个氮气分子含有两个氮原子。氮元素也是生命物质的主要成分。碳、氮、氢是构成蛋白质和其他生物分子的基本元素。然而，事实上氮气是一种惰性的气体，需要特殊化学反应才能被自然界加以利用。因此，要使氮与其他物质结合，必须有大量能量。

大气中的氮气来源于早期火山喷发和氨气分解。氨气是原始大气的主要成分之一，一个氨气分子含有一个氮原子和三个氢原子。不同于永远储存于地壳中的其他大部分气体，地球保留了大部分的原始氮气。这是因为生物阻碍了氮气向硝酸根的转化，硝酸根极易在海洋中被分解，海洋中反硝化细菌将硝酸根中的氮还原为原有气体状态。若没有这个过程，大气中所有的氮气

图19
在深海底部依赖于热液而生存的管状蠕虫、大蛤和巨型螃蟹

图20
犹他州杜申县印第安峡谷池塘中漂浮的蓝绿藻（照片由布拉德利（W. H. Bradley）拍摄，美国地质勘探局提供）

早已消失。如果那样，地球的气压将会远小于当前的气压。

　　氮循环是大气圈和生物圈间元素的持续交换。这一循环受到固氮细菌等生物作用的刺激，固氮细菌通过代谢活动为植物提高土壤的氮素含量。这些微生物吸收大气中的氮气，将它转换成氮化合物，这些氮化合物成为以之为食的动植物组织的成分。所有将氮气转换为有用的化学物质的固氮方式都需要充足的能量来源，这些能量主要来自于太阳。地球也以海底热液形式提供一种能源，在深海底部热液喷口处生活着世界上最奇特的生物（图19）。生物遗体腐烂会释放氮气，继而氮气回到大气中。这就是完整的氮循环。

　　大气中的氮气通过化学作用转化为动植物能利用的氮化合物，然而，人类活动已经使这种转化速率增倍。过量的氮（化合物形式）已经扰乱了地

球的一个基本循环，引发全球性生态平衡失调。高含量的氮会引起致命性疾病。硝酸盐渗漏会严重污染地下蓄水层、河流，甚至海洋。大气中硝酸化合物含量的增多产生破坏臭氧层的气体、温室气体及城市烟雾污染源。这些化合物也会使硝酸盐渗漏入土壤，导致地表水的酸性增强，此外，喜氮藻类会堵塞海岸以致使其他水生生物窒息而死。

引起紊乱的主要原因是农业氮肥使用量的快速增多，农业氮肥已经达到农作物吸收氮元素总量的40%。20世纪中期，发达国家的肥料消耗量超过总量的90%。然而，到20世纪末，发展中国家的使用量是全球氮肥产量的60%以上。氮肥经常被过度使用。事实上，肥料应该施用在真正需要的地方。减慢氮肥使用量增长的最佳方式是找到更有效的施肥方式。我们也可以通过恢复存氮湿地，从而达到正常的氮平衡。

酸雨中的一氧化氮对水生生物伤害尤其大。氮会如同营养物一般，促进藻类生长（图20）。

藻类阻隔了阳光，死亡后腐烂过程消耗水中溶解的氧气，这会导致其他水生动植物窒息。地球正面临硝酸根含量的普遍升高以及砷、镉、硒等重金属高含量积聚的危险。引起氮增长的主要原因是肥料和农药伴随酸雨（酸雨能分解土壤中的重金属）的降落。酸雨还会消耗土壤中钙、镁、钾等重要营养成分。因此，一些土壤由于酸度值过大而无法再种植。

农作物需要大量固氮。然而，固氮的自然供给有限，限制了全球农业的发展。因此，要使农业跟上不断增长的人类需求，必须通过化学肥料补充氮。不幸的是，施用人工肥料的农作物营养值不如天然肥料。如此，长期依赖化学肥料的国家会缺乏粮食。

当前的高产农作物，包括玉米、小麦和大麦等主食（图21），正快速消耗土壤中的固氮。必须施用其他有机肥料（这是最佳方式）或者化学肥料补充氮。化学肥料的加工需要大量能量，这些能量通常由化石燃料提供。基于此，世界农业以及以此为生的人们会因严重能源短缺而陷入困境。

在探讨地球自然平衡和维持生命的循环后，下一章将研究污染如何影响生命进程。

2

环境恶化

生态及污染

　　本章研究了大气污染、水污染、废弃物处置和环境修复。环保主义者倡议保护并改善自然环境，尤其是保护地球的自然资源，保护野生生物的生活环境和控制污染。目前，全球的环境正在以前所未有的速度改变着。世界上大部分的环境恶化似乎已经跨入了不可逆转的分水岭，这意味着这种恶化是不容易被恢复的。因此，污染成了全世界的问题，要求全世界共同去解决。由于污染是如此普遍深入，所以更多的保护只能解决部分问题，而不能完全解决该问题。

环境的恶化以及随之而来的健康威胁和生态系统破坏，对于我们来说都已经不是什么新鲜事，因为人类对环境的影响在最早的历史中就有记载。然而，如今的不同之处在于污染问题，包括那些原先被忽略的隐蔽且次要的影响，已经越来越明显。而且，很多环境干扰已经开始自我显现，并正以前所未有的速度改变着生物圈。随着全世界人口数量的不断增长，环境危机和其他灾难开始变得越来越普遍。

大气污染

大气污染物是指大气中那些外来物质，它们来源于自然和人类活动（图22）。由于排放到大气中的污染物日益增加，大气污染已经威胁到人类健康以及全世界的社会安全（表3）。据估计，由人类活动造成的悬浮在大气中的煤烟和尘埃所组成的颗粒物质的重量约为 1.5×10^{7t}，并且这个数字还在不断增加。

自然污染物包括海洋表面蒸发的微盐粒，植物释放的花粉和孢子，闪电

图22
在一些工业区，大气污染已经日益严重（照片由美国国家海洋和大气局提供）

29

表3　美国大气污染物的排放量　　单位：百万吨/年

来源	一氧化碳	颗粒物	硫氧化物	碳氢化合物	氮氧化物
交通	92	1	1	12	10
工业	9	12	29	13	15
废弃物处置	3	1		1	
其他	5	1		4	
总和	109	15	30	30	25

引起的森林火灾的烟尘，风蚀陨石尘埃以及火山灰。火山可能是世界上最大的自然污染源，它们产生的含硫气体会与城市上空的烟雾混合，这在很大程度上加剧了当地的环境污染。此外，火山爆发会产生大量的有机化合物，但是它产生的卤代烃（氟利昂等卤代烃会引起臭氧层空洞），与人为引起的污染相比是微乎其微的。

大气污染物可以分为一次污染物和二次污染物。一次污染物直接由主要污染源（例如工厂和机动车）排出，二次污染物来自一次污染物相互的化学反应。很多产生二次污染物的反应是由太阳光激发的，因此被称为光化学反应。由工厂熔炉和机动车产生的氮氧化物会吸收光子，然后发生一系列复杂的化学反应。当存在有机化合物时，这些反应会生成一些不受欢迎的二次污染物，这些污染物通常具有不稳定性、刺激性，并且有毒。其中最主要的一种二次污染物是近地面臭氧，与平流层臭氧不同，平流层臭氧会形成一层保护屏抵抗太阳光的紫外辐射。

臭氧是一种极活泼的气体，形成于大气层的最底层，对动植物均有害。当化石燃料不充分燃烧时会产生氮氧化物，它会和空气中的碳氢化合物混合，在阳光辐照下，会产生臭氧。在美国，90%的农作物减产归咎于大气污染生成的近地面臭氧。每年由臭氧造成的农作物减产的损失达50至100亿美元。如今，随着经济发展和人口膨胀，中国的大气污染（尤其是臭氧污染）已经严重威胁到农业。因此，新的问题正浮出水面：世界上发展最快的中国能否在将来养活自己？

高臭氧浓度也降低了美洲杉树苗的光合作用，细胞损害率增加，这使它的存活率急剧降低。巨大的美洲杉在以前是非常常见的，然而如今，从加利福尼亚北部到黎巴嫩苏尔市南部的约500英里（约800千米）的太平洋海岸线之间，约30英里（约48千米）宽的不连续地带被美洲杉覆盖。由于大气污染，主要是近地面臭氧污染，导致南美的火炬松（美洲杉的一种）的生长速度已经降低了15%。

大部分大气污染会降低大气可见度，危害动植物，腐蚀人造建筑物和矿床。这些空气中的微粒由未充分燃烧的碳、粉尘以及微细硫酸盐颗粒组成。大气中的极细微粒被称为气溶胶，它主要来自燃煤厂和内燃机。而且，燃煤发电厂以及内燃机的高温焚烧，会产生氮氧化物和硝酸气体。

大气中的污染物会阻挡阳光到达地面，从而使地表冷却。阳光照射大气微粒还会加热大气，导致温度不平衡和气候不稳定。大气中的微粒的冷却效应在很大程度上会抵消温室效应，这很可能是大气中不断增加的二氧化碳并未引起明显的全球气温上升的一个原因。

大气粗颗粒主要来源于物质自然发生的机械破碎，例如火山喷发的火山灰以及沙尘暴的沉积悬浮物。碳或煤烟的大颗粒主要来自工厂燃烧、森林火灾、灌丛火（图23）以及未充分燃烧的木材燃烧炉和壁炉。在发展中国家，厨房火、植被燃烧以及工业燃料燃烧加剧了空气中煤烟颗粒或气溶胶的浓度，从而导致大气中有一定程度的雾气。煤烟会吸收阳光，加热大气并导致温度不平衡。这使温度随高度的升高而增加——在正常情况下，温度是随高度升高而降低的。

图23
在美国得克萨斯州达拉斯市，灌丛火用于燃烧森林中的林下植被。（照片由美国农业部林业局提供）

严重的森林火灾会产生大量的大气煤烟，这会导致全球天气异常。乌黑的悬浮微粒会吸收太阳光，导致气候变暖。明亮的悬浮微粒，例如硫酸或硝酸微粒，会反射太阳光，导致冷却效应。而且，微粒会产生巨大且持久的云层，云层会分散阳光，加剧冷却。此外，这种污染会改变大洋的降水及蒸发，促使酸雨产生。

农业中采用的砍烧耕种法每年破坏了上百万英亩（1英亩相当于0.4047公顷）的林地，同时产生了大量的烟尘。从新犁的田地或废弃原野中吹出的尘沙正在不断增加，这些尘沙不仅使大气可见度降低，而且严重地腐蚀了土地。工业烟囱和机动车会往高空排放大量的煤烟和悬浮微粒。严重的污染使得即使是在人烟罕至的地带，如北极苔原地区，也产生了北极薄雾，而这些污染物来自遥远的南部工业源。

地形、地貌在大气污染中扮演着重要的角色。在大气层倒置的情况下，也就是在近地表，暖气层像被子一样覆盖在冷空气的上层，烟尘可以在冬季形成持久的阴霾。在一些地区，如洛杉矶盆地，被污染的空气会迁入盆地，在逆温时无法溢出。最严重的大气污染灾难发生在1952年的伦敦，伦敦大烟雾持续了11天，导致4,000人死亡。

若被污染的空气并没有被风吹散，空气的毒性会进一步增大，因此，高污染时期并不意味着释放的污染增加。位于高压底层的停滞的空气制止了污染物与高空的清洁空气混合，使空气质量急剧下降。随着全球气温的上升，气团运动迟缓，导致污染的气团长期盘旋在工业中心上空。

近几十年来，一个最令人担忧的发现是南极上空出现了巨大的臭氧层空洞，在南极南部的冬季，一半的平流层臭氧消失了（图24）。到了春季，臭氧空洞被驱散，缺失臭氧的大气漂移到中纬度地区，从而导致该地区的紫外线辐射水平上升。类似的臭氧空洞也盘旋在北极的上空，过量的紫外线辐射威胁到部分的北半球地区。在极地地区的平流层，低温的条件促使污染物经过化学反应破坏臭氧层。

臭氧分子由三个氧原子组成（图25），臭氧在大气中的含量低于百万分之一。然而，臭氧在保护地球免受太阳的短波紫外线辐射或UV-B中起着重要的作用。微量的紫外线辐射增加会使一些疾病的发病率增加，例如皮肤癌、白内障，还会导致免疫系统损伤。紫外线辐射还会危害动植物，更会危害到人类赖以生存的农作物的生长。此外，过量的紫外线辐射还会加剧烟雾、酸雨等污染问题。

臭氧的消耗被认为与合成的化合物有关，尤其是作为制冷剂及溶剂的卤代烃（氟利昂），此外，化石燃料燃烧和采伐森林产生的氮氧化物也

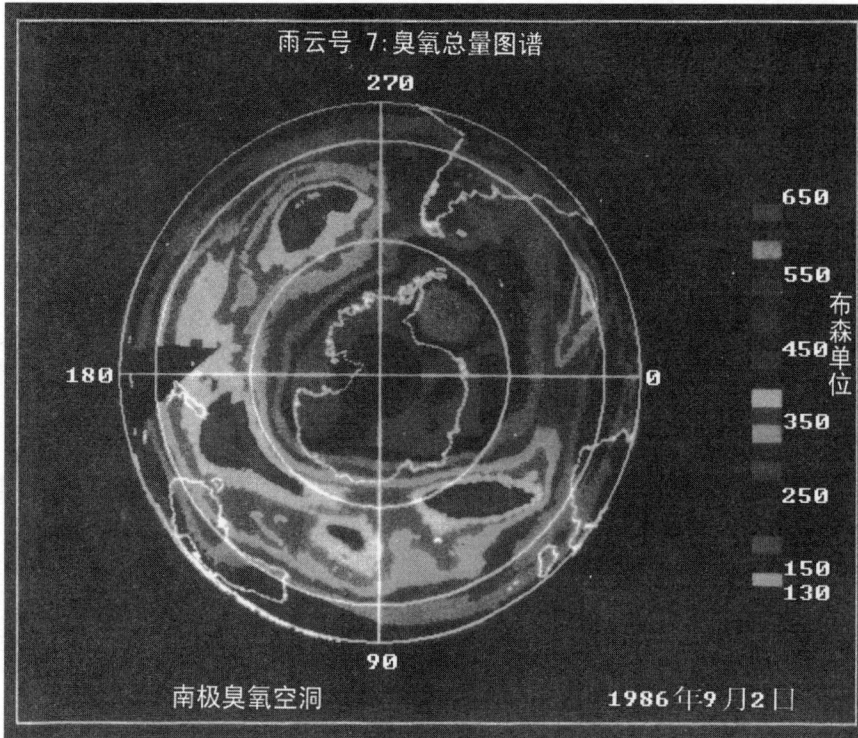

图24
雨云号 (Nimbus 7) 卫星观测南半球臭氧总量图，分析南极臭氧空洞（照片由美国国家海洋和大气局提供）

会导致臭氧的减少。采伐森林所释放的氮氧化物很可能会破坏平流层的臭氧。采伐森林会促使土壤微生物生成一氧化氮，并把这些一氧化氮释放到大气中。森林燃烧产生的高温也会使氮气和氧气形成一氧化氮。大量的这

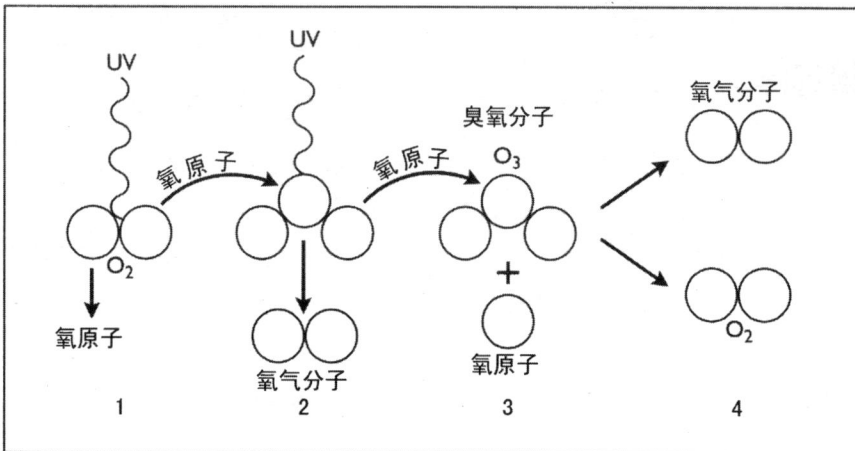

图25
臭氧分子的生命周期。(1) 紫外线 (UV) 辐射使氧气分子裂解为两个氧原子；(2) 其中的一个氧原子和另外一个氧气分子结合生成一个臭氧分子。臭氧分子吸收UV，释放出一个氧气分子和一个氧原子，重组生成一个臭氧分子；(3) 剩余的一个氧原子；(4) 剩余的氧原子重新生成氧气

类气体进入高层大气，会破坏臭氧层。大型的火山喷发也会导致臭氧的消耗，例如，1991年6月，菲律宾群岛皮纳图博火山喷发释放出的大量的硫磺酸引起了臭氧减少。

长期的数据记录表明，北部高纬度地区的臭氧含量在过去20年降低了5%。如果这种情况持续下去，在21世纪初，臭氧含量还会继续降低5%。而臭氧含量每降低一个百分点，就会使皮肤癌的发病率增加2%。更加不幸的是，即使化合物的排放完全停止，臭氧层的减少还会持续至少一个世纪。破坏臭氧的化合物的半衰期为50至100年，目前，人们急需清除高层大气中的这些有害化合物，使臭氧具有足够的时间聚集并到达平流层。

在工业时代，尤其是在北半球重工业地区，人们大量燃烧使用高硫煤和含有硫化矿的石油。工业生产产生的硫化物至少是火山等自然活动生成的10倍。硫酸不仅会导致酸雨，还会使大气的可见度降低50%甚至更多，从而使世界的很多地区处于长期的阴霾中。

每年，全世界的工厂、发电厂和机动车往大气中排放出大量的有毒化合物。大部分有毒有害物质会随雨水降落到土壤和水中，并富集，甚至达到中毒浓度。这些强酸微粒会改变河流湖泊的pH（酸性/碱性）平衡，甚至会破坏森林。

排放到大气中的有毒化合物约有200多种。每年，一些工厂向大气中排放大量的致癌物或诱发癌症的试剂。尽管目前还没有确凿的证据表明这些有毒的污染物对人类健康的危害性，关于长期暴露于有毒空气中的危害还需要进一步研究调查。一些有毒物质会经雨水从大气中转入土壤、河流、湖泊以及海洋，在这些区域会富集到致命的浓度。

酸沉降

由化石燃料燃烧产生的酸沉降（包括酸雨、酸雾、酸雪、酸露等）正不断威胁着环境。尽管已经采取了控制污染，并进行了很多科学研究（图26），但是酸雨仍然威胁着野生生物的生存环境，对水生生物的危害尤其严重。大部分水生生物不能生存在强酸的环境中。这种破坏主要来自酸雨中的氮氧化物。氮是促进浮游生物生长的一种营养元素，浮游生物大量生长会阻挡阳光进入水中，也会抑制水下的光合作用。细菌分解死亡的藻类就会消耗水中大量的溶解氧，从而使其他水生动植物缺氧死亡。

图26
采用小型开顶室装置研究酸雨现象（照片由多萝西?安杰克 (Dorothy Andrake) 拍摄，由美国农业部林业局提供）

　　海洋也未能幸免于难。随着硝酸浓度的普遍增加，有毒金属离子（包括砷、镉、硒）的不断富集使海洋遭受了污染。其中，最主要的污染来自化肥、除草剂、杀虫剂的大量使用以及能溶解土壤重金属的酸雨。很多海洋污染导致渔业减产。采伐森林和酸雨的作用，导致很多鱼类在全世界范围内消失。酸雨不仅酸化了湖泊和小溪，而且，因为向河流和蓄水层提供水源的汇水区被腐蚀，沉积不断增加，从而损害了河流渔业。

　　酸雨是大气自我净化的一种最直接的结果（图27）。在燃煤熔炉中燃烧高硫燃料会生成二氧化硫气体。在大气中，这些二氧化硫气体易与水蒸气形成微小的颗粒或气溶胶。它们会散射太阳光，通常会在很多城市中会产生乳白色的阴霾。二氧化硫还会与大气中的氧气反应生成三氧化硫，进而与潮湿的空气结合生成硫酸。类似的，高温燃烧产生的氮氧化物会生成硝酸。这些酸与潮湿的云层混合，生成极具腐蚀性的酸雨。

　　降雨及降雪的酸度值表明了在全世界大部分地区，尤其是北美洲东部及欧洲西北部，降雨已经由工业时代早期的中性变为如今的酸性，相当于溶解了硫酸和硝酸的稀溶液。在极端情况下，雨水的酸度值与醋酸相当。实际上，即使是在未工业化地区，如热带地区也会产生酸雨，它主要来自热带雨

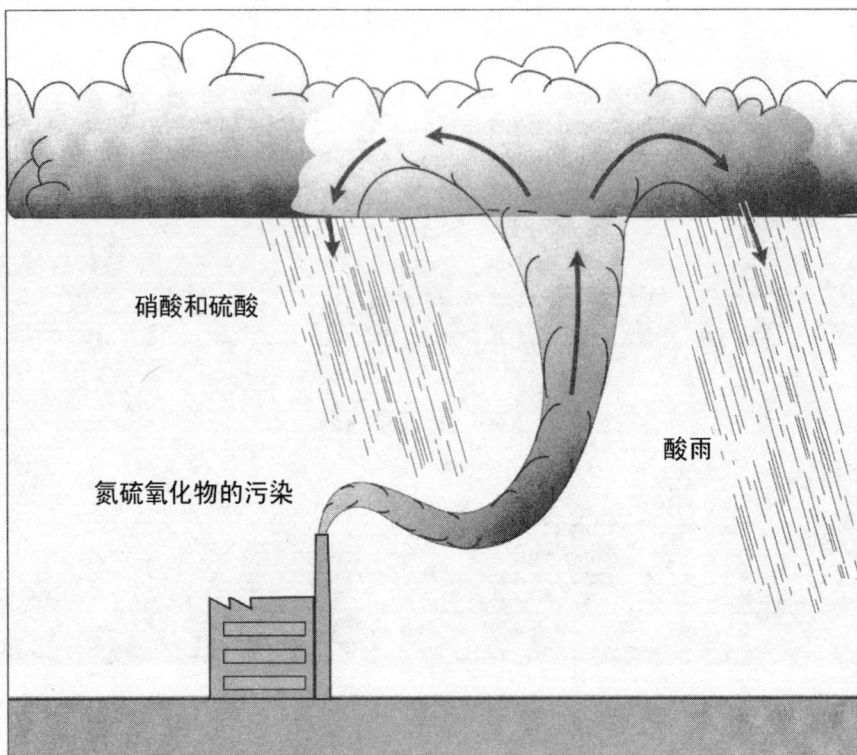

硝酸和硫酸

氮硫氧化物的污染

酸雨

林的燃烧。伐木和火灾掀开了森林的保护蓬，使森林的土地变得干燥，从而
使森林火灾大量增加。在全球范围内，这些森林退化会释放出产酸的氮氧化
物和二氧化碳。

环境中的强酸破坏了森林、农作物、鱼类，也损坏了那些从早期文明社
会中流传下来的美丽景观。酸雨会破坏蔬菜的根叶系统，从而极大地影响农
作物的生长。酸雨还破坏了北美、南美、欧洲和中国的大量森林（图28）。
不仅如此，酸雨还会消耗土壤中植物健康生长的所需要的营养物质。在美国
西部、挪威和德国等国家地区的旅游名胜及荒野，因酸雨侵蚀失去了很多自
然景观。当山地森林被酸雨云层覆盖时，损坏尤其严重，这是因为在通常情
况下，云层的酸性比它们生成的酸雨的酸性强。

北半球的很多森林也受了大气污染的威胁。瑞士阿尔卑斯山目前正遭
受着重型机动车产生的大气污染的威胁。颇具讽刺的是，那些千里迢迢来
到阿尔卑斯山，意在帮助其建设的旅游者们正在不断地破坏这些美丽的风
景。过半的高山树木显现病态，其中很多已经奄奄一息。森林的这种羸弱

状态使其极易遭受病虫害。这可能是过半的高山土著动植物将濒临灭绝的一个原因。

较高纬度的温带森林也正遭受损害。近几十年来，美国东北部、加拿大东部以及中欧的大部分地区的森林生产率和总体健康率不断下降。森林水资源的破坏主要归咎于一些工厂。最严重的是酸雨，它可以由大的工业中心生成，然后降落到遥远的地区。

酸化废水不仅会流入河流湖泊中，还会渗入到土壤中，损坏植物根部，杀害固氮细菌，滤去土壤中宝贵的营养素。其中一种重要的营养元素是钙，它会溶于酸雨中，从而引起土壤钙缺失。鸟类的食物中若缺钙，会使孵出的蛋壳变薄，导致鸟类数量的降低。酸雨对树叶直接影响不仅直接破坏了树木，也损害了农作物。

除了酸雨，不断增加的酸雪、酸雾、酸露等也具有很强的破坏性。当露珠吸收了硝酸气体和二氧化硫气体（能氧化生成硫酸）之后就会形成酸露。酸性微粒或气体干沉降到潮湿的表面也会生成酸露。尽管酸露对环境的危害还不能与酸雨同日而语，但是它也是具有破坏性的。酸露可能会显著地损害树木，原因在于蒸发作用聚集的酸性物质会破坏叶片表面。

在美国，大约1/3的二氧化硫是通过大气干沉降到达地表的。它对环境的危害性与酸雨相当。硫酸是美国东部和其他大部分地区的微细粒子物质的重要组成部分。硫化物微粒具有强酸性，很可能像酸雨一样改变着环境的酸碱平衡。

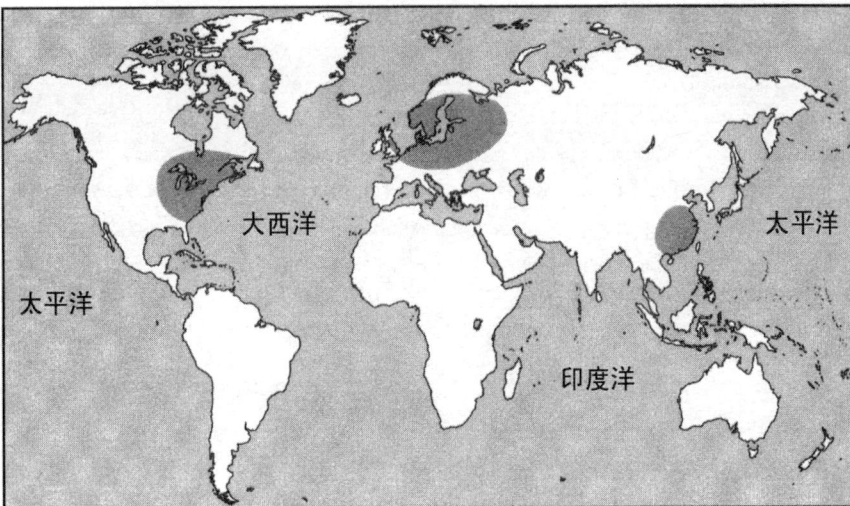

图28
世界的强酸雨地区

太平洋
大西洋
太平洋
印度洋

地表水污染

地球上全部河流湖泊中的淡水的总和不到全球水体总量的1/100。只有极少部分的淡水可以为人类所用，然而，绝大部分的农业需要淡水。农用化学制品，包括化肥、杀虫剂，会通过废水流入到河流湖泊中，最终流入海洋。假如这些化合物的浓度达到一定水平，就会导致鱼类和其他水生生物死亡。

世界的河流和沿岸水域已经成为每年上百万吨有毒废水的倾倒场所（图29）。而且，在暴雨时期，沿岸的污水处理厂因蓄水池满溢或设备故障会直接将未经处理的废水排入海洋。除了极具毒性的人类污水，其他的城市垃圾也需通过大都市污水系统处理。由于环境破坏和疾病扩散导致世界很多地区的海滩关闭。很多海滩到处扔满了垃圾（图30）。如今，地中海的很多海滩已经被认为不适于游泳，那里的污染物最终会污染整个世界的海洋。加勒比海、北海、芬兰湾以及其他严重污染的海洋也面临着同样的命运。

尽管封闭的河流和半封闭的大洋比开放的海洋污染更加严重，但是开放的海洋也逐渐被污染。即使是太平洋中心地带（曾经被认为是原始地

图29
美国田纳西州纳什维尔市的坎伯兰河污染严重（照片由威廉?布莱姆拍摄于1970年5月12日，美国农业部水土保护局提供）

图30
美国路易斯安那州纳
基托什市的明湖被垃
圾污染（照片由 M.
J. 霍夫拍摄，由美国
农业部水土保护局提
供）

带）如今也被一些特殊的物质所污染。洋流通常会将废弃物带回海滨。其
他的废弃物在热层和海洋锋之间得到富集，而那里是世界上产量最多的渔
场的所在地。

一些污染物具有很强的致癌、致突变性。大部分具有生物不可降解性，
可以在环境中长期存在。稀释到河流湖泊中的有毒物质会通过生物活动得到
富集。在食物链的底层，有毒物质首先在第一生产者（如藻类）中聚集，然
后这些物质会被鱼类或其他水生生物捕食，最后进入人类的食物链。工业废
水排出的汞，就是通过这种过程进入人体的。

酸废水和直接沉降的酸雨污染了曾经原始洁净的湖泊，高浓度的汞含量
严重威胁了人类的健康。一些偏远地区的污染源，如燃煤发电厂、熔炉和焚
烧炉中产生的副产品中含有汞，它们会降落到湖泊中。美国、加拿大很多湖
泊和瑞典海港的鱼类汞浓度已经超过了安全食用标准。鱼类不受低浓度的汞
影响，它能够聚集大量的汞而不发生病变。然而，高等动物，包括人类，进
食被汞污染的鱼类后会严重危及健康。

碳酸盐岩能够中和酸，那些没有被碳酸盐岩稀释的河流湖泊，因酸雨或
有毒废水污染导致鱼类大批死亡（图31）。酸雨不仅能够直接杀死鱼类，而

图31
密苏里州赫尔曼镇
福莱纳河 (Frene
Creek) 的鱼类因不明
来源的污染而大量死
亡。据估计，约有1万
至1.5万的鱼死于此
次污染（照片由美国
农业部水土保护局提
供）

且会破坏水生食物链，改变湖泊中有机化合物。大部分的破坏来自于酸雨中的氮氧化物。

在东欧，由于几乎没有任何环境保护的法律法规，那里的很多河流处于灾难性的状况中。在俄罗斯沃尔加河南部，每年有上百万吨的废水持续不断地排入其中，而大量的河流水又被用于工业和农业生产中。在过去的1/4个世纪，咸海的水面降低了50英尺（约15米），这是因为汇入咸海的河流被更改用于灌溉。由于污染严重，咸海的鱼已经不能够被健康食用。阿索夫海因杀虫剂的大量使用也面临着同样的命运。波罗的海也已经被严重污染，这给芬兰、瑞典和丹麦等国带来了严重的环境问题。

即使是最原始的湖泊，例如世界上最深、体积最大的俄罗斯贝加尔湖也已经面临污染的威胁。不断增加的污水已经威胁到北美洲五大湖的海滩及沿岸的居民。携带有毒污染物的雨水直接降落到五大湖中，或冲刷海岸上的污染地区。这些毒素给五大湖带来了致命的污染，因为至少需要100年的时间周期才能将这些污水排入大西洋。

沿海地区的环境是最脆弱也是最敏感的。一些海洋环境的改变是不可恢复的。例如堵塞河流会限制流入海洋的总水量；在河口建造港口会永久地改变水流运动模式及沿海的生存环境。

石油泄漏是一种最严重的沿岸污染（图32）。被称为表面活性剂的碳氢链会覆盖在海洋表面，碳氢链薄膜会干扰海洋和大气之间的气体和水蒸气循环。以普通的肥皂为例，它是一种非离子表面活性剂，通常会漂浮在水的表面。这类表面活性剂在自然环境中是极少的，但人为污染，尤其是石油泄漏会在水面上形成一层封闭的薄膜。

随着石油消费的不断增长，石油泄漏的例子也越来越多。每年，上百万桶的石油泄漏到海洋中。由于海洋石油需求不断增加，油轮的碰撞以及敌国攻击油轮的事件增多，故意向海洋中倾倒大量石油的环境恐怖行为等已经对生态造成了灾难性的危害。

在1991年的海湾战争中，伊拉克故意将停泊在科威特米纳港口的五艘巨

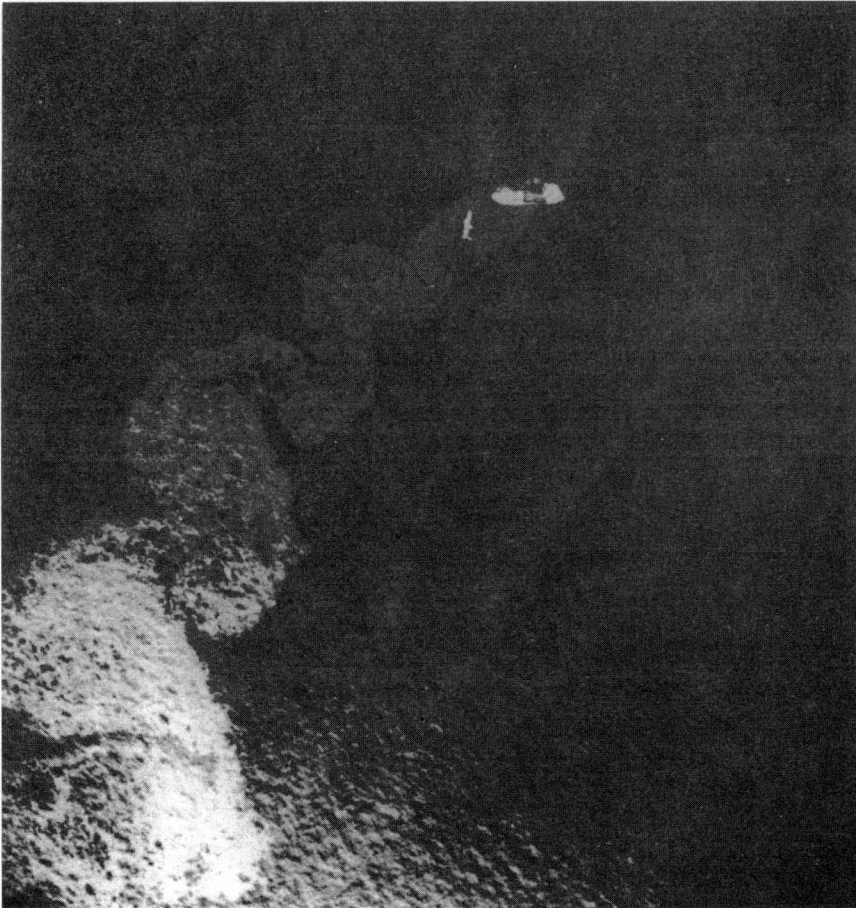

图32
1976年12月9日，阿尔戈商人号油轮发生的石油泄漏污染了美国马萨诸塞州楠塔基特岛28英里（约45千米）沿海海面（照片由美国国家航空航天局提供）

41

型油轮中的约为100多万桶原油倾倒海洋中。他们还将另外100多万桶或更多的石油泻流到距油轮卸载码头10英里（约16千米）左右的海面上。这种环境恐怖主义行为造成了世界上最大的石油泄漏事件，它向相对封闭的波斯湾浅水水域倾倒了多达300万桶原油。

这一恐怖行为给波斯湾的生态系统造成了前所未有的长期破坏。最直接的损害是海鸟被粘在原油中冲到了岸上。鱼类和贝类也因覆盖在海面的原油而窒息死亡。当科威特油井被点燃时，每天约有600万桶原油化为烟尘，相当于大约10%的世界日均消耗石油量。火灾将每天向大气中排出5万吨二氧化硫和10万吨烟尘。它被认为是近代史上最严重的环境灾难。

地下水污染

地下水污染已成为主要的环境挑战。在美国数百万平方英里（1平方英里相当于2.59平方千米）的地表水中，大约有65万亿加仑（约250万亿升）的水，面临的污染越来越严重。在全国各地，有毒化学品从垃圾填埋场浸出，农业杀虫剂和肥料渗入土地中。污染物透过土壤层进入地下水含水层。危险化学品渗入地下水供应区，许多省市正在面临着饮用水被污染的危险。有害废料（包括有机化学制品、重金属、杀虫剂和其他毒性物质）从垃圾填埋场、污水处理厂、放射性废弃物站点、农场、矿山等地方不断渗入到土地中。

地下水的大陆运动是极端缓慢的，大约需要100万年。在美国，约有10%的地下水供应区被污染。当一片污染地下水停滞在居民区时，这种危害将更加严重。地下水使用的不断增加也使问题更加恶化，因为过度抽取地下水会加速水流，从而使其携带更多的蓄水层污染物。今后，蓄水层的污染会变得如此严重，一半美国地下水可能无法使用。

污染的来源很广泛，因此无法确定污染的主要起因。定期地监测工业废水氧化池和垃圾填埋区可以揭示其中是否含有有毒化学制品以及附近水井是否正在被污染。化学制品能随地下水流缓慢向前推进，一旦污染发生，确定污染的程度通常是困难且昂贵的，而且，清洁污染点的费用是相当高的。

清洁地下蓄水层费用是相当巨大的。最简单的情况是，当污染发生在局部时，污染物可以从水井中抽出。如果化学污染已经扩散，他们可以在水井周围建造防渗透的黏土，阻拦或包围污染源。然而，这些方法的工作，仅适用于污染源单一，且污染面积有限时。如果污染是不可逆的，唯一方法是在源头上控制污染。

废弃物处置

在未来几年，现代社会所产生的废弃物处置仍然是一个最普遍的问题（图33）。随着垃圾填埋场数量不断减少，而垃圾却不断增多，大部分的废弃物被卡车运到已经满溢的堆填区，而在这样的填埋条件下，它们不能被完全地降解。

在短期内，垃圾填埋场仍会成为处理大部分垃圾的方法，因为它们与其他垃圾处理方法相比较为便宜。然而，在大多数主要城市，填埋场已经饱和。几乎没有空间来处理更多的垃圾。很多时候，有毒物质会从垃圾填埋场溢出，并污染附近的水井，而处理水井的费用是相当昂贵的。许多有毒污染物具有很强的致癌和致诱变性，其中有一些物质不能被生物降解，它们可以在环境中长期存在。

在所有其他废弃物处置方法中，焚烧处理是最受争议的（图34）。不幸的是，尽管焚烧方法使垃圾问题得到解决，但是这却是以牺牲大气污染为代价。每年，成千上万吨的污染物，包括有毒的二噁英和其他危险化合物，被

图33
大量的垃圾及废弃物被丢弃在印第安纳州格林菲尔德市的布兰迪万河沿岸（照片由E.W.科尔拍摄，由美国农业部水土保护局提供）

43

排放到空气中。即使露天焚烧垃圾，也会造成严重的污染问题。每100吨的垃圾焚化时，会产生30吨煤灰，这些煤灰往往携带着重金属，是一种危险废弃物。因此焚烧会造成另一种垃圾处置问题。

将有毒废弃物倒入海洋会产生潜在的严重问题。由于在陆地上处理城市和工业废料的成本不断增加，许多世界各地的沿海城市地区，都被迫将废弃物直接排入海中。大部分海滨的废弃物来源于不堪重负的污水处理厂以及意外泄漏的垃圾驳船，由于没有风和洋流，这些废弃物难以被驱散。每年有数百万吨的有毒废弃物倾入河流和沿海水域，其中部分有毒污染物是极强的致癌、致突变物质。许多物质具有生物不可降解性，可在环境中长期存在。

核电站、医院辐射实验室，核武器的制造厂会产生放射性废弃物（图35），在最近几年，处理这些放射性废弃物已引起多方关注。由于核技术在整个世界范围内不断扩大，人们开始不断关注它对环境的长远影响。随着核能发电需求的不断增加，人们必须尽快找到一种可行的方法来储存核废料。由于高含量核废物具有强辐射、高热量、长生命期的特点，因此它是最难处理的放射性废弃物物质。有些物质（例如钚）需要上百万年才能

图34
缅因州不伦瑞克市附近，由垃圾焚烧产生的烟雾和废物污染了广大的土地、空气和水（照片由理查德·邓肯拍摄，由美国农业部水土保护局提供）

图35
在1988年，位于科罗拉多州的Rochy Flats核工厂（照片由美国能源部提供）

被降解。

目前认为地下深处是核废料的最佳储存场所（图36）。人们正在努力探索那些免受地震和火山灾害的稳定的地层。最需要关注的是火山喷发，因为它们会将放射性废弃物喷发到大气中。此外，地震会使地壳产生裂缝，核废物会从中逃逸出来。盐丘和花岗岩层是陆地上最稳定的地层，然而，由于需要额外的充填和轴密封，因此矿山储存的费用是相当昂贵的。而要使这些放射性同位素衰变完全，核反应堆材料危害性消失，废弃物填埋后还需要被隔离上千年以上。

在核废料容器破旧并且开始泄漏之后，需要防止它们污染附近的地下水系统。因此，必须预防放射性流体向储存场所周围地层迁移的可能性。在没有地震或其他地质活动时，地层的稳定性至少要达到一百万年左右。此外，还必须建立防护措施来防御不计其数的可能发生的人类入侵和偷窃事件。

运输核废料到美国西部的核废料处置地也是相当危险的，特别是其中85％的废物来自全国各地（主要在美国东部）。据美国能源部估计，在未来20年间，每天需要17辆货车将各地的废物运送到填埋场。在美国公路上，任何时候都有很多运载核废料的车辆，核废料外泄事故的可能性对于沿路的社区来说是无法接受的。将核废料以固体形式包装或设计坚不可摧的核废料储存器可以减少在高速公路上发生事故的危险性。

另外的提案要求在印第安保护区建立有毒废弃物和核废物的处理工厂。原因之一是垃圾公司认为，与其他地区相比，印第安纳州的土地更有韧性。然而，许多印第安部落拒绝污染废弃物毒害他们神圣的土地。

还有一个建议是在海底钻井，将核废料置于其中。这种观点认为海底的某些部分是地球上最稳定的场所，而土地总是受火山、地震、山脉构造、侵蚀的影响，并会使废物渗透到地下水系统中。一旦核废料容器被密封在海洋中，被雨水冲刷下来的大陆岩屑会继续将他们覆盖在沉积岩层下。包含自然资源的地区，例如渔场、石油储备或者矿床等区域需要避免填埋场的干扰和海洋的污染。

核事故显示了核裂变能的危险，例如1979年三里岛核工厂的核泄漏（图37）以及1986年在乌克兰切尔诺贝利核反应堆的爆炸事故。随着人口数量的不断增加，核电能的需求也随之增加，核电力目前约占世界总发电能力的

图36

位于新墨西哥州卡尔斯巴德市(Carlsbad)附近2000英尺（约600米）以下盐矿床中的一个核废料处置点（照片由美国能源部提供）

图37
在1979年，美国宾夕
法尼亚州哈里斯堡市
的三里岛核电站事
故，表明了核电站安
全性再评估的必要性
（照片由美国能源部
提供）。

15%。为了确保地球免于放射性物质的毒害，人们必须尽快找到一种储存核废料的可行方案。

环境修复

大气的清洁试剂是一种短暂存在的分子，它由一个氢原子和一个氧原子组成，被称为烃基（指烃基自由基·OH）。它能和大部分的大气污染物反应，使它们的毒性降低。不幸的是，随着人类活动产生的大气污染物（大部分是一氧化碳和甲烷）总量增多，烃基的总量却不断减少。自从工业时代早期以来，烃基含量已经下降了20%。烃基的不断减少意味着大气将更加污浊。

夜光云是一种形成在中间层的云，在高纬度地区的夏季黄昏时会出现。最近发现，夜光云的亮度不断增加，很显然，这是由于中间层开始受到因大气污染而引起的全球变暖的影响。大气中甲烷增加了一倍，它会被太阳光分解，然后与中间层的水分子结合。自1990年以来，夜光云的亮度已经增加了10倍。

47

　　有毒废弃物，包括人工合成有机化合物、重金属、杀虫剂和其他有毒物质，开始从垃圾填埋场、填埋的汽油箱、污水处理系统、放射性废弃物储存场所、农场和矿厂渗入土地。有毒化合物渗入土地污染了含水土层，这就需要对附近的水井进行监测。在很多时候，清洁含水土层是几乎不可能的。这样的污染是不可恢复的，因此，人们需要花大代价去处理源头污染。若没有联邦政府的资助，大部分的州政府无法承担监测和保护地下水的巨额开销。

　　清洁填埋场和废水氧化池的开销也是相当高的。生物修复是一种利用微生物降解有毒废弃物的技术，它可以用于清洁被地下储存罐污染的土壤。然而，修复被有毒或放射性物质污染土壤的唯一方法是将它们集中运输到危险废弃物堆放场。最后，提高污染废弃物处理技术，了解地下水环境，可以帮助解决将来的环境问题。不幸的是，对于大多数国家的地下水供应系统，过去的错误开采可能已经导致地下水无法恢复了。

　　采用特殊的容器，例如浮木栅栏或稻草之类的吸附材料，可以对抗海上石油泄漏事故。一旦泄漏发生，需要立刻燃烧消除石油，以防止它们扩散或和水发生凝结。如果石油被冲到岸上，那么就必须进行劳动密集型的清洁工作（图38）。清洁剂或其他化学制品可以破坏并分解石油，然而，这类化学物质通常是有毒的，它会给生态系统带来额外的破坏。清洁被石油污染的海滨需要使用化学分散剂或高压蒸汽，它们会杀死原先生活在那里的生物。随着时间推移，在清洁被石油污染的海滨方面，自然界通常做得比人类要好。

　　为了减少燃煤厂给当地造成的大气污染，很多工厂会建造高烟囱（图39）使污染物进入高层的湍流，然后被风吹散。大都市附近的酸雨已经存在几十年了，这就促使工厂建造高烟囱，使污染物排放到高层大气中而远离城市。不幸的是，随着污染物迁移，这种方案只是将局部的污染问题扩散到更大的地区，甚至超出了国界，从而引发了政治问题。例如，加拿大就遭受了因美国俄亥俄河流域工业污染引起的环境问题。瑞典和挪威等国自身没有制造污染，但是却长期遭受欧洲重工业地区引起的污染侵害。

　　然而，尽管美国发电厂污染物排放量减少，但是这些措施并没有根本性地减缓美国东北部的酸雨危害。即使按照清洁空气法案（Clean Air Act）减少污染物排放后，河流、湖泊、土壤和植被仍在遭受危害。只有大量减少那些引起酸雨的氮氧化物和硫氧化物等污染物排放，才能帮助大部分地区从几十年的酸雨危害中得到恢复。美国俄亥俄河流域的燃煤厂排放了大量的氮氧化物和硫氧化物，它们是造成美国东北部污染的罪魁祸首。氮氧化物和硫氧

图39
佐治亚州考维塔郡（Coweta）耶茨（Yates）发电站清洁煤炭技术示范（照片由美国能源部提供）

49

化物等污染物会随盛行风向东迁移，与大气中的水蒸气结合，产生酸雨、酸雪、酸雾等酸沉降。通过采用在燃煤厂的烟囱内安净气装置以及使用低硫煤来减少二氧化硫的排放等方法可以减少酸沉降。此外，很多燃煤发电站开始改用天然气发电。天然气是一种相对清洁的能源，在生产相同单位的能量时，它产生的二氧化碳的量仅为煤炭的1/2。但是，目前天然气的价格快速上涨，人们需要开发使用清洁煤燃烧技术。然而，在1975年之前建造的很多美国工厂及其他国家的工厂并没有要求安装昂贵的设备来清洁大气。由于环境污染会对经济造成负面影响，因此，为了清洁环境，政府被迫颁布法律法规来限制污染的排放。

将二氧化碳填埋到地下或海洋中可以减缓全球大气变暖。海洋中的浮游生物生长很快，这些生物需要吸收营养来进行光合作用，因此它们会从大气中吸收二氧化碳。有一种观点是给海洋补铁。浮游生物会利用铁进行光合作用，吸收空气中的温室气体，进而快速生长。目前，海洋中铁主要来自大漠沙尘。而仅一艘巨型油轮的铁量就可以触发足够多的浮游生物生长，吸收大气中20亿吨的碳。然而，需要实施长达一个世纪以上的施铁方案，才可能大幅降低大气中二氧化碳的含量。

美国的很多河流湖泊的酸度高于正常水平，而敏感的水生生物若长期生存于弱酸环境，或短期处于强酸环境中均会死亡。虽然可以利用石灰（产于自然界中丰富的石灰岩）中和酸的处理方法抑制河流湖泊中的强酸，但是处理这些河流湖泊的源流比直接应用石灰更加有效。此外，利用石灰处理燃煤厂排放的废气，能在源头上控制酸沉降的形成，从而减少半的酸性地表水。

至少需要几年甚至几十年的时间，环境才能摆脱酸沉降的影响得到全面恢复。尽管污染已经得到严密防治，但是北美以及欧洲部分地区的降雨仍具有强酸性。原因在于钙、镁等基本元素的排放减少，从而使中和大气酸性物质的大气微尘颗粒减少。而这些元素也是大部分植物生长的必需养料，它们的缺失将引起土壤贫瘠、农作物产量下降。

讨论完污染及其对环境的影响后，下章将探讨大气污染物如何影响气候。

3

气候变化

温室效应

本章研究了温室气体以及大气中其他污染物对气候的影响。人类活动和包括火山爆发在内的自然现象引发了大气圈气体组成的变化。它们还会导致地球气候的变化。大气中二氧化碳以及其他温室气体（主要是甲烷）的含量增长会暖化地球，给大气提供能量。这会改变水循环，为地球上所有地方带来维持生命的雨水。

全球温度的升高也能引起两极冰雪融化，海平面上升，半数地球人口居住的沿海地区被洪水淹没。降水形式的转变一方面会引发某些地区的严重干旱和沙化，另一方面使得其他地区遭遇严重涝灾。大气循环形式的变化也会对天气产生重大影响，引发暴风雨，还可能导致生物大量死亡，对自然造成极大破坏。

人类气候

气候一直在变化，几百万年前的地球环境与现在大不相同。那时的气候很不适宜人类居住。人类产生于大约4百万年前气候相对稳定的一段时期，当时物种类别已创历史新高。

在大约40万年前一段温暖的间冰期，气候比现在暖和许多。当时冰帽融化，海平面上升了60英尺（约18米）。上一个冰期大约始于12.5万年前，当时的降雨含量低，使得地球上许多的荒漠地区扩大。荒漠上的风力较大，产生了巨大的沙尘暴，阻隔了阳光，地球因而冷却下来。当巨大的冰盖回到两极，非洲及阿拉伯半岛的热带区域经历快速暖化时期后开始变得干燥。这些气候变化源于前1.4万至1.25万年间干旱地区的扩张。

在气候潮湿的时期，即距今1.2万年至6千年间，现在非洲的一些沙漠被茂盛的植被所覆盖，还有许多大湖。位于撒哈拉沙漠南界的乍得湖曾是非洲最大的湖泊，面积是现在的10倍。世界上其他地区的湖泊也经历了同样的面积变化。当时美国犹他州的盐湖占据了邻近的盐滩（图40），面积也是现在的好几倍。

地球史上最显著的气候变化之一发生于当前间冰期，地质学上称之为全新世。考古学称之为新石器时期，与文明同时诞生。1万年前全新世初期的气候与之前1万年（即上一个冰期的高峰期）有很大不同。在过去的8,000年里，地球气候极其有利，在这样良好的条件下人类不断进化繁衍。

前一个冰期的冰川消退后，动植物回到了北纬地区。9,000年前，内陆的夏天变热，引起了季风。这种气候温和期始于6,000年前，这种温暖湿润的条件保持了近2,000年。在此期间，人类早期文明发展良好。

过去7,000至6,000年期间是一个相对温和干燥的时期，但在4,000年前，长达400年的严重干旱开始了。当时温度开始明显下降。全球变得干燥，出现了现在的沙漠（图41）。大约1,000年前，即中世纪气候最暖期，地球再次变暖。此后约500年，地球进入小冰期，历时约3个世纪，当时地球的平均气温大约降低1℃。

冰川的扩张迫使人们离开欧洲北部，格陵兰岛诺曼人的数量大大减少，他们在格陵兰岛上已经居住了500多年。直到19世纪中期，世界才变暖，但

图40
1903年，犹他州图埃勒县辛普森山脉西南部的盐湖南端（照片由C.D. Walcott拍摄，由美国地质勘探局提供）

1938年后再次变冷。1976年开始回温，现在似乎处在长期的暖化阶段，尚未表现出任何降温的苗头。按照以上规律看，似乎气候还将发生改变——并将很可能往人类不期望的方向发展。

温室气体

1896年，瑞典化学家，斯凡特·阿列纽斯（Svante Arrhenius）预测了大气二氧化碳对气候的影响，这是历史上对温室效应机制的初次认识。他指出，过去冰期的发生可能主要是因为大气中二氧化碳含量减少。斯凡特·阿列纽斯还预测，大气中二氧化碳含量增加一倍将会导致全球温度升高5℃，这与当前的温室模式惊人地一致。

单细胞植物进化伊始，光合作用吸收了温室气体（主要是二氧化碳），大气得到有效冷却，因此，22亿至24亿年前出现了地质史上第一个冰期。地壳中巨大的碳储量可能是促发前寒武纪晚期（约6.8亿年前）最严重的冰期的关键因素。当时冰覆盖面积非常大，甚至热带也处于冰冻状态，因此该时

图41
加利福尼亚州圣贝纳迪诺县莫哈韦沙漠东部（照片由R.E. Wallace拍摄，由美国地质勘探局提供）

期地球被命名为"雪球地球"。如果没有大规模的火山活动，大气二氧化碳含量没有得到恢复，地球仍将埋藏于冰雪之下。

大约44亿年前奥陶纪晚期、约33亿年前的石炭纪中期和约29亿年前的石炭二叠纪的冰期可能是受大气中二氧化碳的含量（约为现在二氧化碳含量的1/4）降低的影响。可能由于陆地上森林的繁衍，在大约27亿年前，另一个冰期开始了，当时植物适应了陆地环境，能在海洋以外的地区生存繁衍。地球开始冷却，因为森林吸收了大气中的二氧化碳，将二氧化碳转化为有机物，并形成了大型煤矿。转化过程使得大量的碳埋藏于地壳中，地球温度因此下降。

大气中二氧化碳的浓度可能激发了冰期的来临。深海矿床的数据表明二氧化碳改变是先于近期冰期的改变（图42）。也许早期的冰期也受到类似的影响。二氧化碳改变含量可能不是冰期产生的唯一原因，当与其他过程结合时，如地球轨道运动的变化，它们将对地球产生强大的影响。可能这可以解释在地质历史中为什么冰期不断出现和消失。

大气中二氧化碳的浓度已经从前工业化时期的265ppm（265×10^{-6}）增加到现在的365ppm以上。20世纪，地球表面温度已经升高了1℃。矛盾的是，与温室效应直接相关的对流层的暖化程度与卫星和气象气球的测试结果并不一致。在过去40年里，地表温度的增长速度为每10年上升0.15℃，而大气温度增幅只是每10年0.10℃。

大气二氧化碳含量也会随季节变化，冬末时节到达峰值，夏末时节降到最低值。这是因为在生长季节，植物从大气中吸收了二氧化碳，把它转化为碳氢化合物储藏在组织内。地球上广袤的森林对大气中的二氧化碳有深远的影响。大气中二氧化碳浓度的季节性变化多数与夏天的光合作用增强相关。森林面积广阔，在世界范围内，森林的光合作用比其他任何植被都更加广泛。森林的碳储量巨大，足以对大气中的二氧化碳产生显著影响。

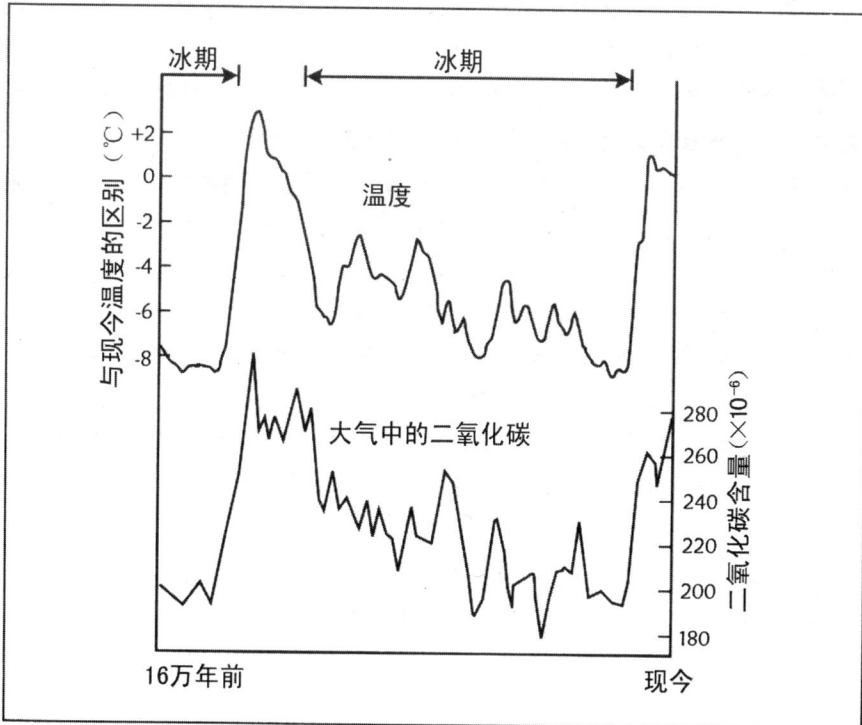

图42
在过去的16万年内，地球温度与大气二氧化碳变化一致

55

每公顷森林吸纳的碳量分别是农田和草地的10倍和20倍。地球上的森林储藏了大量的碳。因此，将森林（特别是热带雨林）开垦为耕地的行为，是使碳释放到大气中的主要原因。由于滥伐森林，大气中二氧化碳的总量和甲烷的总量分别增加了1/3和1/2。贮藏于树木中的碳被释放到空气中，森林面积不断减少，树木吸收过量二氧化碳的能力也减弱了，这可能会引发地球暖化。

尽管北美洲、欧洲的森林具有碳的净积累能力，但是与热带地区所损失的森林相比，可以说，它们所吸收的过量二氧化碳的含量无足轻重。而且，因为北美和俄罗斯北部的北方针叶林的树木枯梢以及采伐的大幅增长，该地区的森林已经停止吸收二氧化碳。因此大气中二氧化碳含量的增加，加剧温室效应，对地球天气模式造成巨大影响。

每年，二氧化碳排放量约占人类排放的温室气体的60%。而大部分的二氧化碳产生于工业国。大半的温室效应是由二氧化碳造成的，另一部分是由水蒸气和甲烷造成。人类产生的二氧化碳能在大气中保存一个世纪以上。大气中二氧化碳含量长期上升，自1860年以来，已增加25%，这是化石燃料燃烧使二氧化碳释放增加的后果。每年，人类活动产生并向大气释放270亿吨二氧化碳，其中含有74亿吨碳。当前化石燃料燃烧向大气排放的碳量为每年人均1吨。而美国每年人均释放量约6吨，排放总量约占世界的1/4。

现在，大气圈大约含有8，000亿吨碳。因此，每年仅人类活动就使大气的碳含量增加1%。一些碳能够通过生物过程、水文作用和地质过程从大气中消除，所以人类活动引起的大气二氧化碳年均增长降至0.5%，约40亿吨。释放到大气中的二氧化碳的1/3来源于热带雨林的破坏以及发展中国家的耕地扩张。这些国家在提高自身生活水平的同时成了温室气体污染的主体。

地球表面的生态区以及土壤中的腐殖质含有的碳是大气的40倍。森林采伐、耕地开垦和湿地破坏加速了腐殖质的腐烂，这些腐殖质被转换为二氧化碳释放到大气中。每年仅森林采伐就能使大气的二氧化碳含量增加25亿吨。而且，农田在种植过程中也会产生二氧化碳，它储藏的碳量并没有森林那么多。将森林（特别是热带雨林）开垦为耕地的行为翻垦了土壤，使有机物暴露在大气中，是生态区和土壤向大气释放碳的最大源头。

甲烷是第二大重要的温室气体，尽管甲烷在大气中只能保持10年左右。因为氧气的存在，它最终会被氧化为二氧化碳。当前大气中含有的甲烷分子和二氧化碳分子的比例为1比200，但是，每一个甲烷分子吸收红外辐射的能力是二氧化碳20～30倍。因此，即便只有少量的甲烷释放到空气中，也会对气温产生较大影响。

甲烷产量超过了二氧化碳，每年以1％速度增长，而二氧化碳只有0.5％。在接下来的几年里，甲烷以及其他温室气体，如农业和工业产生的一氧化氮，可能比单独的二氧化碳构成更严重的温室效应。一氧化氮加剧了温室效应，它可在大气中保持超过一个世纪。此外，每一个一氧化氮分子吸收红外辐射的能力大约是二氧化碳分子的200倍。

很多甲烷是由动植物产生的。森林滥伐，大量树木死亡，产甲烷的白蚁数量将剧增。现在，地球上白蚁数量为人均0.75吨。随着森林砍伐急速上升，白蚁的数量也会明显上升。白蚁能消化陆地上碳总量的2/3，其中1％被转换为甲烷。

大量牲畜在消化过程中产生了大量的甲烷。一头牛食物的5％～9％转化成甲烷。如果地球上每四个人拥有一头牛，那么牛将对地球气候变化产生巨大影响。谷物种植是大气甲烷的另一个重要来源。产自配电系统和垃圾填埋场的天然气，其主要成分也是甲烷。甲烷和冰水结合形成了深海底部泥浆中的格状包合物（类似细胞的化学混合物）。海洋暖化会向大气释放大量甲烷。连同二氧化碳，这会形成一个加热、释放的恶性循环。

全球气候变暖

在过去20年内，世界范围内发生了空前的天气变化。在美国，20世纪90年代的10年间见证了自150年前的小冰期以来最热的天气，甚至超过了30年代的尘暴时期。这些事件看似是大气化学污染引发全球性气候变化的征兆。天气异常可能只是自然气候变化的一个反映。至今为止，并没有发现温室效应是导致气候变化的确凿证据，人类活动与气候变化的相关性不大。然而，气候变化将在21世纪中期加剧，可能会超过过去1万年自然界已有的变化。

如果没有其他调和因素来抵消温室效应，那么随着大气二氧化碳的稳定增长，可能会产生灾难性后果。这些调和因素包括海洋及陆地上绿色植被对过量二氧化碳和热量的吸收。大部分流入海洋的碳是动植物产生的有机碎屑。然而，这些过程很大程度上起到了将碳从浅水区转移到深海区的作用，却几乎不能从大气中吸收二氧化碳。而且，温热的海洋降低了海洋吸收过量二氧化碳的能力，甚至像一瓶温热的苏打水，加速二氧化碳气体的排放。

工业活动的哪些环节产生这些二氧化碳仍是未解之谜。显然，化石燃料的燃烧和森林植被的破坏所产生的二氧化碳中只有40％被大气和海洋吸收积累。一些过量的二氧化碳会有部分被陆地植被吸收，如同肥料一样刺激植物生长。尽管如此，陆地植被对二氧化碳的储量远不如海洋，可能在可预见的将来便饱和。而且，世界上森林的不断破坏极大减弱了它们吸收过量二氧化碳的能力。

森林对地球气候有重要影响作用。森林砍伐增加了地球表面反射率，更多阳光被反射回太空。因此，森林砍伐会造成地球冷却，抵消温室气体引起的全球气候暖化。森林砍伐导致的太阳能损失会改变降雨模式，减少降雨，尤其是热带雨林的降雨。而且，这些干旱条件会进一步影响树木，使它们易染疾病。

可能在50～100年内，地球会比300万年前（更新世冰期开始之前）更热。北半球的高纬地区会出现温度升高，且冬天的温度增长最大。全球暖化将带来的一个惊人结果是，从阿拉斯加北部（图43）到欧亚大陆北部的北极冻原会解冻。这会使得土壤中贮存的大量的二氧化碳和甲烷释放到大气中，可能产生失控的温室效应。阿拉斯加北部冻原的证据表明，全球暖化可能已

图43
阿拉斯加北部科尔维尔地区库克波鲁克河东部北极海岸平原（照片由R.M. Chapman拍摄，美国地质勘探局提供）

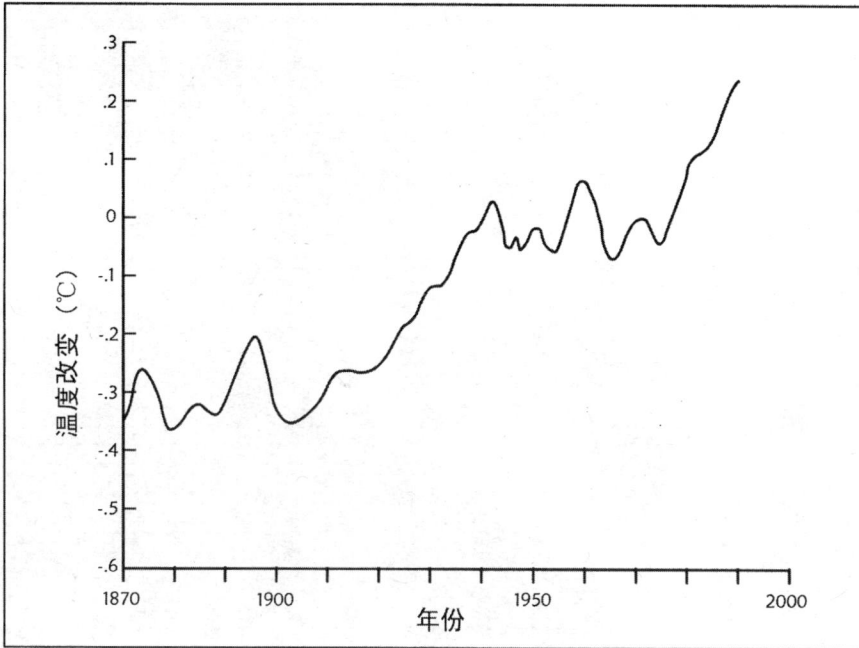

图44
地球温度的上升

经促发土壤中二氧化碳的释放。阿拉斯加永久冻土的温度比过去高了4℃。

在过去的100年里，温室效应已经使得地球温度升高了约1℃。继小冰期之后，自1850年以来，随着地球解冻，地球温度已经稳步升高（图44）。由于火山活动减少，1940年至1976年间，温度升高趋势暂时被一段时间的冷却打断。自此以后，温度恢复上升趋势。同时，大气二氧化碳含量已经比上个世纪增加了20%，并会在本世纪中期翻一番，地球平均温度可能因此上升1.5至4.5℃。除非各国大幅削减化石燃料的使用量，否则二氧化碳含量翻倍后还会继续增加。

当前全球暖化正在以前所未有的速度进行着。温度上升的速度是上个冰期后地球平均暖化速度的10～20倍。在过去10,000至14,000年间，北美和欧亚大陆北部的大型冰盖融化了，地球温度可能上升了3～5℃。然而，与对地球暖化的预测相比，最大的不同在于，近一个世纪内上升的温度超过了此前几千年的时间内上升的温度。

21世纪末，地球温度会与1亿年前相同，成为继恐龙时代后最高的温度。北半球某些地区会变得干燥，会有发生大型森林火灾的危险。这是一个可怕的暗示。如果温室效应持续下去，像1988年毁坏大半黄石国家公园的特大森林火灾（图45），可能会更频繁发生，大量森林、野生动植物生存地会

图45
1988年夏秋之交，一场森林火灾吞没了大半个美国怀俄明州的黄石国家公园（照片由美国国家公园管理局提供）

图45
1988年夏秋之交，一场森林火灾吞没了大半个美国怀俄明州的黄石国家公园（照片由美国国家公园管理局提供）

遭到破坏。

在过去，气候变化缓慢，生物界有足够的适应时间。然而，当前的气候变化太突然，速度过快，这可能会导致动植物灭亡。植物会受到地球暖化最重的一击，因为它们受到温度变化和降雨的直接影响。森林，尤其是禁猎区，可能与其正常的气候格局相背离，它们的气候条件会不断向高纬地区靠近。

几个世纪以来，人们已经意识到地球气候变化对升温和降雨量增长的影响。在此期间，森林不断向极地后退，而包括北极荒原在内的其他野生动物的生存环境也会消失。许多物种不能跟上气候的快速变化而消亡。那些具有迁移能力的物种则发现它们的迁移途径被自然或人为障碍所阻挡，如城市和农田。地球暖化会重构整个生物群落，许多物种会遭遇灭绝。而害虫的物种数量会快速膨胀。

如果地球继续保持暖化趋势，那么到了21世纪中叶，美国南部各州的森林会，被草地所取代。北美东部的大片森林会向北迁移600英里（约965千米）。在新英格兰州和阿巴拉契亚山脉，松树林会取代云杉的位置。松树生长带会向北延伸，可以远至北极荒原。美国中西部的大草原带会向东扩展，远至宾夕法尼亚州和纽约。高浓度的大气二氧化碳，像肥料一样，促进草木生长。温暖的气候促进细菌和病毒等寄生物和病原体菌的孳生。这使得热带地区的传染性疾病传播至温带。携带有病菌的蚊子通常会死于寒冬，此时会侵入之前的禁地，感染更多的健康人群。

如果地球温度增长过快，森林可能难以与气候带向更高纬度迁移的运动保持一致，这会使得地球的森林覆盖面积进一步减少，生存于其中的物种也会减少。其所带来的生态变化需要几个世纪的时间才能稳定，这向约12,000年前，即上一个冰期末，便存在的环境条件提出了挑战。

大气二氧化碳的翻倍引起的地表温度增长会反过来影响地球降水模式。温度上升现象在厄尔尼诺期间表现尤为明显，来自中美洲的近岸暖流扰乱了全世界的天气情况（图46）。厄尔尼诺现象发生频率的增加可能也是温室气体污染和地球暖化的征兆。在厄尔尼诺发生期间，海洋吸收的二氧化碳的数量会超过平时。然而，陆地表面会释放更多的二氧化碳气体，倾向于保持二氧化碳收支平衡。拉尼娜，即太平洋赤道区域的海面温度的暂时性下降，会产生与厄尔尼诺相反的结果，世界上许多地区的平均降水量会超过平时。

亚热带地区，即北纬20~50度之间和南纬10~30度之间，降水量可能会明显降低，沙漠面积因而增大。沙漠和半沙漠化面积的增加会大大影响农业，迫使它向更高的纬度迁移。那时加拿大和俄罗斯可能会成为"面包篮子"。不幸的是，由于冰期的冰川侵蚀，北部的土壤层较薄，这些土壤层可能会因为农业生产的扩展而被快速消耗掉。

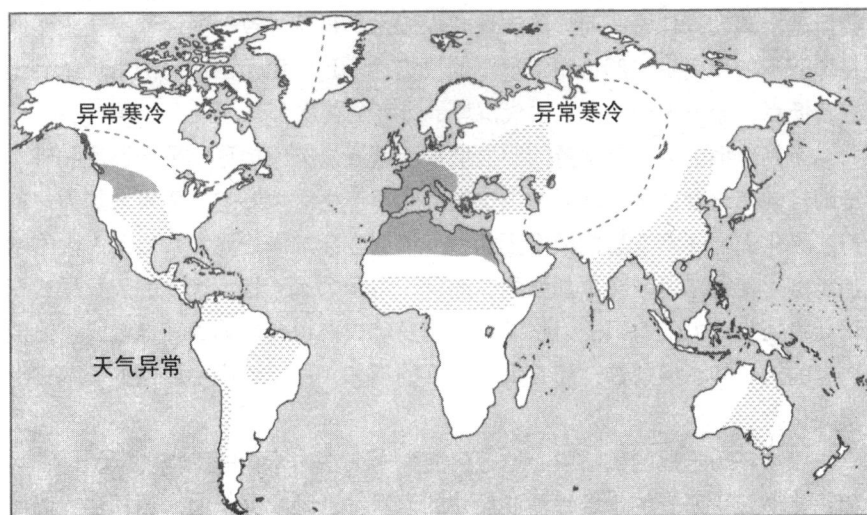

图46
1972年，由厄尔尼诺现象导致的气候异常。斑点区被严重的干旱影响，黑暗区受异常潮湿的气候影响

图47
从太空俯瞰的戴安娜
飓风的气象云图（照
片由美国国家海洋及
大气管理局提供）

图47
从太空俯瞰的戴安娜飓风的气象云图（照片由美国国家海洋及大气管理局提供）

　　主要的地下水供应也会受到影响，地下水位会下沉，水井会干枯。高温会促进水蒸发，使一些河流的流量减少50%，甚至导致一些河流完全干涸。在1988年的旱灾中（20世纪最严重的旱灾之一），密西西比河的水位达到历史新低点，船只无法航行。古代沉埋的废弃物首次公开于世。

　　而其他地区会因降水量的明显增长而遭遇洪灾。地球年平均温度和降水量的轻微变化会对某些地区的洪灾发生频率产生巨大影响。随着地球大气的持续暖化，强降水发生的频率会加大、程度也会加深。温室效应会为大气增加能量，使得暴风系统更加强烈。而且，由于大气不稳定产生的天气模式变化将强生产力的农田变为沙漠。这些变化模式也会影响到其他地区，造成严重的洪灾和土壤侵蚀。随着大气湿度的增加，可能会产生异常的季节性温度变化。

　　偶然经历干旱的大陆中心地区会变为永久性的干燥的荒地。欧洲、亚洲和北美洲几乎所有的土壤都需要额外的灌溉，否则就会干涸。据预测，温度上升、蒸发加速和降水模式的变化都会大大限制饥荒时期剩余食物向发展中国家的出口。风力奇大的干燥空气的流动会产生巨大尘暴和严重的侵蚀问题。龙卷风、冰雹、雷暴和闪电等灾害的发生频率会增加，强度会加强，持续时间会增长。众多大飓风会猛然冲入人口密集的海岸地区（图47），造成巨大财产损失和人员伤亡。

火山对气候的影响

火山对地球大部分地区的气候都具有极大影响。很多最寒冷、最潮湿的气候被称为火山尘年（volcanic dust years）。自17世纪至20世纪所有恶劣的夏季和寒冷的冬季气候，很可能都是火山尘导致的（图48）。冰岛和日本的火山爆发引发了1783至1784年冬天的恶劣天气。1816年印度尼西亚的坦博拉火山爆发，产生了"没有夏天的一年"。1784年后，经过200多年对火山和天气的观察，人们已经清楚两者间密切关联，但是火山并不能解释所有的气候变化。

英国气象学家休伯特·兰姆对1500至1970年之间的所有火山爆发情况进行了调查。他制定了标准量表来衡量火山爆发对大气的影响，规定1883

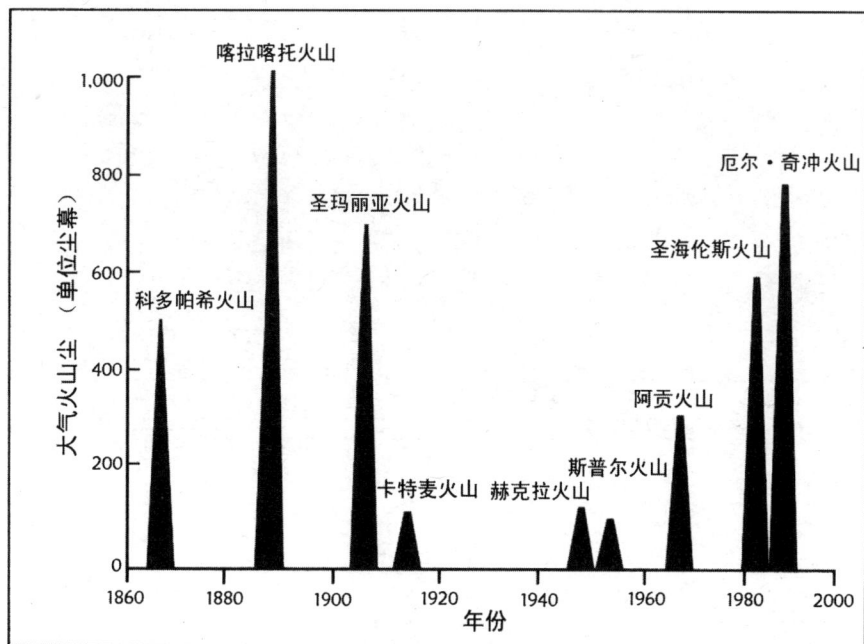

图48
世界主要火山，大气喷射物中火山尘的相对负荷值

年喀拉喀托火山爆发的尘幕指数为1，000个单位（尘幕指数是衡量一次火山喷发所释放的微粒数量）。1816年的坦博拉火山爆发向大气上层喷发的火山尘是喀拉喀托火山爆发的三倍，因此，坦博拉火山的尘幕指数为3000。1811年至1818年，坦博拉火山开始不断喷发，尘幕总量为4200——现代史上的最大数值。

英国气象学家凯利（曾经是兰姆的学生）及其在英格兰东安吉拉亚大学的同事一直在寻找尘幕指数和气候的变化规律。他们发现，从1725年至1950年，两者的循环周期均为7～8年。这些发现支持火山活动影响气候这一观点。但是，单一的尘幕因素不可能造成过去几个世纪所有的气候变化。

尽管火山尘是气候变化的一个重要影响因素，它可能不是过去几个世纪某些气候变化的唯一原因，甚至可能不是主要原因。火山变化的影响与太阳变化（以太阳黑子活动为衡量标准）的影响这两者的结合可以较好解释过去500年的气候变化模式。但是，火山尘和气溶胶仍是影响气候变化的最大因素。1600年以来，它们与温度变化同时发生。相反，太阳黑子变化并不具有如此的一致性。

只有部分太阳辐射能被火山尘反射回太空而损失（图49）。一些太阳辐

图49
1982年墨西哥恰帕斯州厄尔·奇冲火山爆发产生的火山云（图像中心所示）（照片由美国国家海洋及大气管理局提供）

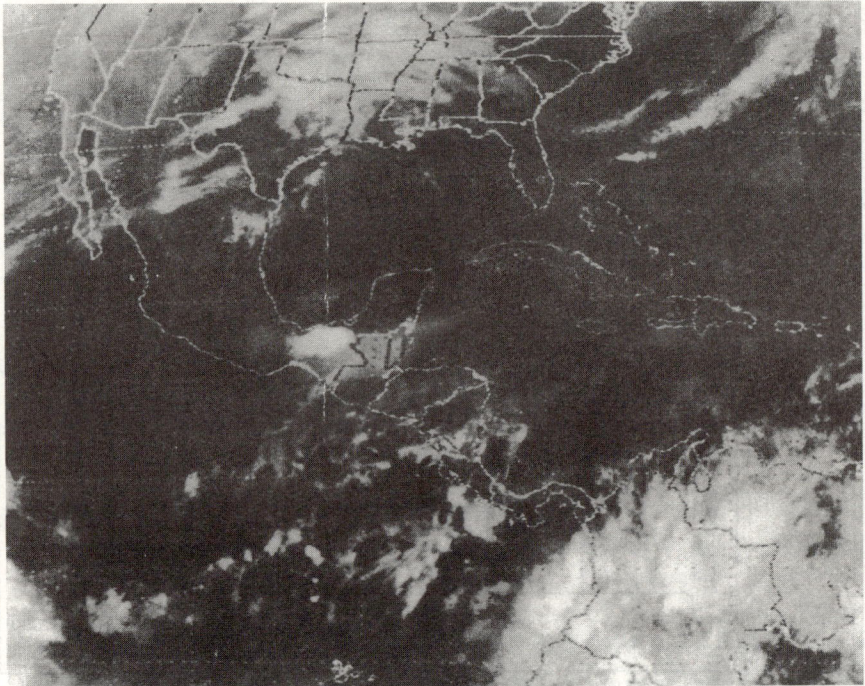

射加热了火山尘，而另一些则四处分散，以斜角照射地面。正是太阳散射形成了蓝天、日出日落的壮丽景象。因此，被散射的太阳辐射不是从日轮直接到达地面的。如果太阳辐射总量波动程度为10%，那么地表温度将表现出更大波动。直接太阳辐射若减少5%，实际上地表温度降低小于1℃，因为直接辐射的减少伴随着间接辐射的增加，如被火山尘散射。

大气灰尘对气候的影响作用的发挥决定于灰尘的本质属性以及它在大气中的位置。从对气候的影响角度分析，即便喀拉喀托火山向大气喷发的灰尘数量很大，它的影响作用还是比坦博拉火山小。火山爆发将灰尘喷射入大气的方式，可分为两类。第一种会在地表至约20英里（约32千米）高度的对流层和平流层低层形成尘埃层。第二种会抵达距地面30英里（约48千米）以上的高度。第一类对气候的影响最大，因为这种火山爆发会产生高密度、持续时间长的尘云。

当然，单单只有灰尘是不能阻隔来自太阳的热量的。火山也会产生大量的水蒸气和气体。这些二氧化硫气体会与水反应，形成硫酸。这些硫酸气溶胶渗入平流层，就像一层薄雾一样阻挡了阳光。大型火山爆发使灰尘和硫酸溶胶进入大气，相互结合，是影响气候变化最关键的因素。

在20世纪50年代早期，美国气象学家亨利·韦克斯勒(Harry Wexler)将火山和气候相联系。他指出，继一场重大火山爆发后，北美的天气模式发生了标志性变化。7月份的气象图与5月中旬相似。韦克斯勒还有一个惊人发现，自1912年后的50年间，北半球未曾发生一起重大火山爆发事件。在此期间，冬季持续温暖，20世纪气候条件相对比前一个世纪温暖。1912年前的150年天气模式变化最显著，北半球的火山大爆发不断发生。然而自1912年后，这些火山相对平静些。

高纬地区的火山爆发，如1980年华盛顿州圣海伦斯火山的爆发（图50）和1986年阿拉斯加州奥古斯丁火山爆发等对气候的影响并不像低纬地区火山爆发那么大。这是因为温带地区进入平流层的火山尘较少扩散，与热带地区火山尘相比对气候影响稍小。热带地区火山喷发的灰尘随着该地区向高纬流动的空气朝两极移动，并积聚在高纬地区，而此处阳光以大倾角照射地球，因此穿透灰尘的路径更长。

火山尘如何影响太阳辐射在大气中的传播的最佳证据之一是1963年巴厘岛阿贡火山爆发，它的地理位置和坦博拉火山相似。继爆发后至1964年晚期，南北纬30度之间的平流层的温度明显下降。至1966年末，温度才恢复至爆发前的平均水平。但是北纬地区所受影响较大，温度下降了约0.5℃。

20世纪，在对气候影响方面可与喀拉喀托火山相提并论的是1982年墨西

图50
1980年7月22日，华盛顿州圣海伦斯火山爆发产生的巨大火山云（照片由美国国家地质勘探局提供）

哥南部厄尔·奇冲火山的爆发（图51）。它产生的火山灰云使得北半球温度下降，温度降低的程度可能与喀拉喀托火山爆发后100年内发生的任何一场火山爆发相同。此外，含硫气体和尘埃形成的密云冲入平流层，其密度最高点位于夏威夷上空16英里（约25千米）处，在爆发后至少一个月内仍能见到

图51
墨西哥恰帕斯州厄尔·奇冲火山1982年爆发时山顶被削截后的拱顶（照片由美国国家地质勘探局提供）

这朵巨大的灰云。它用了10天时间飘至亚洲，两个星期达到非洲，且在3周内完整地环绕地球一周。一年后，北半球的平均温度下降了0.5℃。这次火山喷发带来了史上不同寻常的凉爽湿润的夏天和最寒冷的冬天。

大型火山活动，可将阳光反射回太空而减缓温室效应。如1991年7月菲律宾的皮纳图博火山爆发，这次火山爆发可能是20世纪最大的火山爆发事件。地球辐射收支试验卫星（图52）外的仪器检测显示，在皮纳图博火山爆发几个月后，大气的阳光反射率增加了近4%，地表温度因此降低了至少0.5℃。尽管火山尘从大气中降落的速度相当快，大概几个星期或几个月，而火山溶胶，主要是二氧化硫，在空气中逗留的时间会超过三年。在过去的100年间，大型火山爆发后一至两年内地球温度降低了0.1~0.9℃。

暴风雨

赤道和两极的温度差异是地球大气循环的动力，但自1800年代末开始它的驱动力已经减弱。这可能会改变风暴的频率和强度。大气温室气体的高含量引起的升温可以给大气提供巨大能量，给风暴系统增加额外的能量。实际

图52
地球辐射收支试验（ERBE）卫星对影响气候的地球反射率进行测量，而气候变化趋势对农业、能源、自然资源、交通和建筑各个方面都会产生影响

地球辐射
收支试验任务

上，每天在地球上某个地方都有一场强风暴夺取生命、毁坏财产。当数据显示死亡总数和财产损坏程度在上升时，不仅大自然变得更猛烈，世界也变得更拥挤，使得更多的人遭受伤害。

自20世纪中期以来，与天气相关的自然灾害的数量已经翻倍。在美国，1988年至1999年间发生了38起严重天气事件，仅1998年就发生了7起，该数量为历史之最。它也是1860年地球气候记录开始后最炎热的一年。而且，据记载，1997至1998年发生了最强烈的厄尔尼诺现象，当年太平洋海水的水温比正常水平高出5℃。

飓风是自然界中最猛烈、破坏性最大的风暴。它们多发生于夏秋两季，此时赤道南北部的海洋受阳光照射较多，且此处科里奥利力会促使气团旋转。飓风登陆时伴随有巨大的风暴潮，会毁坏财产，腐蚀海岸。届时，风力达每小时100英里（约160千米）以上，海岸边海浪涌动，同时飓风眼的低压将水吸离海面，形成几英尺（1英尺≈0.3米）高的水柱。

偶然来袭的龙卷风非常猛烈（图53）。它们产生了最强的地面风，每一年在美国造成的死亡人数超过其他任何一种自然现象。它们形成于春天，秋季会稍少些，这些季节龙卷雷暴的形成条件已经成熟。然而，根据预测，随着地球升温，极具危险性的龙卷风的数量会增加。美国每年会经历约700次龙卷风暴，美国中部和东南部被称为龙卷风走廊（图54），是世界上龙卷风发生频率最高的地方。澳大利亚的中部大沙漠常发生对流性雷暴，它的发生率接近前者，位列第二。

每时每刻，整个地球都经历着大约2000个雷暴。这些惊人的数目使其成为地球热收支的主要平衡者。通常它们大部分会在春夏两季出现，很少出现在冬季。美国每年平均有100多人死于雷暴，约250人因它而受重伤。据估计，每年因雷暴而损失的财产达几百万美元。雷暴产生于大气温度的失衡，是热流猛烈上升的实例。另一个沉降和云湍流的极端实例是冰雹（图55）。

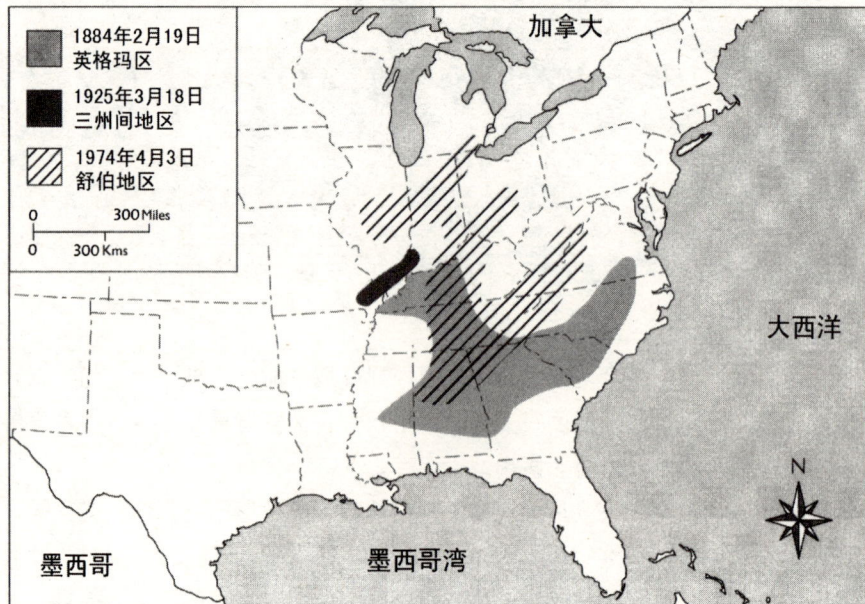

图54
三个最强烈的龙卷风覆盖的准确区域。东北向斜线标示的区域也指出了龙卷风的路径，它的路径走向会受大气急流影响

加拿大

1884年2月19日
英格玛区

1925年3月18日
三州间地区

1974年4月3日
舒伯地区

0   300 Miles
0   300 Kms

大西洋

墨西哥

墨西哥湾

N

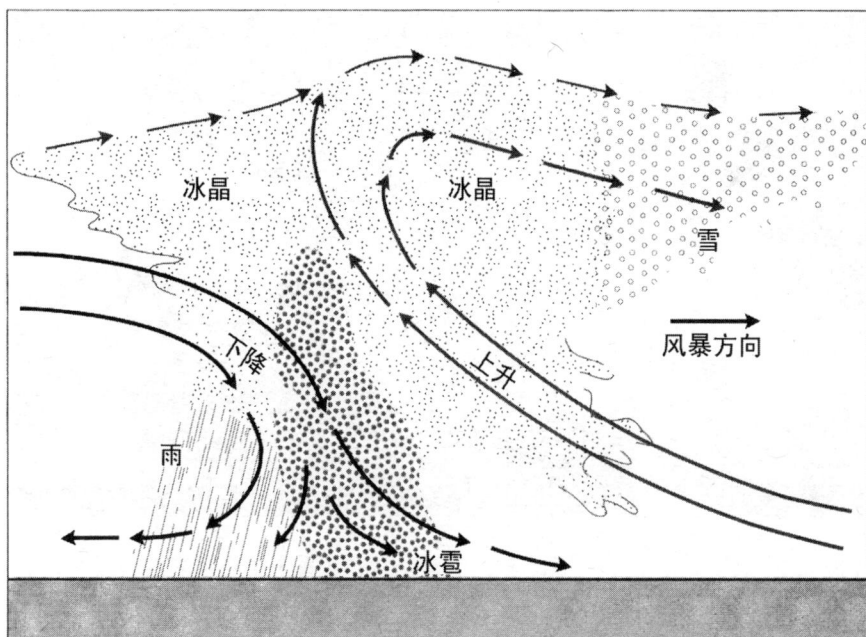

图55
冰雹的结构

据估计，随着地面温度的上升，干燥程度的加深以及风力的增强，尘暴会加剧。它们形成一堵坚固的尘墙，高为几千英尺（1英尺≈0.3米），宽为几百英里（1英里≈1.6千米），并以每小时60英里（约96千米）的速度前行。尘暴形成的风吹蚀着陆地，将表面几英寸（1英寸≈2.54厘米）的土壤吹至其他地区，甚至跨过海洋。非洲、阿拉伯、中亚、澳大利亚和美洲的沙漠都有特大尘暴。尘暴最明显的危险在于侵蚀土壤，因此，每年越来越多有价值的土地变成沙漠。

在自然界的所有暴力现象中，没有一个能比得上雷电，它能瞬间释放高强度的能量（图56）。雷电对地球结构破坏性很大，大部分森林火灾都是它引起的。其他的天气现象造成的人员死亡都比不上雷电。过去数10年间，美国平均每年有100人死于雷击。由于温室效应，大气运动频繁，预计雷击事件数量将增加。这将额外增加干燥条件下森林火灾的危险性。

对抗气候变化

相对而言，至今为止，气候变化被认为与人类活动相关不大。但是，到21世纪中叶气候变化程度将剧增，超过过去1万年间的任何变化。尽管某些地区可能暂时得益于全球升温，但据预计，整体而言这些变化将造成极

图56
在美国，大量的雷电是造成森林火灾的主要原因（照片由美国国家海洋及大气管理局提供）

大破坏。

采取保护措施是应对气候变化的最佳方法。大体而言，应该提高能源效率，同时开发无污染能源替代品。然而，加大保护力度只能部分解决二氧化碳问题，而不能彻底解决该问题。实际上，二氧化碳还可储存于高卤水层、深煤层、废油层和深海底部等特殊储存地。在洋底2英里（约3千米）以下，二氧化碳是呈液态的，不溶于海水，而是以类似Jell-O果冻的弹球大小的胶状物形式存在的（Jell-O是美国著名的果冻品牌）。

气候变化理论涉及许多复杂变量，因此要准确预测将来的天气难度极大。气候一直在变化中，甚至每一年都会经历极端天气（表4），将来自然因素仍会造成各种变化。至今为止，气候变化还表现为温室效应引发明显的地球暖化。地球气候变化的现有影响相对温和，所以目前还不必采取大规模的行动或做较大牺牲。

我们需要对大气物理学和大气—海洋相互作用进行更多的研究，利用最先进的计算机来建立数据模型。利用高级空间技术能搜集许多地球信息。因为搜集的信息量巨大，可能需要10年或更多的时间来分析这些数据。如果在21世纪温度上升的趋势持续，那么气候变化必然被视为是温室效应的结果。

为了确认温室气体是否是地球暖化的真正原因，科学家们正在研究声波在海洋中传递的速度。因为声音在热水中传播的速度比在冷水中快（声学测温依据的原理），长时间的测量能够揭示地球暖化是否具有必然性。该方法为：从一个站点发送低频声波，而后在分散在世界的不同地方的几个接收站监控这些声波。声音信号需要耗费几个小时才能达到最远的站点。在5～10年期间，这个时间减少了数秒，因此这个传播时间的变化意味着海洋的暖化。

监测海洋因地球温度上升而暖化的首要途径是卫星探测。自1970年采取监测后，极地的海冰已经缩小了6%。然而，对北极洋的温度进行深入研究发现，过去40年该地区的暖化程度并不是很大。可能北极是受温室效应影响的最后一个地区。气候模型还表明北极会成为预测气候变化的极佳场所，因为在这里二氧化碳以及其他温室气体含量的上升引起的地球暖化会被扩大。北极冰群的融化，如同在冷饮中冰块的溶解，并不会使海平面显著上升。

未知的影响因素可能会消除或至少减弱温室效应。浮游生物（单细胞海洋植物）产生的气相硫对地球温度有一定影响作用，可能有助于缓和人类引起的地球暖化。硫气体的排放会加剧成云颗粒的集中。这会使得云更白并更具反射性，进而降低地球温度。火山爆发、极地活动减少、平流层的臭氧积聚的减少都能产生一些额外的冷却效应。

表4 美国最热、最潮湿、风力最大的城市

极值	地点	年平均值
最热	佛罗里达州基韦斯特	平均温度为78华氏度
最冷	明尼苏达州国际瀑布城	平均温度为36华氏度
阳光最充足	亚利桑那州尤马	晴天天数达348天
最干燥	亚利桑那州尤马	降雨量为2.7英寸（约68.5毫米）
最湿润	华盛顿州奎拉尤特	降雨量为105英寸（约2667毫米）
雨水最充足	华盛顿州奎拉尤特	雨天天数为212天
多云天气最多	华盛顿州奎拉尤特	多云天数为242天
降雪最多	加利福尼亚州布卢坎宁	降雪量为243英寸（约6172毫米）
风力最大	马萨诸塞州布卢希尔	平均风力达每小时15英里（约24千米）

　　人类可能需要进行大规模的干预来保护动植物免除地球气候变化的威胁，尤其当气候变化快速时。对抗气候变化的两个策略分别是适应和限制。适应措施包括：迁移至气候较冷的地区，在上升的海平面边建筑海岸防护堤等（图57）。限制包括直接限制或降低温室气体的排放。也许，在实施上述两项措施时，还应谨慎应对气候变化。

　　如果没有采取正确的措施，将来可能需要力度更大的措施来处理地球暖化问题。并且，可能需要提前10年甚至更多的时间建设对抗温室效应的工程，如核电站或太阳能电站。因为，海洋的热惯性可能会使得温室效应引起的地球暖化延后几十年，到那时可能会产生灾难性的地球暖化。

　　在讨论完温室气体及其他大气污染对气候的影响后，下一章将讲述气候对陆地水分配的影响以及洪水的后果及其治理。

4

水文地质作用

水流和洪灾

本章主要介绍水文学的重要性以及洪灾对人类及其财产的影响。在地球上，对于生命体来说，没有什么物质比水更加重要。地球是唯一一个同时存在固态、液态、气态水的行星。淡水仅占地球总水量的2.5%，但是却足以填满10个1英里（1.6千米）深的地中海盆地。然而，3/4的淡水以冰川的形式存在极地和高山上，难以被人类利用。

大气中的水蒸气、河流里的流水、湖泊中的积水、地下水、土壤水分以及动植物组织中的水的总和不足全球总水量的1%。而地球上大部分的液态淡水是以地下水的形式存在，仅极小部分的淡水存在于湖泊、河流、溪流中，易于被人类利用。具估计，不包括冰川淡水，地下水占地球淡水总量的97%。

水是最有价值的自然资源。人们的工业、农业和城市化进程都需要依赖水。然而，人们过多地开采、浪费或污染水资源的现象相当严重。即使找到先进的技术来运输、保存水，可能也无法满足人类急速增长的需求。一场严重的水危机可能会引发武装战争，阻碍经济发展，甚至摧毁人类。

水循环

水是一种独一无二的物质。一个水分子由一个氧原子和两个氢原子组成。氢原子因电荷能作用而呈105°角分开。氧原子带弱的负电荷，而每个氢原子带弱的正电，这种正负电荷相互吸引使它们聚集在一起，进而形成八个水分子组成的水分子簇（俗称水分子团）。在冰点附近，水分子簇含有的水分子数将更多。因为水分子簇比单独的水分子占据更多的空间，与大多数的自然界物质相反，水结成冰时体积会增大。因此，冰的密度要轻而且可以浮在水面上。这种特性对于自然界是有益的，这是因为假设冰可以沉到海底，那么它将在海底富集堆积，使整个大洋盆地成为一块固态冰。

在所有的自然界物质中，水具有最高的热容。从溶化潜热线中可以知道每溶化1克冰需要80卡路里的能量。另外需要100卡路里的热能来使温度升到沸点，称为显热。此外，从蒸发潜热线中可以知道将1克水变成水蒸气需要540卡路里能量（图58）。因此，1克水蒸气凝结成冰会释放出720卡路里热能。

含有水汽的湿空气因加热而上升到大气层中就形成了云。在空气缓慢上升的过程中，大气压逐渐降低，上升空气就会膨胀。膨胀时需要消耗空气内部颗粒自身的热量，因此空气上升时的温度就要降低。温度随高度升高而降低的比值被称为绝热温度递减率（图59），即每升高100米，温度降低1℃，或每升高1000英尺（约300米），温度大约降低5华氏度。

如果潮湿空气的水蒸气不断上升，最终会到达露点，此时水蒸气会发生凝结。当水蒸气发生凝结，即当水由气态变为液态或由液态变为固态时，就会释放相变潜热。相变潜热的释放意味着大气正在冷却。潮湿的空气比干燥的空气更有浮力，因此受上升气流的支托，会继续飘浮在空中。一旦达到饱和点，空气的浮力就会增加。这就解释了为何云的形成通常是伴随着气团在低压环境中不断上升。

在任何时候，大气中的水分都占地球水的0.5%。空气中，大部分的水汽

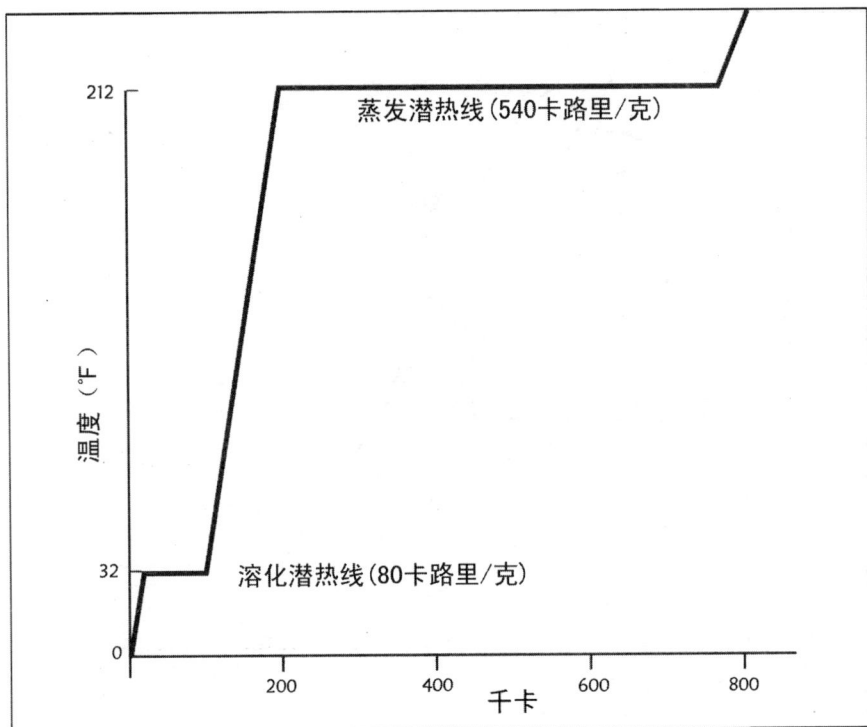

图58
水变化相图。每溶化1
克冰需要80卡路里的
热能，每蒸发1克水需
要540卡路里的热能

来自海洋水的蒸发，约15%来自陆地。每年，有1.5万立方米的水从湖泊、河流、蓄水层、土壤以及植被中蒸发到大气中。在全球气温较高的条件下，将产生更多的水蒸气。而这些不断增加的水蒸气又恰好是最有效的温室气体。但是，多余的水蒸气可以通过形成云的方式来平衡大部分的温室效应。

温室效应会使地球变暖。它使大气运动更加剧烈，加速水循环，引起更多的暴风雨。雷暴是大气不稳定时的产物，是热流向上传递的激烈表现。雷暴随着全球变暖而增多。大量的暴风雨成为地球"收支"的重要平衡器。由于温室效应，暴风雨更加频繁，这也给世界某些地区增加了洪水危害。

地球上水的运动（即水循环）被认为是自然界最重要的演变（图60）。没有水循环就没有生命。水从海洋到大气，再到陆地，最后返回海洋的平均周期约为10天。其中，在热带沿海地区，水循环周期仅数小时，但是在极地地区这种循环却需要1万年。水流回海洋的最快途径是河流径流；其次是通过地下水路径返回海洋；最慢的途径是通过冰川水流，指极地地区的雪不断聚积，形成冰川后掉入海洋。

海洋覆盖了70%的地球表面，平均深度2英里（约3.2千米），海水总体积约为3,000亿立方米。10.000亿吨的水以雨水的形式降落到地球上，其中

图59

绝热温度递减率。每
升高100米温度降低
1℃，或每升高1，000
英尺（约300米）温度
大约降低5华氏度

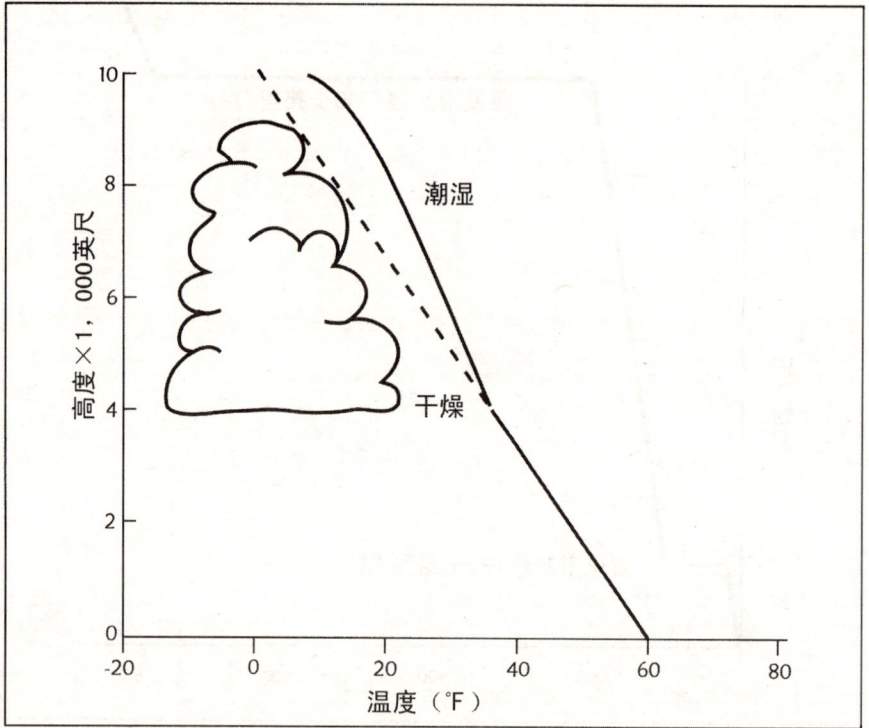

大部分直接降落到海洋中。每年，降落到整个地球表面的降水约为25英寸
（635毫米）。由于地形的不同，一些地区的降雨比其他地区要多。沙漠地
区每年的降水不到10英寸（约25厘米），然而，热带雨林地区的降水达到
400英寸（约10米）。其中，因洪水损失，土壤储存或流入湖泊及沼泽地的
水约有10,000立方米。

约有1/3的地表水是基流，即全世界稳定流动的河川径流。剩下的是地
下水流，其中仅1%能到达海洋。地下水可以像海边泉水一样潺潺地直接流
入海洋，也可以通过潮泵作用，即在退潮期将水从蓄水层汲取出来流入大
海。潮泵作用是绝大部分地下水流入海洋的途径。陆地表面上的所有降水最
终都可以流回大海，以完成水循环最后一个环节，也是最重要的一步。

水文制图

水文制图提供了河川径流、洪水淹没、积雪和海冰面积等重要数据。这
些数据主要用于监测大暴雨体系中的山洪。利用卫星遥感测量预测降雨趋
势，可以辅助气象学家和水文学家判断强降水并及时地告知受灾地区。

　　尽管国家一直努力建设防洪项目，以保护人民生命、减少财产损失，但是，美国每年的洪水损失仍超过十亿美元。为了减少洪水相关的灾害，工程师和政府部门需要获得关于洪灾发生地点和洪水面积评估的准确信息。利用计算机模型可提供洪灾总面积的近似值和救灾计划。

　　区域的积雪图对于预测春季解冻期的径流量至关重要。利用气象卫星云图可以监测美国和加拿大流域的积雪。一些政府机构和相关事业公司利用流域积雪图来确定水分有效性（可用水量）。降雪数据也可以辅助水坝和水库的运行，还可以帮助校准径流模型。这些径流模型可以模拟并预测流域的日均河川径流，而冰融对径流量影响巨大。此模型对于美国西部地区季节性供水的预测尤其重要。

　　积雪图仅显示了某地区陆地积雪的面积，而不能提供降雪深度，深度数据需由人工实地测量完成。积雪图表被数字化地保存在数据库中，从而生成月异常值、频率（发生次数）和气候积雪图。此外，大陆或地区积雪图可计算北美地区长期的冬季积雪。

　　数据可用于探测并定位河流中的冰盖和冰坝，尤其是北部的河流，那儿

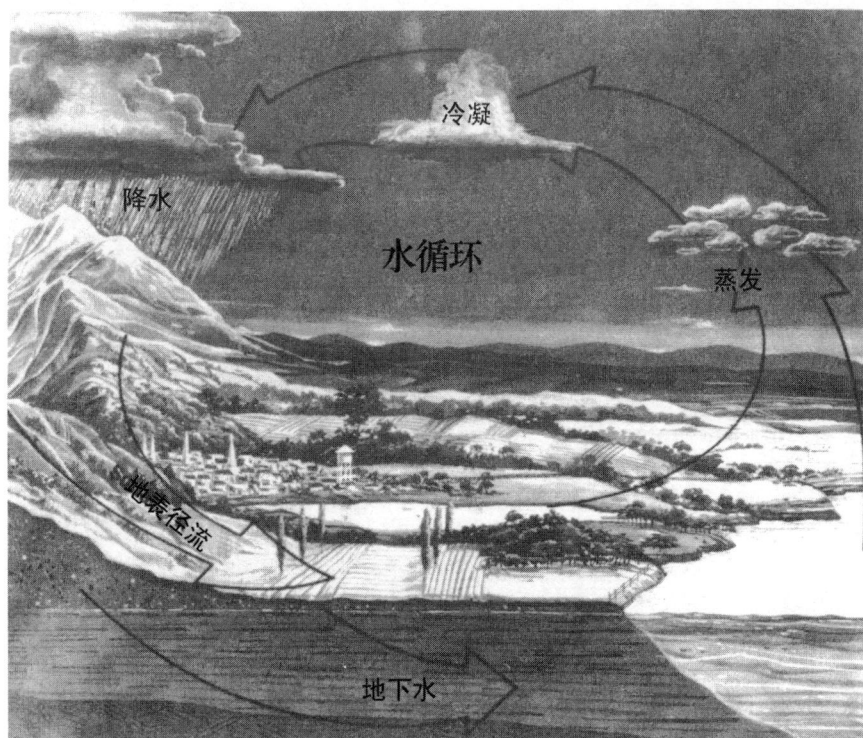

降水　冷凝　蒸发　水循环　地表径流　地下水

图60
水循环是指水不断地从海洋流向陆地再返回进入大海的过程（照片由美国地质勘察局提供）

的冰是相当令人棘手的问题。冰可以长期存在的原因在于冰坝、河道的突然弯曲或主要支流通道被阻挡。观察河流冰情是相当重要的，因为它会对水坝、桥梁及海上导航产生影响。冰破裂后会形成冰坝，引发洪灾，危害附近的居民（图61）。

河川水流

河流不断地演变，或基于人为修正，或基于河流自身为适应环境而改变。河川为商业活动提供水路，水可用于灌溉、水电站及其他消耗。流水对地形的改变远远大于其他自然过程。流水形成了曲折的地形，是侵蚀物的主要运输载体。地表径流净化了陆地，也为海洋带去了丰富的矿物质和养分。只有小部分的淡水可以被人类所利用，其大部分用于农业生产。

一个流域包含了整个地区的主要河流及其支流。例如，密西西比河及其支流流经美国巨大的中心区域（从落基山脉到阿巴拉契亚山脉）（图62）。此外，所有流入密西西比河的支流都有它们自己独自的小流域，小流域是大流域的一部分。

图61
在帕萨姆西克河流 (Passumpsic River) 的冰塞引发了佛蒙特州圣琼斯柏林中心的洪灾（St. Johnsbury Center，Vermont）（照片由美国农业部土壤保护局提供）

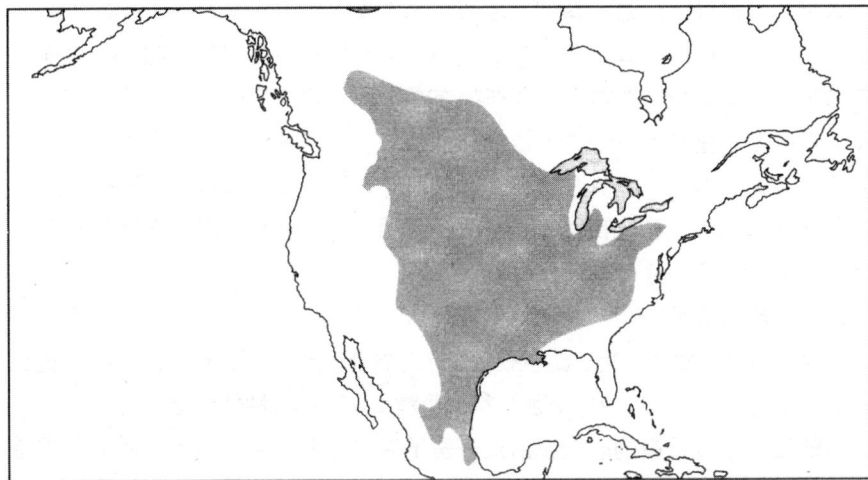

图62
北美地区的主要流域

　　沉积物通过支流以及山谷的坡面侵蚀进入河道。河流所承载的沉积物通过沉淀作用短期地储存于河道及相连的漫滩上。在随着河流缓慢进入大海的过程中,当河水承载过多的沉积物时,水流会溢出河床,这就迫使它们绕道前行。

　　河流物质由悬移质、推移质和溶解质组成。悬移质是细小的细沙,会缓慢地下沉,因此可以移动相当长的距离。随着更多的支流汇入,河流下游悬浮液中的沉积物总量会增加。悬移质约占总河流物质重量的2/3,每年约250亿吨。当河流流入大海,其流速会突然降低,悬浮液中悬移质就会不断沉降下来,向外构建大陆边缘。

　　推移质包含的鹅卵石、巨砾,占河流物质总量的1/4或略少。在高流量或发生洪水时,推移质滚动或沿河底滑动。溶解质来源于化学侵蚀及河流自身的溶解,占河流物质总量的10%。大部分的溶解质来自从潜水位豁口流出的地下水。地下水的溶解质含量通常比河流高。矿物质,如石灰岩会溶解在弱酸性的河流中。石灰岩起着缓冲液的作用,为水生生物的生存维持着合适的酸度。

　　河流沉积也称为冲积层堆积,随着河流坡度或倾斜度降低,河川径流减小或河流容量减少,最重的物质最先沉淀下来。流入静水、遭遇阻挡、蒸发作用、结冰作用等都会使河流环境发生改变。河流沉积可分为河床沉积、冲积扇和河谷自身沉积。一条中等大小的河流需要100万年的时间才能使砂质沉积物向下移动100米。沿着河流前行,沙粒因抛光而具有极高的光泽度。当到达海洋时,这些沙粒就成为与海浪相互作用的海滩细沙。

　　沉积岩在河床发生堆积的几率极小,这是因为河流可以将大部分的泥沙带入湖泊或海洋。河流三角洲（图63）通常发育在小河流汇入大河流的地带或静水区域，此时，其流速会突然减小，引起推移质沉积到底部。大部分的河流沉积会被近岸流改造，生成新的海洋沉积或湖泊沉积。

河道淤积指淤泥沉积在河道底部的现象。不断堆积的淤泥形成拦门砂。它们沿着河边聚集，尤其是在弯曲区域，并在阻碍物附近堆积，进而形成水中浅滩或浅岛。这种沉积并不是永久不变的，而是会随着河流环境的改变，发生破坏、再沉积或转移沉积位置。

与河流三角洲相似，冲积扇通常形成在干旱区。当溪流从山中流入宽阔的山谷时，地表突然变平坦，这就使溪流流速降低，泥沙沉积形成扇形区。随着溪流不断前行，冲积扇变得更加陡峭、粗糙，从而形成独特的锥形沉积。

随着流动过程中的改变，河流开凿出漫滩，在河流的新水平面上形成梯田。梯田最初形成于河流的下游，然后沿河流上游扩展，在各个方向切割原先形成的沉积层。此外，河流横向切割基岩也会形成梯田。当河流承载的岩屑超出它的承受能力，过载的泥沙会沉入河谷，当河流向下侵蚀沉淀物时就形成了梯田。

另外一种河流径流则称为辫状河（图64）。当推移质过大或过粗，不能

图63
华盛顿，奇兰渡口的奇兰河流入哥伦比亚河而形成的三角洲（照片由威利斯拍摄，美国地质勘探局提供）

图64
阿拉斯加州，铜河地区聂尔齐纳河辫状河道（照片由威廉斯拍摄，美国地质勘探局提供）

在倾斜面流动时，就产生大量的沉淀物。河堤易受侵蚀，其沉淀物堵塞河道，导致河流不断地分离或汇合。河流含有丰富的承载物，其较粗颗粒会先沉淀下来，从而形成陡峭的坡面来运载剩余的泥沙。这种过程导致河流扩宽、河堤受侵蚀。淤泥不断堆积，迫使河流分离河道，就形成了连续的分离和汇合。

随着沉积物充填河道，河流阻塞，并且溢入相连平原，凿刻出新的河道。随着河流蜿蜒向下流动，在宽阔的漫滩上可以形成相当厚的沉积物，填埋整个河谷。当河流流过漫滩时，其弯曲外侧遭受最大强度的侵蚀，形成陡峭的河岸。相反的，在河流弯曲内侧，河流流速缓慢，产生悬移质沉淀。在洪期，弯曲的河流可以快速穿过低洼区，分离出两个弯曲面。在河道被沉积物充填之前，河流可以暂时的直行，一旦充填之后就会发生弯曲，同时，新的弯曲部分构成了U形河曲。

北美和南美的巨大河流均汇入大西洋。因为大西洋较太平洋小且浅，其盐度较高。美国东海沿岸的海洋位于宽阔、逐渐倾斜的大陆架上。大陆架向东延伸60英里（约96千米），到达陆架外缘600英尺（约183米）深处。然而，在美国西海岸沿岸，离海岸较短的地段，水流急剧下降。东海岸的海洋主要是来自沿海平原河湾（从北部的圣劳伦斯河到热带的亚马逊河）的淡水。与之明显不同的是，西海岸主要是来自俄勒冈州海岸至秘鲁海岸底水的间歇性上升流。

亚马逊河和密西西比河等是美国主要的河流，可运输大量来自大陆内部的沉积物。亚马逊河是世界第一大河，由于大规模的森林砍伐和河流上游的严重的土壤侵蚀，迫使其需要运输更重的悬移质。密西西比河每年向墨西哥湾沉积上亿吨的泥沙，扩宽了密西西比三角洲，并缓慢地扩建着路易斯安那州及临近的州（图65）。德克萨斯州东部到佛罗里达州的狭窄海湾沿岸，是由密西西比河及其他河流运输大陆内部受侵沉积物而形成的。

在全球范围内，每年河流运载着约400亿吨沉积物进入海洋。印度恒河的大小仅为亚马逊河的1/3，然而其承载的沉积物却是亚马逊河的四倍。恒

图65
密西西比河三角洲的沉积物沉积作用。左图为1930年情况，右图为1956年情况（照片由盖伊拍摄，美国地质勘探局提供）

1930 Conditions　　　1956 Conditions

河和雅鲁藏布江每年运载着世界上40％的沉积物进入海洋，随着喜马拉雅山逐渐被侵蚀，其剩余物进入了孟加拉湾，生成了约3英里（约4.8千米）厚的巨大沉积层。

地下水流

地下水是淡水的第二主要来源。地下蓄水层由夹在不透水层之间疏松的沙层和石砂层组成。水流在重力的作用下以相当缓慢的速度穿过该层。储水层源头的蓄水区不断补给地下水系统，这些区域必须是未完全开发的。地下水系统的渗透速度取决于降水总量和分配情况，土壤、岩石的类型，土地的倾斜度，各种植被的总量，以及排放的水量。

在世界上的很多地区，地下蓄水层的抽取速度远远大于自然补给速度，这种现象在中国、印度、美国等重污染国家尤其显著。美国西部的一些蓄水层含有更新世水（更新世是第四纪的两个时期中较早的地质时期）。它们由约两百万年前的冰川期补给形成。过量使用地下水会导致水位降低或引起蓄水层完全耗尽。一旦蓄水层被抽取干涸，如果在重力作用下，上地层压缩含水沉积物，导致地层沉陷，那么蓄水层就再也不能够恢复原有的蓄水量。压实作用降低了颗粒间的孔隙度，而孔隙是水流的必要通道。通常，由于地下蓄水层的耗竭而发生的沉陷，可引起很多地区的地层下降数英尺。

来自补给区的水流，穿过多孔砂砾层的最大速率仅为数英尺每年。一种错误的观点认为地下水是大量的地下河流，随着一个接着一个的蓄水层过度抽取而消失。实际上，地下水可以到达海洋，在海滨附近可以形成淡水和咸水的分界层。然而，在沿海地区过量地利用地下水可引起静压头消失，使咸水入侵并污染水井，使地下水逐步变得无法使用。

在美国，一半以上的人口依赖地下水进行家庭使用及灌溉（图66）。每天有约1000亿加仑（1加仑≈4.5升）的水从地下蓄水层抽出。在美国中西部及西部地区的很多州，过半用水来自地下水。在上百万的乡村家庭中，地下水是唯一的淡水源。多数的水来自不及数百英尺（1英尺≈0.3米）深的水井，这些水井极易受污染。由于没有足够的地表水满足家庭、工业及农业需求，因而这些地区的地下水一旦被污染，将会产生灾难性的后果。

图66
加利福尼亚州维克托郡附近的灌溉井的排水情况（照片由H.T. Stearns拍摄，由美国国家地质勘探局提供）

灌溉

世界上有多于10%的农作物需要灌溉，这每年需消耗600立方英里（约2500立方千米）水。地下水灌溉是相当昂贵的。仅富裕的国家才能负担大范围的地下水灌溉。在美国，近1/4的农田利用地下水灌溉，灌溉面积是上半个世纪的3倍。灌溉有很多优点，也有一些缺点。过度使用地下水会耗尽蓄水层，可能引起地层沉陷，甚至严重地限制地下水系统恢复。大部分用于灌溉的河水具有较高的盐度。如果土地没有适当排水，土壤会因盐分增加而毁坏，并将导致农作物死亡。每年，上万公顷曾经肥沃的土壤因土壤盐化而被毁坏。如果这种破坏继续下去，那么很可能在数十年内，过半的灌溉土地将因盐化作用而变得无用。

在美国东部地区（约1/3的国土面积），由于有充足的雨水用于农业，而无需灌溉。相反，大部分美国西部地区降雨匮乏，必须通过灌溉补给。大量利用灌溉，不久之前使美国西部沙漠的辽阔延伸地段变为产量最大的农业用地，但是如今上万公顷的土地已遭毁坏。

灌溉水使土壤积累盐类物质（如氯化钠、氯化钙、氯化镁）而逐渐退化。加利福尼亚州的农田至少有1/3处于被盐化的危险之中。春季和夏季可利用水的减少也会极大的降低农作物产量。同时，某些地区还含有硒、砷、硼和其他污染径流的污染物。

大部分良好的灌溉土地已用于生产，但当土地盐化后农民无法进行耕种而被废弃。降水可以将多余的盐类物质冲刷带走，然而，干旱地区因土壤中自然盐含量高且降水含量低，使盐化现象更加恶化。农业化学品（例如化肥和杀虫剂）会随着灌溉排水流入河流，最终进入海洋，而高浓度的化学品会杀死鱼类和其他水生生物。

在加利福尼亚州、科罗拉多州等美国西部州，灌溉径流已经污染了沼泽、河流、湖泊和海湾。在加利福尼亚州的圣华金谷，由于硒元素从大量灌溉的农田土壤中渗出，使附近栖居的水鸟发生畸形，如鸟喙弯曲，羽毛短且秃，或眼睛缺失。而且，被污染的鸟类繁殖的蛋壳过薄而容易破裂，因此，严重威胁了水鸟的繁殖。

洪水危害

洪水是一种重复发生的自然现象。洪水是重要的地质进程，它可以改变河流轨道,分配陆地上的泥土。承载大量沉积物的河流使洪水更加激烈。大洪水发生时,通常经河流径流改变地形。在洪水奔向大海的过程中,河流可能会多次改变其河道。

约有300万英里(约482万千米)的河川流经美国大陆,大部分接近这些河道的地区易发生洪水(图67和表5)。因为多数城市位于河流附近,大量的人口和财产集中于洪水易发区,两万多个区域曾遭受洪水问题。随着人口增加,越来越多的人口不断进入漫滩区,使如今的洪水的危害性增加。

河流拐弯的横向迁移及漫滩水流形成了漫滩。在洪期,漫滩周期性地被水和泥沙淹没。水溢出河堤排水沟,即意味着越过了洪水水位线。高水位常引起漫滩地区的财产损失。当洪水发生时,人类才认识到漫滩的重要性,并利用其降低洪水的激烈程度。

表5　美国大洪水年表

时间	河流或盆地	损失(百万美元)	死亡人数
1903	堪萨斯州,密苏里州,密西西比州	40	100
1913	俄亥俄州	150	470
1913	德克萨斯州	10	180
1921	阿肯色州河	25	120
1921	德克萨斯州	20	220
1927	密西西比河	280	300
1935	堪萨斯州	20	110
1936	美国东北部	270	110
1937	俄亥俄州,密西西比州	420	140
1938	新英格兰州	40	600
1943	俄亥俄州,密西西比州,阿肯色州	170	60
1948	哥伦比亚	100	75
1951	堪萨斯州,密苏里州	900	60
1952	红河	200	10
1955	美国东北部	700	200
1955	太平洋海岸	150	60

（续表）

时间	河流或盆地	损失（百万美元）	死亡人数
1957	美国中部	100	20
1964	太平洋海岸	400	40
1965	密西西比河，密苏里河，红河	180	20
1965	南普拉特河	400	20
1968	新泽西州	160	—
1969	加利福尼亚州	400	20
1969	美国中西部	150	—
1969	詹姆士河	120	150
1971	新泽西州，宾夕法尼亚州	140	—
1972	南达科塔州黑山	160	240
1972	美国东部	4000	100
1973	密西西比州	1150	30
1975	红河	270	—
1975	纽约，宾夕法尼亚州	300	10
1976	汤普森大峡谷	—	140
1977	肯塔基州	400	20
1977	宾夕法尼亚州约翰斯敦市	200	75
1978	洛杉矶	100	20
1978	珍珠河	1000	15
1979	德克萨斯州	1250	—
1980	亚利桑那州，加利福尼亚州	500	40
1980	华盛顿考利兹河	2000	—
1982	南加利福尼亚州	500	—
1982	犹他州	300	—
1983	美国南部	600	20
1993	美国中西部	12000	24
1997	红河，北达科他州	1000	—
1999	卡罗来纳州塔河	6000	—

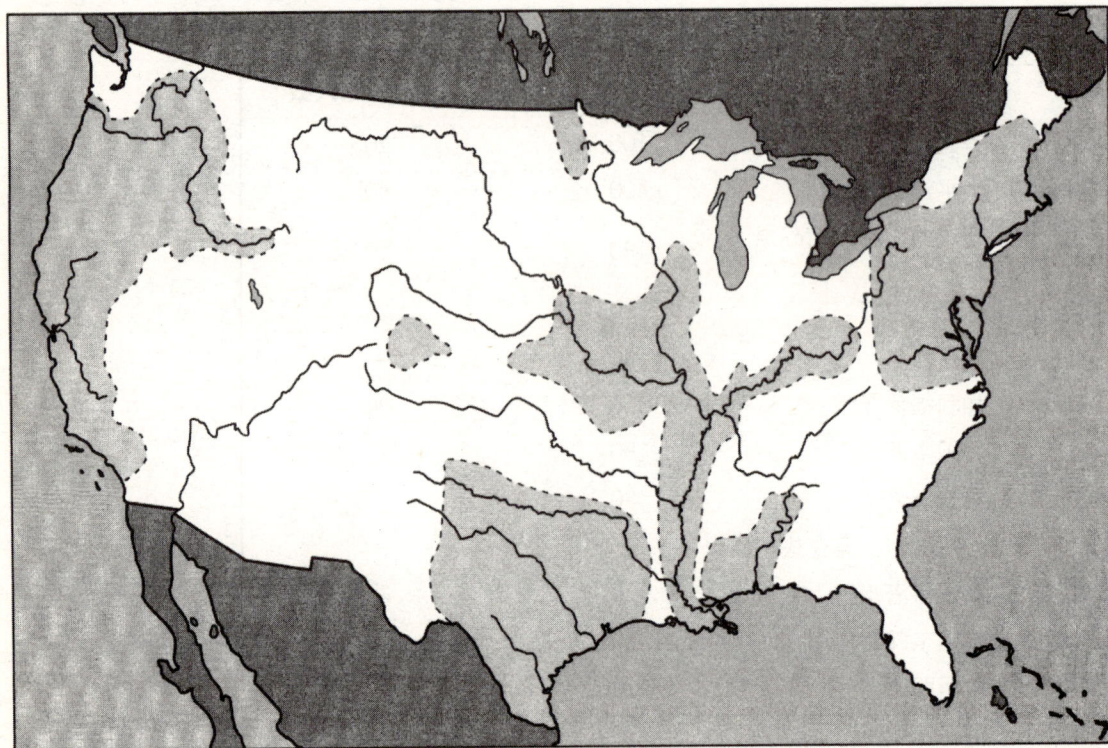

图67
美国的洪水灾害地区

若忽略漫滩的作用，在这些地区进行生产发展，那么当洪水发生时，灾害将扩大。漫滩提供了平坦的土地、肥沃的土壤、灵活的通道和可利用的水。然而，在经济压力下，漫滩被冒险开发，人们忽略了洪水的危害。当洪水不可避免地爆发时，人类生命和财产因错误地利用漫滩而遭受严重的损害。

洪水危害生命，破坏财产，毁坏农作物，阻断贸易。在美国，每年因洪水造成的损失，由20世纪初的10万美元增至目前的40亿美元。1973、1993和2001年密西西比河洪水，1978年珍珠河（路易斯安那州和密西西比州）洪水，1997年北部红河洪水是美国历史上损失最惨重的洪灾。与北达科他州和明尼苏达州接壤的红河因春季融冰发生洪水而恶名远播（图68）。1997年4月发生的洪水，引起水位超出洪水水位线的50英尺（15米）以上，导致10亿美元的财产损失并使10万人无家可归。

由于不断的建设漫滩而忽略潜在的洪水因素，现代的洪灾逐级变为人为灾难。漫滩地区法和洪灾控制项目是根据短期（近50～100年）的大洪水记录而制定的。由于缺少长期的地质记录数据，评估洪水的危害程度变得困难。而且，由于气候变化，在接下来的几年内，可能发生两次或更多破纪录的洪水。由于全球变暖使气候不稳定性增加，这种不稳定性将引发更多的大洪灾。

尽管目前实行了洪灾保护项目，但是每年的洪灾的危害性却不断增加，这是因为人们向洪水易发区的迁移速度远远超过了洪灾保护项目的建立速度。因此，损失的增加不是特大洪水的必然结果，而是更多的人类侵犯了漫滩的结果。人口数量增加，迫使人们不断开发洪水易发区，而没有采取合适的预防措施。当人们在漫滩上建设时，通常会被告知洪灾的风险。而当洪水不可避免地爆发时，他们总是求助于联邦政府，在同样的漫滩上重新建设危险的家园。

洪水类型

河流泛滥是大面积范围的强降雨或冬季冰雪融化，或两者共同作用引发的（图69）。尽管不发达国家有较大比例的人口居住在漫滩，然而他们的财产损失没有发达国家严重。美国平均每年因洪水而死亡的人数约为100人，但平均每年的财产损失却多于两千万。与贫穷国家相比，较低的死亡人数反

图68
1975年，北达科他州，红河谷中的农场被淹没。（照片由C. Olson拍摄，由美国农业部提供）

图69
*在1967年8月15日，
阿拉斯加州费尔班
克斯市发生的严重
洪灾（照片由J.M.
Childers拍摄，由美
国国家地质勘探局提
供）*

映出发达国家具有洪水暴发前的先进监测技术、预警系统，以及洪水发生以
后减少灾难的能力。

很多异常的天气事件可以归咎于厄尔尼诺现象。厄尔尼诺现象指的是每
隔2～7年，近赤道的太平洋东部异常变暖的现象，其通常会持续两年以上。
在过去20年内发生的厄尔尼诺现象较之前的120年，持续时间更长、强度更
大。异常的双厄尔尼诺现象于1991年至1993年接连发生，1994年至1995年又
再次发生。1997年至1998年发生的强烈的厄尔尼诺现象使太平洋变暖的程度
创历史新高，在全球范围内，导致2,3万人死亡和330亿美元的财产损失。海
水的温度比正常温度高出5℃，而普通的厄尔尼诺现象仅高出正常温度两度
左右。

1993年春季和夏季，美国中西部洪水暴发主要缘于强烈的厄尔尼诺事

件。在美国中西部以北急流仍然存在，该地区的天气也因此十分恶劣。美国主要河流（包括密西西比河和密苏里河）发生洪灾，洪水溢出河堤，涌入相连的漫滩，使上万人流离失所，上百万公顷的农田遭受破坏。这次洪灾是美国历史上损失最严重的灾难，损失达150~200亿美元，导致48人死亡。

洪水也被认为是人为的灾难，因为人类建造的保护财产的河堤阻止了河流在洪期的流动。而且，普通的洪水产生的大量水流使水库具有溢出的倾向。上游漫滩和沼泽地（图70）的作用就像海绵一样，吸收溢出的洪水。而河堤阻止了这种功能，导致河流下游发生严重洪灾。

河流泛滥发生在河流体系中，其支流流经广大的土地，包含很多独立的流域。发生在大河流系统中的洪水会持续数小时或数天。洪水受强度的变化及降水分布的影响，其他直接影响洪水的因素包括地表情况、总土壤湿度、植被覆盖率和都市化程度。例如，致密的公路会阻止流水渗入土地中。

上游洪水发生在排水系统的上端，由较小范围地区的短期强降雨产生。当它们在下游汇合时，通常不会引发主河流的洪水。相反的，下游洪水覆盖广大的地区。下游洪水通常是因为长期的暴雨使土壤饱和，产生溢流。从支流流域产生的额外径流可以引发下游特大洪水，其特征是随着水流前进，洪水波的涨幅不断增加。

洪水在下游流动受河流大小和支流汇入主要河道的时间控制。当洪水

图70
沼泽地是水鸟和其他动物的重要栖息地（照片由 Ron Nickols 拍摄于威斯康辛州道奇郡，由美国农业部土壤保护局提供）

向下游流动时，短期的河道蓄水可在一定程度上降低洪峰。而随着越来越多的支流进入主河道，河流将扩宽下游。由于支流的大小不同，洪峰到达主要河道的时间也就不同，因而随着洪水波向下流动而被相互抵消，最终汇入大海。

暴洪是一种最严重的洪水泛滥形式，是短时间大规模的地方性洪水。在暴风雨期间，相对较小的排水区域易发生暴洪。若土地已经被之前的雨水充分浸润或河流容量已经饱和，那么这种洪灾将更加严重。暴洪通常伴随着河堤破损或冰塞突然破裂，导致大量的水流快速释放。

在1976年6月5日，爱达荷州纽代尔市附近提顿水坝发生大破裂（图71），引发亨利斯福克河（Henrys Fork River）和斯内克河（Snake River）下游的提顿河发生空前的特大洪灾。高达16英尺（约4.8米）的水墙淹没了

图71

在1976年6月5日，爱达荷州纽代尔市附近提顿水坝破裂，引起下游大范围的泛滥（照片由美国地质勘探局提供）

下游的居民区，湍急的洪水冲走了巨大的树木和破损的建筑物残骸，漫溢了180多平方英里（约466平方千米）的地区，财产损失约达4亿美元。

美国最大的一场暴洪发生在1976年7月31日，科罗拉多州北部中心落基山脉国家公园东部的汤普森大峡谷。在90分钟的时间内，大暴雨使峡谷地区降水量达10英尺（约3米）。洪水从陡峭的斜坡上冲刷下来，涌入狭窄的峡谷中，河水水位快速上升，使大汤普森河及伊斯特公园(Ested Park)和拉弗兰德市之间的支流泛滥，淹没了一些小居民区（图72）。洪水冲走了建筑物、交通工具和大树。

具有良好排水系统、可以抵抗一般高水位的城市也可能被暴洪完全淹没。这是因为水位的快速上升超出了水渠的排水能，过量的水漫溢进入街道。而且，强降雨产生的径流可以产生高洪水波，破坏道路、桥梁、建筑物及社会发展。

因大暴雨发生的暴洪引起分散的河流大面积泛滥，生成极高的洪水波。这在山区和美国西部沙漠地区非常常见。暴洪是一种潜在的破坏源，对一些地区的公共安全造成威胁。暴洪易发区通常具有显著的陡峭地形、高表面径流速率、狭窄的山谷、溪谷通道和强烈的暴风雨等特征，排水迅速达到最大值并快速减小。洪水通常含有大量的沉积物和岩屑，随着河流冲刷河道，这些沉积物被沉积在街道、地窖及房屋的第一层。

图73
阿拉斯加州铜河地
区绵羊河（Sheep
Creek）上的一座桥
梁，部分被冰融洪水
的岩屑堆积（照片由
A.波斯特拍摄，由美
国地质勘探局提供）

山区的强降雨形成快速移动的水层，携带大量疏松的物质，引发泥石流，导致大规模的破坏。当洪水流入河流，其中的泥沙突然集中在河道中。干燥的河床迅速地转变为暴洪，快速地向山下移动，其前端类似于陡峭的墙。泥石流就像黏稠的液体，通常携带大量岩石和巨砾。当暴雨降落在火山侧面疏松的火成碎屑物上时，也可能引发泥石流。

冰融洪水形成干冰川或地下冰湖冰雪融化成的水的突然释放，它具有相当大的破坏性（图73）。在过去的一个世纪里，冰岛多次发生地下冰爆发事件。1918年，冰岛冰川发生了猛烈的冰川爆发，它释放出大量冰雪融化成的水，被称为"jokulhlaup–洪水"，这是冰岛人自12世纪以来所发现的现象。在1996年9月30日，地下冰爆发生在人烟稀少的冰岛东南部的部分地区，它融化了1，700英尺（约431米）厚的冰帽，产生了大量的洪水，一个月后使冰山向海洋快速移动了20英里（约32千米）。在某些时候，地下冰川爆发所释放的水量是世界第一大河——亚马逊河流量的20倍以上。它将破坏电话线、桥梁和通向冰岛南部岛屿的唯一高速公路。

洪水控制

通过采取一定的预防措施可以减小洪水的危害，从而保护人类生命和财产。控制洪灾的因素包括：漫滩的土地利用、洪水的深度和流速、洪水发生的时间、土壤饱和度、沉积悬移质的总量以及暴雨预测、洪水预警和紧急处理洪水的有效性。

洪水直接的破坏因素之一是危害生命，甚至导致人类死亡。而且，快速流动的水流、岩屑和沉积物也会破坏房屋及其他建筑物。此外，沉积物侵蚀和堆积可能会引起大量的土壤和植被损失。洪水的间接影响因素包括短期的河流污染、食物供应中断、疾病扩散和洪水区的人们流离失所。

洪水保护项目包括建造水库（图74），它可作为洪期所增加水流的储存库，从而缓和河流流速。堤坝还可用于水力发电。蓄水可用于河流航行、灌溉、地方性供水、渔业和再循环。但是，若水库地区没有合适的土壤保护，那么腐蚀作用所积累的淤泥会严重地危害到水库的使用年限。而且，堤坝的建造对淡水鱼类具有不利影响，并会危害淡水鱼类生存，这主要是因为储存水破坏了鱼类所生存的自由流动的河流系统。此外，水库淹没了许多有用的土地，包括农业用地。约有3，000个天然的和人为的水库淹没了近12亿公顷的土地，储存着多于1，500立方英里（约6，200立方千米）的水，相当于密歇根湖和安大略湖的总和。

美国和中国的蓄水量为世界最大。在美国，约7万多个水坝获取并储存每年全国一半的水流。为了养活国内不断增加的人口，中国的灌溉土地面积排世界第一，这归因于致命的洪水。中国的用水由10万个左右的水坝和水库

图74

内华达州和亚利桑那州边界的胡佛水坝和米德湖（照片由W.O.斯密斯拍摄，由美国地质勘探局提供）

提供，其总蓄水量约为100立方英里（约400立方千米）。

有趣的是，近几十年人类在人工水库中储存了如此多的水，使陆地承重量增加，渐渐地改变了地球自转的速度，使白天略微缩短。在过去的半个世纪，人类在水库中储存了约100,000亿吨的水，其大部分位于北半球。该过程将海洋水迁移到陆地上，使地球赤道附近质量减小，北半球质量增加。地球质量的转变，即更多的水接近于自转轴，引起地球旋转速度加快，这与滑冰者将手臂贴近身体而加速旋转的原理类似。

防洪需要建造某些工程。例如，人工防洪堤和洪水墙是高水位的屏障；水库的建立可以储存多余的水，在洪期过后可将水以安全的流速释放；扩宽河道可以使陆地上的水快速流走；转移河道可使洪水绕过受保护区域。在城市，降低洪水危害的最佳方法是"漫滩"，假若洪水易发区已经被开发，那么则需要建造保护屏障、水库和改善河道。

在洪期，河岸是一种天然的防洪堤。当洪水漫出河道，流入相连的漫滩时，其流速会快速降低，引起泥沙在附近的河岸上发生沉积作用。河岸为植物提供了多样的环境，有利于植物稳定生长。河岸有丰富的营养和沉积物等流入物，而且每个季节不断变化的水位，为生物创造了不同的生存环境。此外，种子还可以通过水流传播，这使得河岸上的生物物种非常丰富。

建造河堤的目的是使流水在正常径流情况下，可以保持在河岸内。然而，在洪期，谷底通常比河面低，因此当洪水超出河堤顶端时，就会淹没周围的土地。1993年美国中西部发生洪水，这次洪灾可能是20世纪最严重的洪灾，河堤破裂引起数英尺的泥沙沿着涨水地区的农场沉积下来。人工河堤在大洪期通常会发生破裂，导致人类死亡、建筑物被破坏。

人工河堤的建造有时候会使洪灾更加恶化，因为它将水流局限于狭窄的河道中，而不是通过使洪水自然地流入漫滩，释放洪水能量。降低洪灾危害的最有效的方法是发展防洪系统，即增加天然沼泽地，从而吸收多余的流水，减少建造水利工程和河堤。对于大多数的洪水，沼泽地是极佳的蓄水池。但是，当发生特大洪水时，它的作用将减少，尤其是当土地已经被暴雨浸润饱和时。

易于发生洪灾的城市地区应该减少漫滩地区的建设，因为漫滩发展需要建造新的屏障（如人工防洪堤等），阻止洪期的河水流动。最有效的解决方案是混合利用漫滩调节和防洪屏障，从而降低河流系统的物质改变程度。与缺乏漫滩调节的防洪工程相比，合理的漫滩区需要采用的防洪方法较少。

漫滩调节主要是最大限度地利用漫滩，从而减小洪水危害和防洪花费。漫滩调节的第一步是洪灾危害制图，主要为土地规划提供漫滩的相关信息。

该图描绘过去洪灾的发生情况，从而为漫滩发展提供规则。要不加选择地发展漫滩，导致财产损失和生命死亡，还是要完全抛弃漫滩，因而放弃有价值的自然资源？漫滩调节无疑这两者之间的折衷方案。通过认识洪水危害性和防洪的重要性，在洪水期间，人们可以安全地利用自然界为多余的流水所提供的天然蓄水池。

在探讨了水循环、河流径流和洪水之后，下一章将讲述河流所运载的沉积物到达海洋之后所发生的演变以及海洋开垦土地的过程。

5

海岸演变
海岸和河口

    本章主要研究海岸特征和海岸演变对沿海居民的影响。地球在不断演变，演变过程包含水体流动、潮涌等复杂活动。地表沉积物的移动和洋底堆积物的积累持续影响着地貌的变化。

    世界上海岸地区的地形、气候和植被等方面区别很大。在海岸地区，大陆和海洋演变的共同作用使地形迅速演化。通常，人类干预是减弱自然侵蚀作用的必要条件。但这些努力最终是无效的，海浪仍无情地冲击着海岸线（图75）。

潮盆

潮水是太阳和月球的吸引力对海洋水流作用的结果，它对海岸地区有很大影响（图76）。如果没有陆地对潮水运动的阻碍，那么所有的海岸每天都会产生频率相同、潮量相近的两次高潮和两次低潮。这被称为半日潮，它们会发生在北美和欧洲大陆的大西洋沿岸。

其他地区则有不同的潮水模式。潮水波被陆地反射、隔断，在上千英里（1英里≈1.6千米）的范围内，分别形成一系列复杂的波峰和波谷。此外，在某些地区，潮水会伴有邻近的大型水体运动，结果导致某些地方（如墨西哥湾海岸附近）每天只有一次涨潮（称为日潮）。

混合潮是半日潮和日潮的混合，如发生在北美太平洋沿岸的混合潮。它们每天会形成不均衡的较高高潮、较低高潮、较高低潮和较低低潮。美国西海岸边一些吃水较深的轮船经常需等到两个高潮中的较高者出现时才能离岸。一些地区，比如塔希提岛，实际上没有潮汐，因为它们处在一个节点，即潮水驻波振动的固定点。

通常称高度超过12英尺（约3.6米）的高潮为大潮（megatide）。它们产

101

图76
波多黎各维加阿尔塔
(Vega Alta) 附近
含钙沙滩上的海滩
岩石（照片由W. H.
Monroe拍摄，美国国
家地质勘探局提供）

生于世界许多地区海岸边的海湾和海港。大潮的形成取决于海湾、河口的地形，因为它们是潮水波形前进的通道，能够增大潮水的振幅。许多高潮很大的地方也会有大潮流。

河口的潮盆会与涌来的潮水发生共振。在涨潮的初、中、末期，潮水的水位呈高—低—高规律发展。潮涨使得潮盆中的水振动，不断前后晃动。潮水涌入河口的运动与振动运动同时发生，因此，振动会加强海湾的潮水，使得高潮更高，低潮更低。

潮盆中这种特殊的振动是涌潮。它是新月或满月期经常出现的涌向上游的孤立波。最大的一个涌潮掠过亚马逊河，潮高25英尺（约7.6米），横跨几英里，可到达上游500英里（约800千米）。尽管有高潮的水体都能产生涌潮，但只有半数已知的涌潮与潮盆共振有关。因此，潮水和潮盆中与之响应的振动为涌潮提供了能量。

涨潮以长波的波动形式快速前进，抵达潮盆。水波一进入盆区，便受窄小的海湾的两边和底部所限制。由于这样的漏斗作用，水波的高度会增加。当涌潮向上游移动时，它必须比河道的水流运动得更快，否则会被推向下游，冲入海洋。

海岸侵蚀

海上风暴掀起的陡峭的波浪会引起严重的海岸侵蚀。激浪的不断拍打也冲蚀了大部分抵御海平面上升的防护堤。美国昔日的海滩有90％以上沉入海浪下面。大西洋海岸和德克萨斯州墨西哥湾沿岸的障壁岛和拦门沙正快速后退。海蚀崖以每年好几英尺（1英尺≈0.3米）的速度后退。海蚀崖通常会破坏人类珍贵的海岸家园，因为它们的根基被海浪冲击。在加利福尼亚州，海蚀崖侵蚀造成了巨型土块坠落海洋（图77）。

纽约长岛南端的大半海岸地区被认为是开发的高危区，因为这些地方的部分地点的海岸以每年6英尺（约1.8米）以上的速度后退。从弗吉尼亚州亨利角到加利福尼亚州北部哈特勒斯角的障壁岛，靠海及靠陆的两边都在变窄

图77
加利福尼亚州圣马特奥郡魔坡（Devils Slide），由风浪不断侵蚀悬崖基底而造成（照片由R. D. Brown拍摄，美国地质勘探局提供）

（图78）。加利福尼亚北部海岸的其余地区正以每年3～6英尺（约1～1.8米）的速度加速后退。德克萨斯州东海岸的大片地区也正逐渐消逝。

大风暴期间海浪对海岸的冲击生动地体现了海浪的侵蚀力。海上风暴的陡波严重侵蚀了沙丘和海蚀崖（两者为海岸线的标志），导致海岸后退了相当长的距离。随着海浪不断冲刷海岸线，用于阻碍海滩侵蚀的大部分防护堤通常以失败告终。

海浪以冲击、磨蚀和溶蚀等各种形式销蚀海岸。海浪的冲击能移除大型碎片。不断涨落的海浪带动沙石往复运动，磨蚀了沉积物并将它们带入海洋。因此，海浪磨蚀与河流侵蚀相类似。大部分海滩物质都是来自于海浪磨蚀和河流沉积。

造成海岸线断裂的海浪通过割裂基岩的方式形成海蚀崖。海蚀崖被海浪切断坠入海洋，产生了海岸滑坡。海蚀崖后退是由海洋物质和陆源物质作用造成的，这些作用包括海浪冲击、风生盐沫和矿物溶解。形成海蚀崖的陆源物质作用包括化学作用、机械作用、地表水排放和降雨。机械破坏作用是指岩石裂口中水的冻结和融化过程所引起的裂缝扩张，导致岩石进一步恶化。

风化作用会分解岩石，经过层裂作用引起岩石外层脱落。动物踪迹破坏了软质岩，而且土壤中洞穴交叉形成的裂缝也会腐蚀海蚀崖。此外，地表径流和风生降雨也会加大腐蚀。沿海的过量降雨能润滑沉积物，使得巨型沉积物块滑入大海。海蚀崖边缘的流水和风生降雨会产生崖面常见的切槽。

海蚀崖中渗出的地下水能形成崖面的压痕（缺口），从而腐化、破坏了上覆岩层。流水的增加也会增加沉积物内晶粒间的涌潮压力，减少维系岩石层的抗剪力（平面接触）。如果层理面、断裂和结合面向海面倾斜，这些薄弱地区的水流会引起岩石滑坡。这种滑坡已经在夏威夷岛向风地区形成了大峡谷，该处有泉水从多孔熔岩流中涌出。

海蚀崖底部的海浪的直接作用会侵蚀基底，割裂崖壁，致使表层无支撑的物质掉落至沙滩上。海浪也会与结合面或断层面共同作用，引起岩石块或土壤的松动。另外，风将海水盐沫吹出，吹向海蚀崖。多孔沉积岩会吸收盐水，而这些盐水会蒸发结晶进而破坏岩石。因此，崖面会逐渐剥落，坠落到下面的沙滩上。海蚀崖底部的沙滩上的物质不断堆积形成岩屑锥。

分解岩石中可溶矿物质的化学作用会侵蚀石灰岩峭壁。在南太平洋的珊瑚岛和地中海的石灰岩海岸，石灰岩的侵蚀是很常见的。海水分解了沉积物中的石灰胶结物，在海蚀崖上形成了深槽。化学侵蚀也会消除这些石灰胶结物，造成沉积颗粒的分离。

海岸侵蚀率随着海岸线的地形、风潮流动的变化而变化。沙滩侵蚀（图79）受到沙丘、海蚀崖的力量、海上风暴的强度和频率以及海岸的开放程度的影

图79
1985年8月30日，路易斯安那州格兰德艾尔的丹尼飓风、叶连娜飓风引起的海浪侵蚀（照片由美国陆军工程兵团提供）

响。海岸线后退可归因于海平面的上升以及拍击海岸的海浪的大小、方向的长期变化等。海岸后退率也随海岸线的地理、风潮流动的变化而变化。海浪的不断拍击也会摧毁用以抵御海浪的人工防护堤。

防止沙滩侵蚀的措施通常会失败，因为海浪不断拍击并侵蚀阻挡海洋的建筑。结果，开发建筑商用于加固海岸的方法却破坏了海滩。通常沙滩侵蚀会因用于加固海岸线的建筑工程而扩大（图80）。为阻拦海潮而建筑的码头和海堤会加大侵蚀，码头会切断沙滩的自然供沙渠道，而海堤不是吸收海浪

图80
马里兰州伍斯特郡费尼克岛沿岸的防波堤（照片由 R . Dolan拍摄，美国地质勘探局提供）

的能量而是反弹海浪，从而加大侵蚀。被反弹回的海浪将沙石带进海洋，破坏了沙滩和沿岸陆地的资源。

沿海居民通常会建设昂贵的海堤以保护临海被侵蚀的崖壁上的房屋。不幸的是，这些结构会增大对堤坝前沙滩上沙石的侵蚀。在特定季节，海堤前的沙滩通常会有沙石流失现象，而在其他季节海浪会把沙石冲回海滩。结果，海堤以海滩为代价完成保护崖壁的使命。海蚀崖底的障壁可能阻止了海浪侵蚀，却不能阻止海水盐沫等侵蚀作用。

海岸沉积

河川将大陆上冲刷下来的大量沉积物运带到海岸（图81）。海洋中的河流泥沙会沉积在大陆架上，沉积带约有100多英里（约160千米）长，厚度约为600英尺（约182米）。在大部分地区，大陆架几乎是平缓的，平均倾斜度为10英尺（约3米），与许多海岸地区的坡度相当。事实上，在冰川时期，这些地区也属于海岸，当时海洋降低了几百英尺。

海洋沉积物是由大小与沙滩上的沙石类似的石英颗粒组成的。许多海洋沙石地层是古代内陆海沿岸的物质沉积而成的，比如在美国西部常见的裸露在外的地层。河流泥沙的颗粒大小和沉降地点随距离海岸的远近而不同。粗颗粒的沉积物主要分布在水流湍急的海边，而细小颗粒则沉积在水流较缓慢的远海区域。一旦沿海沉积物不断累积或海平面下降，海岸线就会后退，那么原有的细颗粒沉积会逐渐被粗颗粒覆盖。一旦陆面下沉或海平面上升，海岸线会向内陆迁移，粗颗粒沉积将会逐渐被细颗粒覆盖。随着海洋的前进或后退，沉积率会反复依照沙石、泥沙和淤泥的顺序改变。

按压在下层岩层上的上覆沉积物层和包括方解石、硅石在内的胶结剂会将沉积物转换为坚硬的岩石，形成了石灰石、页岩、粉砂岩和砂岩的互层型地质柱状剖面。而磨蚀作用最终会将所有的岩石研磨成黏土大小的颗粒，即大部分沉积物的形态。这些细微颗粒慢慢沉落堆积在远离海岸的平静的深海海域。

沉积物层的厚度与沉积物沉积时的环境相关。层理面是两种沉积物间分隔的标志。所以，厚实的砂石层可能与单薄的页岩层、粉砂岩层相夹杂。这表明随着海岸线的前进、后退，粗颗粒沉积物沉降的时段与细颗粒沉降的时段相间隔。

沉积层的颗粒大小从底部到顶部由粗向细渐变形成了粒序层理。这意味

图81

加拿大艾伯塔省沃特
顿湖北端卡梅莱三
角洲 (Cameral Creek
delta) (照片由C.D.
Walcott拍摄，美国地
质勘探局提供)

着，随着河流快速流动汇入海洋，大小不同的沉积物也会快速沉降。体积最大的颗粒最先沉降，然后由于沉降速率的变化会逐渐被细小颗粒覆盖。沉积层也会横向分层，即沉积物会从粗到细水平分层。

沉积层的颜色也会不同，这有助于识别沉积环境的类型。通常，红色或褐色色调的沉积物来自于陆地，而绿色或灰色的沉积物则意味着其来源于海洋。单个颗粒的大小会影响色彩浓度。通常，深色沉积物暗示颗粒较细微。

沉积在浅海底或大湖泊的石灰石分布在最普通的岩石中。它们组成了陆地表面的10%。它们由碳酸钙组成，而这些碳酸钙大部分来源于生物活动，一个有力证据就是石灰石沉积层中含有丰富的海洋生物化石。白垩岩是一种质软、多孔的碳酸岩。白垩岩储量最大的地区之一是英格兰多赛特悬崖，当地在沿海风暴期间会有严重侵蚀现象，岩层的固结状况较差。在干燥地区许多由古代珊瑚礁组成的石灰石地层会暴露出来。

珊瑚礁对于海岸地质而言十分重要，对大陆海岸线的改变起着重要作用。珊瑚礁分布只限于印度—太平洋和西大西洋中海水洁净、温暖，光照充足的热带海域（图82）。据估计，地球上大约有27万平方英里（约70平方千米）的珊瑚礁。在地质时期，珊瑚及其他生存在生物礁上的生物已经构建了大量的石灰石地层。

典型的生物礁由细小的沙质碎石组成，它是动植物覆盖于其表层后固结而成的。珊瑚具有抗浪结构，因而会吸引热带动植物群落在生物礁上繁衍，一般认为1/4的海洋物种以生物礁为居所。上百种包覆生物物种，如藤壶，在珊瑚礁上生存。而更小、更脆弱的珊瑚和红、绿钙质藻类组成的大型群落则在珊瑚架上生存。

珊瑚壁几乎延伸到了海面。它包括大而圆的珊瑚头和各式珊瑚分支。礁前是向海的礁顶，在这里珊瑚几乎覆盖了整个海底。在更深的水域，许多珊瑚呈平展、细薄片状生长，这使得它们的聚光面积达到最大。在其他地区的生物礁，珊瑚形成了大型支墩，支墩间有狭长的沙质通道。这些通道由珊瑚、钙质藻类及其他在珊瑚上生存的生物的遗体形成的钙质碎屑组成，与直立的珊瑚墙间狭长、蜿蜒的峡谷相似。它们会消耗掉海浪能量，允许沉积物自由通过，防止珊瑚堵拦碎屑。在礁前下是珊瑚礁阶地，接着是有孤立的珊瑚尖峰的沙坡，然后是另一个阶地，最后是接近垂直的深暗的深渊。

岸礁（图83）生长在浅海区。它们包围了海岸线，或被狭长水域从海岸边隔离开。障壁礁也与海岸平行，但存在于外海。它们体积更大，距离更远。最佳的一个例子就是大堡礁，它由澳大利亚东北海岸外的2，500多处珊瑚礁和小岛链接而成，形成了长1，200英里（约2，000千米）、宽90英里（约150千米）、高约400英里（约650千米）的海底路堤。大堡礁是由活的生物体形成的最大的特色物，保护了近400种珊瑚。

第二大障壁礁是南美加勒比海海岸的伯利兹障壁礁。它是西半球生物礁

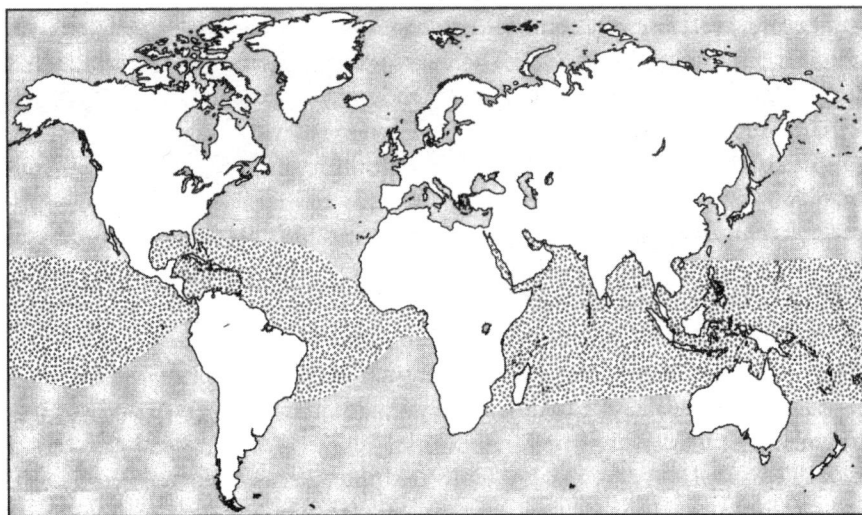

图82
世界范围内的珊瑚礁带

最集中的地方。巴哈马班克斯群岛也有生物礁。哥斯达黎加周边也有少量生物礁，却处在农药污染、土壤径流的危险之中。而地球上其他的生物礁也受到类似的影响。

海岸沉降

沉降是土石无水平运动而垂直向下的活动。在大型地震期间，地壳块体会相继下落，因此沿海地区经常会发生沉降。在地震中，为避免海水淹没而人为抬升的低地经常会被淹，而变为贫瘠的淤泥质潮滩。震动时，沉积物会填埋这些潮滩，使其海拔上升，能再次用于种植。因此，不断的地震产生了新一层的低地土壤和潮滩淤泥（图84）。

在1964年阿拉斯加地震期间，7万多平方英里（约11万多平方千米）陆地面积向下倾斜，引起阿拉斯加南部沿海地区的大面积洪涝。地震引发了海底流动破坏，损坏了许多海港设施。流动破坏也会引发大型海啸，淹没沿海地区，引起额外的损失和人员伤亡。日本的沿海地区特别容易沉降。如果1995年1月17日发生的7.2级神户地震袭击的是东京，那么半个东京城都会沉埋在海浪下。

若从地下沉积物中抽出流体，不断压实，就会发生沉降。日本东京东

图84
1906年加利福尼亚地
震中加利福尼亚州马
林郡波林纳斯礁湖源
头潮滩次生裂（照片
由G. K. Gilbert拍摄，
美国地质勘探局提
供）

北部的地下水抽取已经引起约40平方英里（约100平方千米）陆面以每年半英尺（约15厘米）的速率下沉。大约有15平方英里（约40平方千米）已下沉到海平面以下，需要建筑护堤以免台风或地震期间东京城某些地区被海水淹没。

沉降最严重的一些地区是在沿海（图85）。由于海平面上升和地下水的开采两者共同作用所引起的蓄水层收缩，沿海城市会发生沉降。某些沿海地区的沉降增加了地震或大沿海风暴潮期间发生洪灾的可能性。日本新潟的部分地区因饱水层天然气的提取已沉降至海平面以下，需要建筑护堤以免被海水淹没。在1964年6月16日地震期间，这些护堤被海水冲破，再加上城市沉降了1英尺（约0.3米）多，致使这些沉降地区遭遇严重洪灾。地震引发的海啸也会破坏海港地区。

埃及的尼罗河三角洲灌溉种植面积很广，维持着7，500平方英里（约2万平方千米）的土地上5，000万人的生存。三角洲东北海岸上的塞得港位于苏伊士运河的北端入海口。该地区有大面积凹陷，上覆有160英尺（约48米）泥浆，这表明三角洲的该区域正逐步沉入海洋。在过去8500年，扇形三

图85
缅因州林肯郡波特兰北部水中海岸线（照片由J. R. Balsley拍摄，美国地质勘探局提供）

角洲的这个地区已经以每年近0.25英寸（约0.635厘米）的速度在下降。而近期的沉降和海平面的共同作用也大大加快了每年的下降速度，这可能会使这个城市的大部分地区没入海洋。而且，随着陆地沉降，海水也渗入地下水系统。

由于海平面上升和沉降的作用，意大利的威尼斯正处在逐渐被水淹的状态。这个城市最不寻常之处在于它是建在河流的边缘，城市建筑物一半悬在水面上，一半在陆地上。自5世纪以来，威尼斯一直在与水位上升的威胁相抗争，在过去100年里，上升的步幅已经明显加快。这个城市建筑在质软、压实的沉积物上，建筑物的重量使得城市不断下沉。自建成以来，威尼斯已经下降了6英尺（约1.8米）多，这迫使居民用沙石填压泻湖以保持建筑物停留在水面上。在高潮、春季大径流量和风暴潮期间，威尼斯常遭遇水灾。

沿海被淹没

在地质史上，海平面一直在变化中。600万到200万年前，地球海平面已经发生过30次升降变化。500万到300万年前，地球海平面到达了最高点，大概比现在高140英尺（约42米）。300万到200万年前，由于极地冰河的不断形成，海平面比现在至少低了65英尺（约20米）。在冰川期冰河高峰期，海平面下降了400英尺（约120米）。上个冰川期的大冰河融解后，地球海平面快速上升持续了近千年，然后稳定保持了近6000年。

在过去的几个世纪里，人类文明目睹了海平面的变化（表6）。如果海洋持续上升，从海洋回收了土地的荷兰人将会发现他们的国家很大部分的土地被埋在海水下。许多岛屿将被淹没或剩下原来的骨架，只有山脊露出水面。可能印度西南部马尔代夫共和国分散的岛屿会消失大半。台风期间孟加拉地区严重洪涝会出现惨不忍睹的场景，该国很大一部分土地会被淹没。世界上大部分的重要城市将会因它们分布在海岸边或内陆水道沿线而被海水淹没，只剩下最高的摩天大楼冒出水平线。沿海城市将会在更远的内陆重建，或者通过建造防护海堤阻拦海水。

在20世纪，主要因为南极和格陵兰岛冰盖的融解，地球海平面似乎已经上涨了9英寸（约23厘米）。现在海平面上升速度是40年前的好几倍，已达每五年1英寸（2.54厘米）。格陵兰岛的冰盖里含有世界上6%的淡水资源（图86）。地球的明显暖化，使得格陵兰岛冰盖每年融化出500亿吨水，即溶解了超过11立方英里（46立方千米）的冰。此外，地球升温能影响北极风

表6　主要海平面变化

日期	海平面	历史事件
公元前2200	低	
公元前1600	高	不列颠的沿海森林被海洋淹没
公元前1400	低	
公元前1200	高	埃及国王拉美西斯二世首次修建苏伊士运河
公元前500	低	此时建立的许多希腊和腓尼基港口现在都已经淹没在水下
公元前200	正常	
公元100	高	在现在的以色列海法港内陆建造了港口
公元200	正常	
公元400	高	
公元600	低	意大利拉韦纳港口被困于内陆，威尼斯刚建成，处在被亚得里亚海淹没的危险中
公元800	高	
公元1200	低	欧洲开始开采低地盐沼
公元1400	高	北海沿岸低地国家普遍遭受洪灾。荷兰开始建造护堤

暴，温度每升高1℃格陵兰岛降雪量就增加4%。

在海洋每年上升的高度中，7%是由格陵兰岛冰体的融解和冰河进入海洋导致冰山形成（图87）而造成。格陵兰岛冰盖的南部和东南部边缘正快速变薄，有些地方已经达到每年7英尺（约2米）。而且，格陵兰岛冰河正快速向海洋移近，可能是冰河基部加速冰流下滑的融水引起的。接地线就是冰河与海洋的接连点，是冰体脱离基岩形成冰山的地点。一年中，格陵兰岛西部就有平均500座冰山生成，向拉布拉多海岸漂移，对航运构成危害。在1912年，铁达尼克号正是被这种冰山击中而沉落。

气候持续增温，会引起极地冰帽融化，增加地球上高潮期、风暴期发生海岸洪灾的危险性。冰河进入海洋引起大量冰山形成，会大幅增高海平面，而后淹没沿海地区。北冰洋额外的淡水也会影响湾流的流动，在引起欧洲冰冻的同时使其他地区持续增温。

若现在的融化速度仍持续，21世纪中叶海洋将上升1英尺（约0.3米）多，这与上个冰川期末期大陆冰河的溶解速度相当。在16,000年前到6,000

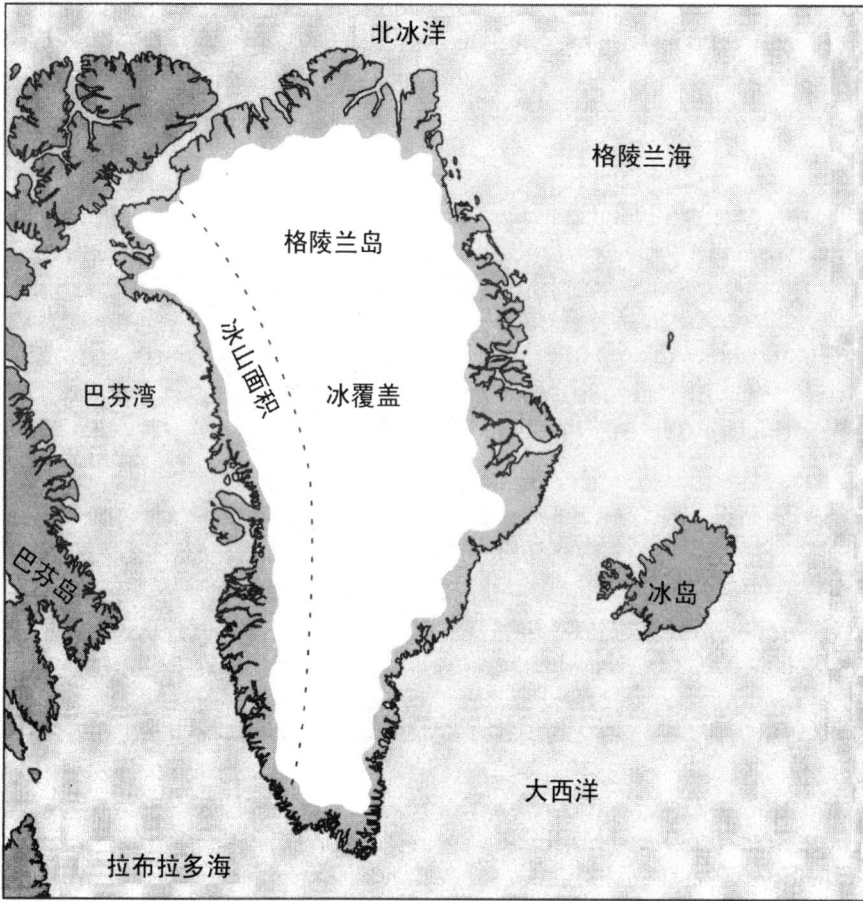

图86
格陵兰岛冰盖聚集了
世界上大部分的冰

年前的快速解冻期，融水流进入海洋，在一年内使得海平面提高的速度不过是当前的几倍。

随着地球温度升高，居住着半数世界人口的沿海地区会面临冰帽融化和海洋热膨胀引起海平面上升的危险。在路易斯安那州等地区，海平面上升速度已达每世纪3英尺（约1米）。海洋的热膨胀也已经使得海平面上升了约2英寸（约5厘米）。在过去半个世纪，加利福尼亚州海岸的地表水温度上升了近1℃，使海面上升了近1.5英寸（约3.8厘米）。

由于挤压大陆架的海水重量增加，沿海陆地下沉，这也是引起海平面上升的部分原因。另外，由于上个冰川期末期冰河融化后的板块构造运动和大陆的回弹，海平面的高低会受陆地表层的升降影响。

如果极地所有的冰雪都融化，这些增加的海水会将大部分地区的海岸线向内陆推进70英里（约110千米）。地势低的河流三角洲抚育了地球上很大

一部分人口，却将会被上升的海水淹没。这会极大地改变大陆形状。后退的
海岸将会导致浅海障壁岛沿岸的大面积沿海陆地流失。海洋物种孵化幼代的
河口湾将遭到破坏。乔治亚州南部的佛罗里达所有地区和加利福尼亚州东部
将消失。位于密西西比州、路易斯安那州、得克萨斯州西部和阿拉巴马及阿
肯萨斯的主要地区的港湾沿岸平原也将会彻底消失。分割南北美洲的巴拿马
地峡的大部分将会下沉，消失在人们的视线之外。

　　如果融化继续，到21世纪中叶海洋会上升1英尺（约0.3米）多。而海平
面每上升1英尺（约0.3米），将会有100～1,000英尺（约30～300米）的海
岸线会被淹没，具体情况取决于海岸的斜度。仅3英尺（约1米）的海平面上
升就会造成美国近7,000平方英里（11,000平方千米）的沿海陆面遭遇洪
灾，包括密西西比三角洲的大部分地区，还可能影响新奥尔良的外郊。

　　现在海平面上升的速度比20世纪快10倍。大部分的增长似乎来源于冰帽
的融解，特别是北冰洋西部和格陵兰岛的冰帽。北冰洋冰盖中流向海洋的大
部分冰体来自少量的快速流动的冰流和注出冰川。此外，更多冰山正在消融
冰川并将冰流汇入海洋。它们看似在变大，威胁着冰盖的稳定性。超大冰山

海岸演变

的数量也在显著增加。这些不稳定性很大部分可归因于地球暖化。

含有大量冰的高山冰川（图88）也在融解，可能是由于气候变暖。某些地区，如欧洲的阿尔卑斯山可能失去了半数以上的冰体覆盖。而且，融解的速度似乎还在加快。热带冰河，如印度尼西亚的高山上的冰河从20年前开始以每年150英尺（约46米）的速度消退。以现在的温度增长和冰河消退速度来看，冰河很可能会全部消失。

海冰覆盖了北冰洋的大部分地区，冬季时会在东西半球的南极洲周边形成冰冻带。这些极地地区对地球暖化最为敏感，它的大气变化比其他地区更大。约大半的南极洲的边界都是冰架（图89）。其中最大的两处，即罗斯冰架和菲尔希纳龙尼冰架，与德克萨斯州的面积相近。菲尔希纳龙尼冰架厚达2600英尺（约800米），其可能随着地球暖化（会增强制冰作用）而加厚。气候变暖时，许多冰架会变得不稳定，并变为自由浮动状态。自1950年后，一些小冰架已经解体。现在，一些大型冰架也开始消解。

在约40万年前冰川期间一次较暖的中间时期，即第二时期，地球暖化持续了3，000年，远远超过现在的暖化程度。在这段时期，冰帽融化引起海平

图88
华盛顿斯诺霍米什郡格拉西尔峰东侧的巧克力冰河在1950年至1968年间曾经很活跃，向前移动过（照片由A．Post拍摄，美国地质勘探局提供）

117

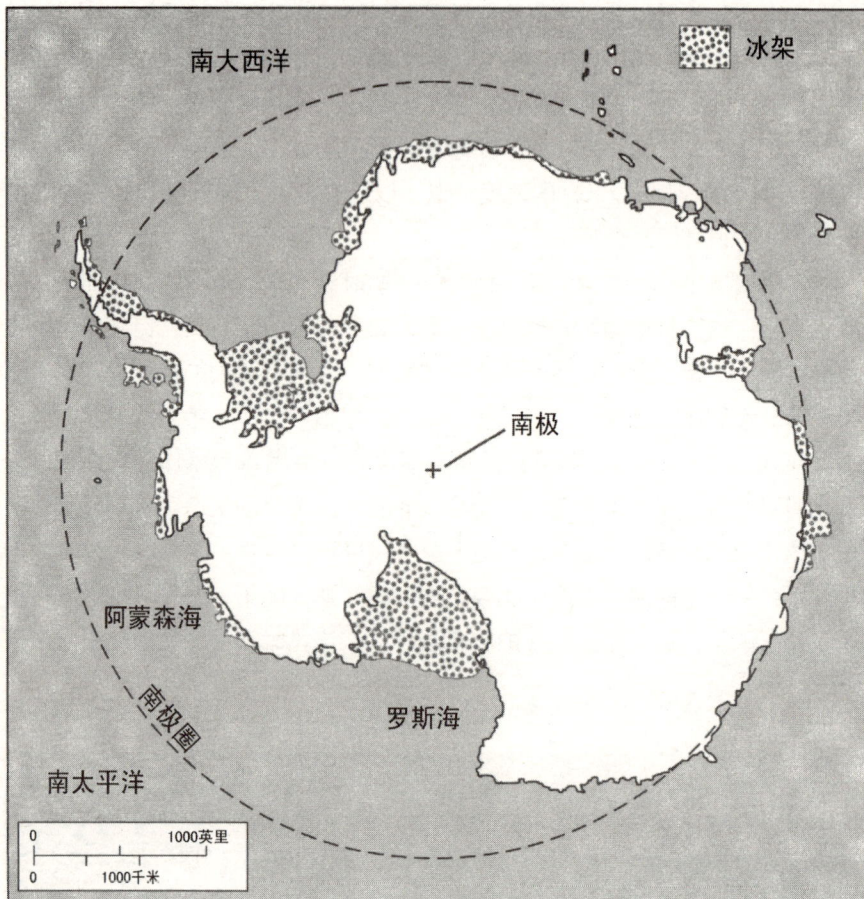

面上升，比现在还高60英尺（约18米）。南极洲西冰架的融解形成了大部分
的公海，这些地区变成了广阔的海洋。而其他的公海来自较稳定的南极洲东
部冰帽和格陵兰岛冰盖的融解。

　　如果地球平均温度持续增长，这段间冰期会变得和第二时期一样温
暖。气候变暖会引起南极洲东部冰帽的不稳定，促使其涌向大海。这种冰
体向海洋的快速流动会使海平面上升20英尺（约6米）以上，淹没离海岸几
英里（1英里≈1.6千米）远的内陆，淹没珍贵的财产。仅在美国，1/4的人
口（大部分是东部和海湾沿岸的）会被埋在水下。如果南极洲上所有的冰
（大约是世界总量的90%）全都融化，那么这些水足以使海平面上升200英
尺（约60米）。

沿海洪水

飓风和台风带来的暴雨和潮灾会比其他形式的洪水造成更大的损失、吞噬更多的生命（图90）。因其特殊本质，热带风暴往往会在一天内造成大范围的大量降水。这些雨水会造成洪水在排水区的肆虐，因为这些地区的河流无法容纳突降的暴雨带来的过量降水。

潮灾是沙洲、河口沙嘴和三角洲等沿海陆面上的海水溢流，这些沿海陆面受沿岸流的影响，并对海洋起保护作用，这种保护作用类似漫滩对河流的保护。大部分的大潮灾是由会引起风暴潮的潮周期与飓风带来的大风相叠加形成的潮波造成的（图91）。飓风引发的海浪通常会比盛行的高潮的最大高度还高几英尺（1英尺≈0.3米）。飓风引起的海浪和伴随风暴的暴雨洪径流共同作用也会引发潮灾。

洪水覆盖了很大一部分的海岸线。时间通常很短，取决于潮水的升涨，通常潮水一天会涨落两次。当潮水上涨时，产生高位潮水的其他因素也会提升盛行的高浪的最高水平。飓风是引起极值风速和高波的主要原因。每年都有大风暴进入美洲大陆。它们会造成极大损失，引发洪水，并导致海滩侵蚀，使海岸线不断向内陆迁移。

美国历史上死亡人数最多的自然灾害发生在1900年9月8日的得克萨斯州

图90
1974年7月21日，台风"常春藤"期间洪水漫过菲律宾苏比克湾海军基地（照片由B. A. Richards拍摄，美国海军提供）

119

图91

1962年加利福尼亚北部哈特勒斯角附近越流和风暴潮的涌入（照片由R．Dolan拍摄，美国地质勘探局提供）

加尔维斯顿郡。从字面上看，这个城市建在比海平面稍高几英尺的沙质岛屿上。时速超过110英里（约177千米）的飓风卷起巨浪席卷整个镇，破坏了建筑物，将人们卷入海浪中。当平静最终来临时，人们统计得出死亡人数达1万到1.2万人。

孟加拉国的面积与威斯康星州相当，却居住着1亿多人口，该国境内的孟加拉湾经常遭遇发源于印度洋的台风。1985年5月24日，一场强大的台风在孟加拉湾登陆，伴有50英尺（约15米）高的巨浪，席卷了周边一连串的岛屿。这次风暴毁坏了3,000平方英里（约7,800平方千米）的良田和重要的渔场。当风暴结束，积水回落时，死亡人数达10万以上，25万人无家可归。

海浪作用

冲击着海岸的大波浪是海浪产生巨大能量的典型例子。天气变化多端的海岸边，单位潮间带从海浪吸收的能量比从太阳光照吸收的多。海浪是由远方的风暴穿越宽阔大洋后形成的强风所引发的。沿海附近的当地风暴，尤其当它和涨潮同时发生时，会引起最强烈的海浪。

　　大部分的海浪是在大风暴期间强风穿过洋面产生的。冲撞海岸的海浪消耗了能量，产生运输海滩上的沙石的沿海水流。发生海岸风暴时，高潮会引起大部分的海滩侵蚀，在海岸线稳定后退的地区，这是一个严重问题。大湖或海湾上空的气压突变会引起海水的来回波动，产生一种叫假潮的海浪。在密歇根湖，它们会常常发生，而在某些场合，它们会产生较大的破坏力。

　　最大的风暴潮产自飓风，它会破坏整个沙滩。当海浪接近海岸时，它会碰触底部，减缓速度。浅海水域的海浪变浅作用歪曲了它的外形，使得它冲撞在海滩上。这些冲撞的海浪沿着海岸消散能量，腐蚀着海岸线。

　　陡滩或海堤反射回的波能形成了拦门沙。当海浪与沙滩成一定角度靠近海岸时，波峰会因折射而变形。当海浪经过突出的陆地或防波堤的尖端时，防波堤后会产生圆形波动。当反射波与其他涌来的海浪相遇时，波高就会增加。

　　涌浪抵达海岸时会产生各式碎波（图92），具体形式取决于海浪的陡度

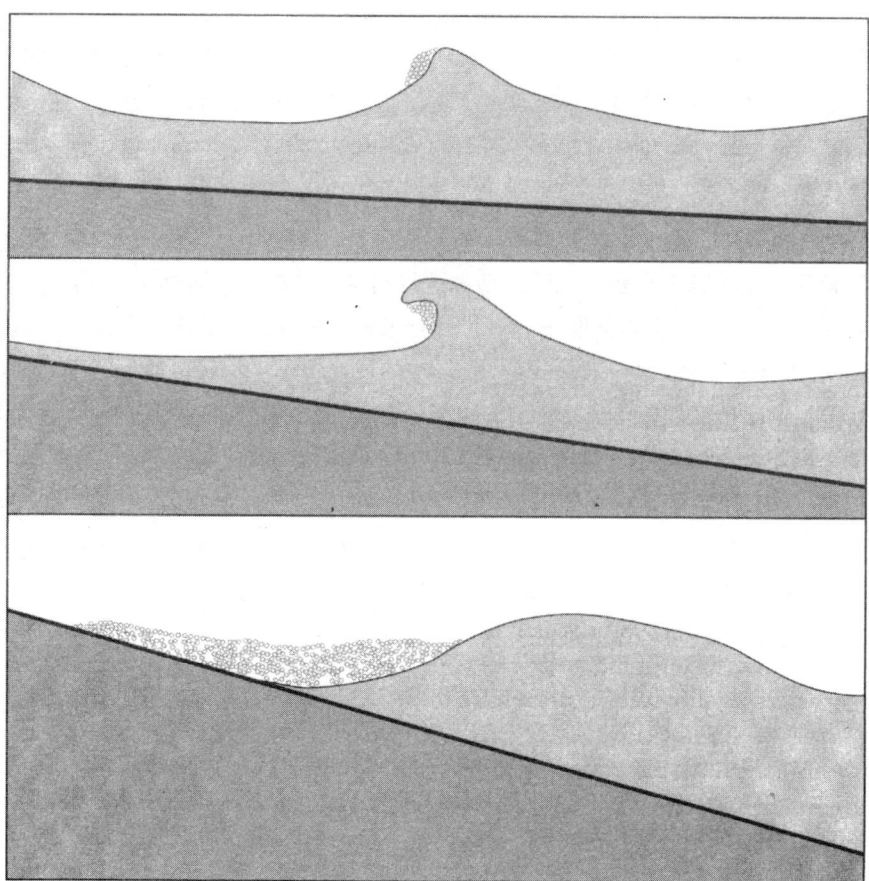

图92
各种破碎波：（从上至下）溢碎波、卷碎波和激碎波

和海滩附近的底部坡度条件。如果底坡相对平坦，海浪会形成最常见的溢碎波。它是一种削峭波，先从波峰开始破碎，而后随着向海滩接近它会不断破碎。如果底部坡度增加10°，海浪会形成卷碎波。波峰会翻卷过来，成筒管状。当海波破碎时，管状水波会涌向底部，翻搅起沉积物。卷碎波是影响最大的破碎波，对海滩的破坏最大，因为它的能量集中在海浪破碎点。

如果底坡的斜角为15°，海浪会形成崩碎波。这种碎波只出现在波谷部分。然而，当海浪向海岸靠近时，大部分会被海滩反射回去。在坡度超过15°较为陡峭的底部，会有涌浪形成。涌浪不会破碎，而是涌上沙滩后被海岸反射，从而在海岸边形成驻波。驻波对沙洲、沙嘴、滩角和激潮（由反向的两股潮流而形成的激流现象）等海上结构的形成影响重大。

海啸

海啸是世界上破坏力最大的海浪。海底和近海的地震会引发强烈的海啸。海啸来源于日语词汇，意为"港口波浪"，以此命名是因为港口是它们的常发地带。地震期间洋底的垂直位移引起了大部分破坏性的海啸，它们的能量与地震强度相关。地震在洋面引起的波纹如同石块投掷在平静湖面产生的波动。

在大洋中，海浪影响到水面以下几千英尺（1英尺≈0.3米）。通常，深度越深，波长越长，那么海啸的传播速度越快。波峰范围可达300英里（约480千米），但波高通常低于3英尺（约1米）。波峰间的距离，即波长可达60～120英里（约100～200千米），形成的坡度较小，故经过船只时不易被察觉。海啸传播的速度为每小时300～600英里（约480～960千米）。虽然大部分海啸波高只有几十英尺，但是当它进入浅海海域时，就会变成高达200英尺（约60米）的水墙。

当海浪触及海港或小水湾的底部时，速度快速降至100英里/小时（约160千米/小时）。这种瞬间转变会促使海水积聚。随着后浪不断来袭，波浪间距减小，波高会急速增高，这种过程被称为浅水作用。海浪的破坏力极大，当它冲向海岸时会引发相当大的破坏，能轻松地冲碎大型建筑物，将船只抬起带入内陆（图93）。

世界上90%的海啸发生在太平洋，其中85%是由海底地震引发的。在1992年至1996年间，太平洋沿海发生了17起海啸，造成1,100余人死亡。夏威夷群岛是许多破坏性较大的海啸的必经之地。自1895年以来，已有12个海

啸袭击该岛。在1946年4月1日发生的破坏性最大的希罗海啸中，有159人死亡，这次海啸是由阿留申群岛北部的大地震引发。

　　1964年3月27日是耶稣受难日，这一天发生了北美地区史上最大的地震，摧毁了安克雷奇、阿拉斯加及其周边地区。这次地震的震级为9.2级，受灾面积达5万平方英里（约13万平方千米），周边50万平方英里（约130万平方千米）的地区均能感受到。此次海底地震引起30英尺（约10米）高的海啸，摧毁了阿拉斯加湾附近的渔村，造成107人死亡。科迪亚克岛也受到严重毁坏。海啸将许多船只带入内陆，造成大部分渔船毁坏。舒普岛附近的巨型云杉被一一截断，这是此次海啸威力的另一实证（图94）。

　　圣安德烈斯断层是北美板块与太平洋板块之间的断裂线，贯穿于加利福尼亚州，并延伸至太平洋。令人惊奇的是，圣安德烈斯断层不会产生任何波动，因为两大板块间运动是平行侧滑而非上下错开。地震期间海床会快速沉降或抬升，这些海底地形突变会触发海啸。海床升沉会产生从海底延伸至海面的大水丘。高出海平面的水丘会在重力作用下快速瓦解。根据大水丘在海面隆起的区域大小不同，水丘下落所产生的巨大扩散区域可达1万平方英里（约1.6万平方千米）。这一扩散区域以同心环的形状在海平面扩散。在太

123

图94
1964年3月27日，阿拉斯加地震引起舒普湾附近高达88～101英尺（约27～31米）的海浪，折断了直径为2英尺（约0.6米）的云杉（照片由G. Plafker拍摄，美国地质勘探局提供）

平洋的海啸监测系统建立前，除了海水快速后退，人们没有灾难来临的其他预警。经常遭受海啸迫害的沿海地区居民会注意到这个预警，迅速迁移到高地。1755年葡萄牙里斯本地震后，一场巨大的海啸袭击了亚速尔的马德拉岛，海水突然后退，大量鱼类困在岸上。而村民却忽视了存在的危险，纷纷出来捡拾这笔意外之财，因而在巨浪袭来时，在毫无警惕的情况下，丧失了生命。

海水后退几分钟后，会有激浪涌上海岸，深入到离海岸几百英尺（100英尺≈30米）的内陆。此时，通常会有连续的激浪发生，激浪和海水后退会间隔发生。在海床逐渐上升或有着保护性障壁岛的海岸和岛屿上，大部分的海啸能量会在到达沿岸前被消耗了。然而，在被深水围绕的火山岛上或港口外圈直接有深海沟的地区，海啸则会卷起极高的海浪。

　　大地震引发的海啸极具破坏性，它能穿越太平洋。1960年的智利大地震将与加利福尼亚州面积相当的陆地抬高了30英尺（约10米），致使远在5，000英里（8，000千米）以外的夏威夷希罗岛遭遇了35英尺（约10米）高的海啸（图95）。这次海啸的财产损失达两千万美元，有61人死亡。海啸又穿越5，000英里（约8，000千米）到达日本，给本州岛和冲绳沿岸的村落造成相当大的影响，致使180人失踪死亡。在菲律宾，有20人死亡。新西兰沿海也遭到破坏。此后若干天，希罗的验潮仪还测到太平洋海盆周边有海浪涌动。

　　大部分地震和火山发生在环太平洋地区，因而它是地球上海啸最多发的地带。发源于阿拉斯加的海啸在6小时内会抵达夏威夷，9小时内抵达日本，

图95
1960年夏威夷希罗海啸的损失惨状（照片由国家海洋与大气管理局提供）

14小时内抵达菲律宾。而发源于智利沿海的海啸在15小时内抵达夏威夷，22小时抵达日本，这些时间足以采取必要的安全预防措施，采取与否可能就是生死之分。

国家气象局管理下的地震海浪报告站分布于太平洋各处，地球上已记录的海啸中90％都被这些报告站预测到了。当太平洋地区发生7.5级以上地震时，报告站会定位出震中，计算出震级。报告站网络会开始实行海啸监察，并向有关军事机构或民政当局报告。每一个站点都会监测、报告经过的海浪，实时监测海啸的进程。这些数据将用于计算出海浪可能到达太平洋周边人口密集地区的时间。

不幸的是，海啸的不可预测性使得许多错误预警产生，导致某些地区无故疏散，有些地区的居民开始无视预警。这种情况曾在1986年5月7日发生过，有预测指出阿留申岛7.7级埃达克地震将在西海岸引发海啸，但由于某些原因消息没有传达到。1960年希罗地区的人们也忽视了类似的预警，付出了生命的代价。没有什么方法可以完全抵抗海啸的破坏。但是，如果能预先警告，沿海地区的居民能得以成功疏散，人员伤亡可以降至最低。

讨论海岸地质活动之后，下一章将研究地震、火山引起的大地构造灾害。

6

大地构造灾害

地震和火山

本章主要介绍地震和火山的影响及其危害性。在断裂易发地区，地震的危害性极大。仅几秒钟的时间，大地震可以将整座城市夷为平地。地震是最强大的短期自然力。一瞬间，巨大的摇晃将在没有任何征兆的情况下发生。在过去的500年里，约300万人死于地震（表7）。地震对社会和经济的破坏性是极大的，它会引起饥荒、疾病并带来其他负面影响。地震被认为是人为灾难，因为多数的死亡是由于建筑物倒塌。随着活跃断层附近的人口越来越多（图96），大地震导致的大灾难将继续增长。

火山是一种自然灾害，对火山区社会具有极大的破坏性。大多数历史性

图96
宾夕法尼亚州圣弗朗西斯科市照片，照片中心所示为垂直横穿的巨大的圣安德列斯断层（照片由R.E. 华莱士拍摄，由美国地质勘探局提供）

的火山爆发引发了灾难（表8）。在过去的一千年，约有50万人成为火山爆发的受害者。在20世纪，平均每年约有1，000人死于火山爆发。20世纪80年代，火山爆发呈现增长趋势，约有4万人死于火山灾害。因火山爆发死亡的人数不断增加的主要原因在于越来越多的人居住在活火山地区，而不是由于爆发次数增加。目前，在全世界范围内，约有600座活火山在历史时期发生喷发，约有一百座的休眠火山或死火山可能随时复活。

地面运动

地震时地面晃动是由来自地球内部的面波和体波引起的。大多数的地震破坏源自面波，与体波相比有更大的振幅和更小的频率。通常，地面运动的

表7 最具破坏性的地震

时间（公元）	地区	震级	死亡人数
365	地中海东部		5，000
478	土耳其安提俄克市		30，000
856	希腊科林斯湾		45，000
1042	伊朗大不里士市		40，000
1556	中国陕西华县		830，000
1596	日本伏见		4，000
1737	印度加尔各答市		300，000
1755	葡萄牙里斯本		60，000
1757	智利康塞普西翁市		5，000
1802	日本东京		200，000
1811	密苏里州新马德里郡		<1，000
1812	委内瑞拉加拉加斯市		10，000
1822	智利瓦尔帕莱索市		10，000
1835	智利康塞普西翁市		5，000
1857	日本东京		107，000
1866	秘鲁和厄瓜多尔		25，000
1877	厄瓜多尔		20，000
1883	荷属东印度群岛		36，000
1891	日本美浓尾张		7，000
1902	西印度群岛，马提尼克岛		40，000
1902	危地马拉		12，000
1906	加利福尼亚州圣弗朗西斯科	8.2	3，000
1908	西西里岛墨西拿海峡	7.5	73，000
1915	意大利		29，000
1920	中国甘肃	8.6	180，000
1923	日本东京和横滨市	8.3	143，000
1927	中国	8.6	70，000
1935	巴基斯坦基达		40，000
1939	智利康塞普西翁市		50，000
1939	土耳其埃尔津詹	7.9	23，000

（续表）

时间（公元）	地区	震级	死亡人数
1949	塔吉克斯坦		12,000
1949	厄瓜多尔		6,000
1953	希腊		3,000
1960	摩洛哥阿加迪尔	5.7	12,000
1960	智利	9.5	6,000
1962	伊朗		12,000
1968	伊朗		12,000
1970	秘鲁		67,000
1972	伊朗		5,500
1972	尼加拉瓜马那瓜湖市	6.2	12,000
1976	危地马拉	7.5	22,000
1976	中国唐山市	7.6	240,000
1976	土耳其	7.3	4,000
1978	伊朗东部		25,000
1980	意大利南部		45,000
1981	伊朗东南部		8,000
1982	也门北部		3,000
1985	墨西哥墨西哥市	7.8	8,000
1988	亚美尼亚	6.9	8,000
1990	伊朗北部		100,000
1995	日本神户	7.2	5,500
1999	土耳其北部	7.4	17,000
2001	西印度群岛	7.9	30,000

激烈程度随震级的增大而升高，而与震源的距离增大而降低。体波和面波使建筑物以复杂的方式震动。假如建筑物的一部分往一个方向移动，而另一部分往相反方向运动，那么会产生灾难性的破坏。

建筑位置是影响建筑物运动的一个重要因素。通常，与建造于不坚固的地面之上的建筑物相比，建在基岩（坚硬的地下岩石）上的建筑物遭受的破坏程度较低。松软的沉积物常常吸收高频振动并且可扩大低频振动。而且，随着地震周期增长，地震的破坏性将加大。余震是指主震之后，因岩层的重新调整而接连发生的震级较低的地震（译者注：目前关于余震有两种解释机制：一种产生于主震引起的"静态压力"改变，也就是文章中所提到的地壳重整；另一种观点由美国地球物理学家Karen Felzer和Emily Brodsky提出，认为"余震"的主要成因是由地震引起的"动态"地震波的冲击，而不是原先认为的缘于地震引发的断层附近的地壳重整）。余震是主震的结束，但也可能具有破坏性。

　　某些特定的构造地带易于发生地震，这是因为地震波的频率与该地区的

表8　20世纪重大火山喷发时间

时间	地区／火山	受灾人数	特点
	苏弗里耶尔火山	15，000	
1902	马提尼克岛培雷火山	28，000	
	危地马拉圣玛利亚火山	6，000	20世纪死亡人数最多的火山喷发年份，共导致35，000人死亡
1919	印度尼西亚克卢德火山	5，500	火山泥流导致死亡
1977	扎伊尔尼腊贡戈火山	70	
1980	美国圣海伦斯火山	62	该国家历史上所记载的最严重的火山事故
1982	印度尼西亚阿贡火山	27	死亡人数相对较少，但是财产损失和受灾情况严重
1983	墨西哥埃尔奇乔火山	2，000	该国家历史上所记载的最严重的火山事故
1985	哥伦比亚瓦多德尔鲁伊斯火山	22，000	该国家历史上所记载的最严重的火山事故
1986	喀麦隆奥斯湖火山	20，000	
1991	日本云仙火山	37	仍在喷发的火山，迫使3，000人离开家园
1991	菲律宾群岛皮纳图博火山	700	该国家历史上所记载的最大型的火山喷发，受灾人数较少，但是破坏性极大
1993	菲律宾群岛马荣火山	75	喷发产生致命的火山碎屑流，撤离了60，000人

构造共振频率一致。几乎所有的建筑物都可以抵挡一倍甚至两倍的地球重力加速度（g），因为它们可以抵抗重力的作用。但是，由于巨大的地面运动通常是在水平方向上，因此需要采取特殊的预防措施来抵抗水平方向上的作用力。

能量随着地震的发生而释放，它使地层以复杂的方式运动，既可以上下运动也可以左右移动。地震的破坏程度主要取决于地震的强度和持续时间、建筑物地层的物质性质以及建筑物自身的设计。钢筋建筑物比坚硬的混凝土建筑物抵抗地震的能力强，然而，最具弹性的木质建筑物的抵抗能力最强。

地面运动的地理区域的面积大小取决于地震的振幅，它与断层的长度和深度成正比。此外，地面运动与破裂断层越接近，其破坏程度越大。地震投掷效应仅发生于震源附近，它可将地层从地下的构造中推出，然后再迅速将其拉回。这种作用力可能导致那些最具抗震能力的建筑物倒塌。在大都市，因城市正下方的小断裂发生的中强地震的危害性要超过某些偏远的大断裂所发生的大地震。

图97
西部和东部地震区破坏程度的对比

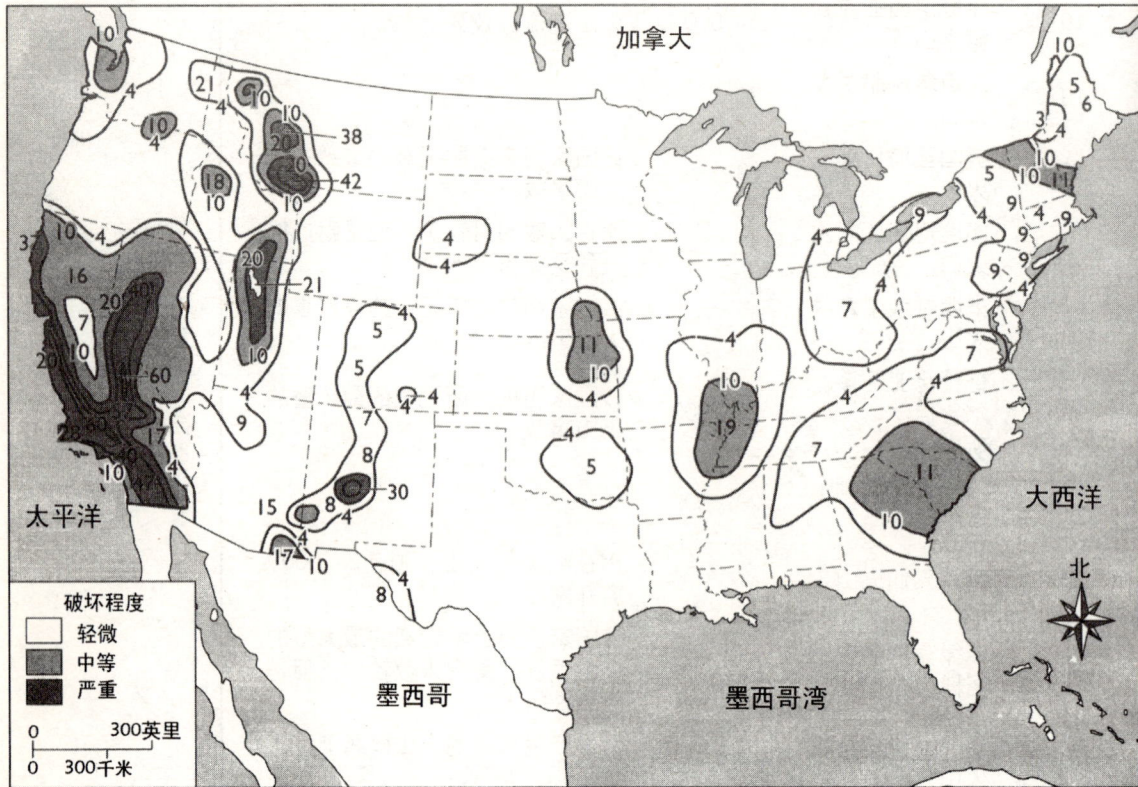

某些地层类型与其他地层相比，可以更有效地传递地震能量。通过对比美国东西部的地震，我们可以发现，在特定的地震强度下，在美国东部地震的破坏性范围要大于西部地区（图97）。大部分发生在阿巴拉契亚地区的地震均发生于古伊阿帕托斯断层（lapetan fault）之上。伊阿帕托斯断层形成于6亿多年前，那时，原始北美大陆从罗迪尼亚超大陆（Rodinia）漂移出来，形成伊阿帕托斯海，它是大西洋的前身。阿巴拉契亚山脉的西北部常常发生异常的地震，科学家们至今还不知道该地区地震发生的原因。

在美国东部，地面运动的影响范围更广的原因在于地震波频率随距震源距离的增加而减少的速度较慢，因此，地震传播的距离更远。这表明东部和西部两地地壳的成分与构造略有不同。与东部发育更老的沉积构造所不同的是，西部由相对年轻的火成岩和沉积岩混合组成。

地震危害

地震震级（表9）与板块移动产生的断裂的长度和深度成正比。通常，断裂越深或越长，地震越激烈。地震的发生总是非常突然，沿着断层不断发生断裂，直到爆发大地震，所有地震在释放巨大的能量之前通常会有缓慢的前震。然而，越大的地震，孕育的时间将越长。影响震级的其他因素包括：断层的摩擦力、沿断层的应力降以及沿断层断裂的速度。沿断层破裂的速度可以高达每秒1英里（约1.6千米）。

表9　地震参数总汇

震级	面波高度（英尺）（1英尺≈0.3米）	断层深度（英里）（1英里≈1.6千米）	地震响应区域直径（英里）	每年的地震次数
9	迄今所记录的最大的地震震级为8~9			
8	300	500	750	1.5
7	30	25	500	15
6	3	5	280	150
5	0.3	1.9	190	1,500
4	0.03	0.8	100	15,000
3	0.003	0.3	20	150,000

地球地壳不停移动，在地表产生垂直和水平的偏移。这种运动与地壳中存在的巨大断裂带有关。最大的地震可以在数秒钟内产生数十英尺（1英尺≈0.3米）的偏移。多数断层发育于板块边界，而且大多数地震发生于大板块之间相互碰撞或剪切。假若板块位于玻质英安岩之上，那么就会突然释放大量地震能量。板块间的相互作用使岩石扭曲变形。如果变形发生在地表附近，就会引发大地震。地震还可能在火山喷发时发生，但是火山导致的地震与断裂相比较为温和。

每年都会发生上千次的地震。有幸的是，只有少数地震是具有破坏性的（表10）。在20世纪，全世界平均每年发生约18次震级大于或等于7.0的地震，每10年发生10次震级大于8.0的特大地震。危害程度不仅仅受震级（与断裂的长度和深度成正比）影响，也受地区的地质情况影响。

在相同震级条件下，当地震发生在坚硬的岩石中（如大陆内部）时，其破坏性远大于发生于板块边缘断裂岩石中的地震。这正是美国东部地区的地震影响范围大于西部的原因。在1886年8月31日，查尔斯顿（美国西弗吉尼亚州）和南卡罗来纳州的地震（图98），导致110人死亡，使750英里（约1，200千米）外的芝加哥城墙倒塌，并且在波士顿、密尔沃基（威斯康星州东南部）和新奥尔良市均可感觉到地震。

通常情况下，若大断裂中持续强震动的时间越长，那么地震的危害程度就越大。此外，地震危害程度还随大断层中摇晃间隔时间的增长而增大，这就是地震空区假说。它认为强地震之后，地震危害程度沿断层快速下降，然

表10　地震震级范围和预期发生率

震级范围	地震效应	每年发生次数
<2.0	微震——察觉不到	600，000
2.0~2.9	通常不能察觉但需记录	300，000
3.0~3.9	震中附近的居民能够感觉到的地震	50，000
4.0~4.9	小地震——影响范围小，破坏性小	6，000
5.0~5.9	中地震——相当于原子弹爆炸的能力	1，000
6.0~6.9	强地震——极可能破坏城市地区	120
7.0~7.9	大地震——导致严重破坏	14
8.0~8.9	特大地震——导致完全破坏	每10年1次
9.0以上	巨大地震	每100年1~2次

图98
1886年8月31日，查尔斯顿和南卡罗来纳州地震发生后的残骸（照片由J.K.希勒斯拍摄，由美国地质勘探局提供）

后又随时间而重新增加。由于应力的再积累需要很多的时间，因此只有长期静止的断层才可能发生极大的危害。但是这种理论仅应用于大地震，而中地震可能在没有任何征兆的情况下，在同一断层中多次发生震动，使其几乎不可预测。

影响地震危害程度的其他因素包括地震的范围和地震发生地区的地质情况。多数断层以类似的形式爆发地震。一些地区可能经历相似的7.0级地震，然而，其他地区可能发生更大的8级甚至9级的地震。而且，大地震并不遵循基于较小地震数据所建立的模型，这使其极难被预测。地震很可能再次发生于以前发生过地震的地区。一旦某个地区成为地震活跃带，地震会不断发生，然后因某些未知因素而停止，继而，经过相对较长的间隔时期将发生另一次大地震。

灾害防治

由于大地震导致的破坏是相当广泛的，可以改变上千平方英里（1平方英里≈2.6平方千米）的地形。地壳不断地发生重新调整，导致垂直方向上和水平方向上的地表位移和地壳断裂带。强地震可能在几秒钟的时间内引起数十英尺的地层偏移。断裂的断层可能影响遥远地带的断层，触发数千英里外的地震。

除了房屋等建筑物破坏，地震还能改变地形，使其生成深裂沟和高耸的悬崖，还能引起大量山崩从而破坏地形。最大的重整发生在逆冲断层，一块岩层位于另一块岩层之上，尤其是上盘围岩，会在地震时上升。大的逆冲地震将地壳成对角地打破，与其他形式的断层相比，逆冲断层的破碎表面积要更大。活跃的断层发育悬崖、裂谷和山脉，多数大陆板块边缘和大陆内部的地表交叉地位于古老裂谷之下。

在地震易发区的古代文明通过建造可以抵抗剧烈摇晃的简易住宅来保护他们免受地震破坏。然而，如今随着越来越多的住房采用复合建筑材料建造，结构复杂，地震发生时将对其造成破坏，使人们为此付出昂贵的代价。在城市地区，地震导致交叉的电线和破裂的天然气管道触发了火灾，这往往是导致最主要的财产损失的原因。由于供水系统破坏和通信中断，火灾发生后情况通常失去控制。

多数大城市中心是新建筑和旧建筑的混合，而旧建筑物的地基已经因年代久远而变得脆弱。地震易发区的建筑物在其使用年限内，必须能够抵抗大地震，尤其是社区内重要的建筑，例如物质设备、医院、学校。然而，随着城市的快速发展，空间（土地）变得越来越昂贵，这导致房屋的设计和材料通常不能严格地遵循地震房屋法则，一座座摩天大厦开始屹立。

建筑物抵抗地面运动的能力取决于建筑的地面类型、建筑物的设计、建筑材料的类型、建筑的质量、地震波的方位和地震自身的特征。要设计抵抗持续时间为几秒钟的短暂锐利的高频震波的建筑物较为简单，两层至四层的房屋最易受到这种类型的震波冲击，然而，更高的建筑物通常不会遭受大破坏。但是要设计抵抗持续时间为一分钟或以上的长低频震波的难度很大，多层建筑倾向于震动，而低层建筑实际上免受破坏。

来自不同领域的科学家丰富了地震建筑和设计理论。他们的观点被用于检验1971年圣弗朗西斯科地震，此次地震的震级为6.6级，持续时间60秒。通常，单层的房屋优于多层房屋；房屋地面是由木材建造还是混凝土建造几乎没什么区别；新建筑比老建筑抵抗能力强，而粗略建造的易于移动的房屋常遭受严重的破坏。很多学校建筑在地震中发生倒塌，高速公路发生弯曲，新建造的立交桥也发生倒塌（图99）。

地震之前，建筑法规是基于中地震很可能产生最大10%的重力假设上。然而，在圣费尔南多谷（San Fernando Valley）的测震仪结果表明一些建筑

物的加速度等于或大于重力加速度，因此建筑法规是很不适当的。如果大规模的地震袭击该地区，建筑物需要承受原先预计的5～10倍的作用力。

除此之外，地面运动时间越长，高层建筑物产生共振并开始摇晃的几率就越大，这将毁坏那些仅能够抵抗短期地震的建筑物。绝大部分的活动断层已经被地质学家定位，这为工程师提供了地震波可能发生的方位信息，工程师可以沿平行于可能发生地面运动的长轴建造房屋，从而预防严重的地震破坏。

很多地区，例如位于俯冲带的太平洋西北部，在史前时期已经被地震毁坏，其上建筑物不能抵抗激烈的地面运动或大地震。约在1，000年以前，一场特大地震袭击了西雅图和华盛顿地区。由于地面剧烈摇晃，导致奥林匹克山发生雪崩和滑坡，淹没了那些如今被密集居住的地区。地震还引起了大海啸，冲蚀了普吉湾（Puget sound）海岸。

房屋建造的类型也决定其抵抗地震的能力。2001年1月26日，在印度西部高密度人口的古吉拉特(Gujarat)地区发生的7.9级地震,使3万人死亡,大部分人是被粗制滥造的倒塌的房屋压死。轻质的钢筋结构建筑物由于弹性比较大而不易在地震中遭受破坏。此外,加固的混凝土建筑物,由于具有极少的门窗(门窗设计会减弱建筑抵抗能力),生存可能性也较大。未经加固的空心混凝土砖建筑和古老的砖块房屋通常遭受了严重毁坏(图100)。

现代建筑物利用不充足的交叉的混凝土柱支撑,从而为地下停车场提供空间,导致建筑物在最小的地震中都可能发生坍塌。超重的屋顶使建筑物变得头重脚轻。如果阳台和栏杆遭受破坏而变的松弛,将使街道上的行人发生危险,因此当地震发生时,人们最好呆在建造良好的建筑物里,而不是冲到街道上。

抗震结构是一种新的技术,但其基本原理早已为人所知。未经加固的混凝土或石质建筑物最易遭受破坏,而木质的单层房屋是最安全的。关于多层钢筋结构的建筑物存在两种学派观点。美国工程师认为建筑物需要被建造得尽可能具有柔韧性,然而日本工程师认为应尽可能的刚硬。尽管具有韧性的钢筋结构建筑物可能在地震后仍能屹立,然而会发生严重的扭曲,变得不垂直。一些建筑物发生激烈的晃动,家具和其他物质的撞击会严重伤害居民。

地震工程学主要研究设计可承受地面运动的有效的、经济的建筑物。该

图100
1972年12月23日,尼加拉瓜马那瓜湖地震中,三层的海关办公楼倒塌(照片由R. D. 布朗拍摄,由UDGS提供)

领域的研究和发展包括地震工程学、危险分析、土地规划、严格的建筑法规和减少死亡人数并降低经济损失的灾难预防。也包括旧建筑物的革新，从而改善其抗震能力。房屋、商业大厦、学校、医院、堤坝、桥梁和发电站需要仔细地检查建筑缺陷，否则当地震发生时，将对社会产生巨大的危害。

　　即使建筑物可以抵抗初始的地面运动，被破坏的地基亦可能引起建筑物倒塌。剧烈的地面运动可以导致特殊类型的土壤下陷或液化，因此使其失去支撑能力。采取合适的措施可以预防地基破坏，包括建立受灾地区引流渠道，或制定土地规划制度，限制将建筑物建造在易受破坏的土地之上（如活动断层、潜在的滑坡地区）和易于发生海啸的沿海地带（图101）。

　　危险评估是地震调查的重要研究内容之一。它决定了建设更安全建筑所需增加的投入程度，这些投入将与大地震发生时所拯救的生命、财产和生产力相抵消。通常，不管某地区有多么危险，人们由于很多原因仍会居住于该地。城市是基于其气候条件、经济重要性、战略防护和娱乐措施等因素而建立的，因此，当自然或人为的灾难发生后，他们需要在原先的地点重新建设。一份完整的危险评估需要考虑包括火灾、洪水等危害在内的所有因素。它是地震地区土地规划和建筑可行性的基础。

图102
图102
1995年1月17日，加利福尼亚州洛马普利塔地震损坏了圣弗朗西斯科（旧金山）海港区的房屋（照片由G. Plafker 拍摄，由美国地质勘探局提供）

最近几年，因地震而导致的死亡和破坏在快速增加。尽管在1995年1月17日，加利福尼亚北岭（Northridge）地震仅导致63人死亡，但其损失高到130亿（图102）。人们认为钢筋结构建筑物比钢筋加固的混凝土建筑物更易弯曲，因此可以抵抗更强的地震，但是在北岭地震中建筑物遭受了比预期更严重的破坏。

与1906年加利福尼亚州圣弗朗西斯科地震类似的灾难，如今可能导致1,150亿美元至1,350亿美元的财产损失和2,000~6,000人死亡。在洛杉矶盆地发生的7级地震可能导致1,250亿美元至1,450亿美元财产损失和2,000~5,000人死亡。若重新发生一次1923年的东京地震，那么将可能导致4万至6万人死亡以及高达8,000亿美元至12亿美元的灾难性破坏，它会严重损害日本经济。因此，对于世界的多数大城市来说，地震是众所周知的灾难。

地震预测

地震预测依赖于测试综合系统的发展，以便快速地自动收集并分析数据并将这些信息应用到地壳重塑复杂体系中。科学调查表明强烈的地震可在数年前被预测。数周或几天的短期预测方法也可能得到发展。尽管有可能存在成功的预测，但是由于没有找到地震之前可靠的警告信号，绝大多数地质学家放弃预测地震。

长期的证据可能表明大地震正在迫近，然而，短期的地质物理参数仍然没有在根本上得到解释。它们可能是地震的先兆也可能仅仅只是地壳的正常的波动。长期的警告信号使人们有时间去制定修补措施，这可以减少人员伤亡，降低财产损失。长期的预测可以鼓励危险区的人民加固已经建立的建筑，同时促使相关部门修订并执行房屋和土地使用法规。

短期的预测可以使人们发动灾难减轻措施，同时疏散破旧或易燃建筑及其他危险地区的居民。利用短期预测结果，需要关闭危险的工厂，如核电站、炼油厂和天然气供应站；疏散在堤坝附近和沿海地区那些易受洪水、滑坡、海啸影响的居民。

在多数情况下，即使有警告信号，疏散可能也是不实际的。与地震本身造成的伤亡人数相比，疏散可能导致更多的人死于交通拥挤。另一种可行的方案是建造抗震的建筑，使其在小地震中几乎完全不被损害，在中地震中脱险，仅遭受较小的破坏，在大地震中保障一定程度的安全，尽管建筑物已经被严重损害。

人们迫切需要地震预测的准确性可以和天气预报一样。因为大地震很可能对城市地区造成大危害，其破坏性将超过飓风、龙卷风或洪水。很多地震征兆需要被发现。任何一种征兆都是基于不同的物理参数，而不是依据一些不可靠的一系列的证据，从而增加地震预测的信心。

利用板块构造模型解释强地震通常发生在地壳板块的边界，结合地震统计数据，以标记特殊危险地带的方式对地震进行预测。这些信息有利于为地震易发区建立历史记录，并评估相对危险。经过足够长时期后，沿断层滑动的平均总距离与两个板块之间的平均总位移将相等。

在圣安德列斯断层附近的地层中，因以前的地震而遗留下来地质〝指纹〞(图103a,b)，距今约两千万年。该断层根源于15英里（约24千米）的地壳，并延展到地幔顶部。过去的地震使断层某一边的河道相对于另一边发生偏移。通过测量位移和地层定年，可以获得地震发生的相对震级和时间。这种方法涵盖了1,400年内的记录，其中12次大地震已经发生。地震的间隔期从50~300年不等，平均间隔期约为150年。

地震活动地带发生的中小型地震比大地震更多。在过去平均每150年左右，加利福尼亚州发生一次大地震。中型地震的发生周期约为22年，每年还

图103a
加利福尼亚州的圣安德列斯断层（照片由R.E.华莱士拍摄，由NASA提供）

会发生大量小地震。在大摇晃发生之前，通常可观测到一段静寂期，此时，地质活动快速降低到最小值，然后在大地震之前快速增加。

大地震可以提供的预警时间约为10年左右。预测地震的震级依赖于异常的地震先兆所持续的时间。例如，震级为5.0级的地震，其异常情况持续四个月左右。一场震级为7.0级的大地震，其能量是5.0级地震的1，000倍甚至更多，可能在先于大地震的数年就开始出现异常。

地震范围、位置和时间的可预测性对于土地利用规划是相当重要的，而且，之前的地震级数越大，就有越长的时间用于对抗地震的影响。然而不幸的是，自然界并不是常常按照规律行动。尽管有时间准备，但是一次地震可能在最意想不到的时候发生。

迄今为止，仅少数的地震被准确预测。而其他很多地震却是在地震发生之后，重新检查数据并寻找先兆信号时被"预测"到。因为地震研究才仅仅数10年，科学还不完美，所以在这些所描述的预测方法中，不能确定哪些方法是正确或失败的。因此根据全世界范围内地震观察，使用尚未发展完整的知识，科学家所掌握的方法还远远不够成熟。

尽管大地震的范围延伸了上万英里（1英里≈1.6千米），但是仅小部分

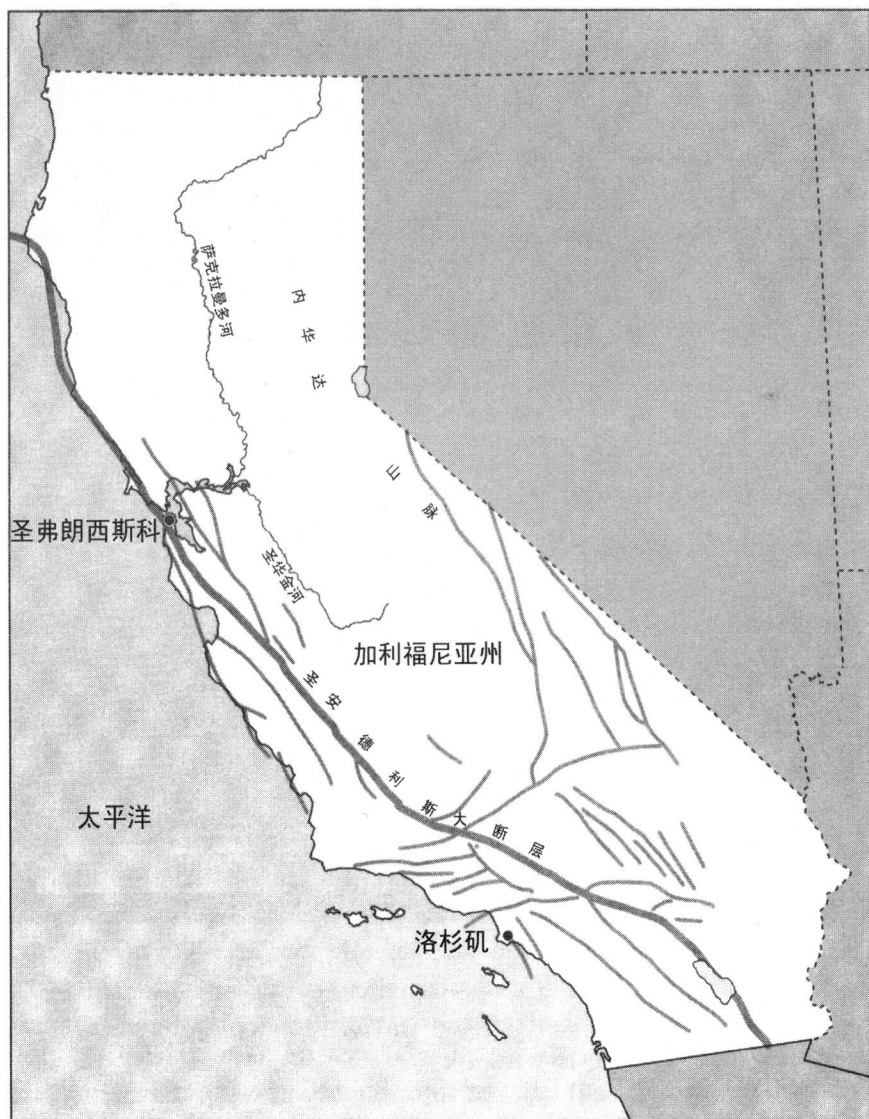

图103b
圣安德列斯断层及其相连断层

图104
在马里兰州蒙哥马利郡银泉附近的地磁测量研究（照片由E. F. 帕特森拍摄，由美国地质勘探局提供）

地区具有充分的工具来检验地震。通过收集全世界不同地区的数据，不断评估地震预测方法的有效性。此目的在于解释地壳中积累的应力信号值，从而更好地解释地震过程。

科学家们正在检验很多潜在的重要方法。这些方法包括一系列用于监测水位的水井和氡气常数，电阻传感器系统，磁力计和重力仪（图104和图105），海平面测量和其他先进的调查研究技术。因此断层岩石中的物理参数，例如电阻率，地震波速度和变形总量等等，可用于监测地震，就像温度、压力和风的方向可用于预测天气一样。

在美国，地震预测的领导机构是地质调查局。在加利福尼亚中心，研究者已经建立了系统的工作站，并沿圣安德列斯断层及其相连断层中配备了地震仪和测角仪（用于测量地面倾斜度的仪器），对地磁和电阻也进行观测。此外还应用了远程雷达装置系统。

垂直应力与陆地的上升有关。它可以通过标准的研究方法直接测量，也可以间接测定地球引力场的局部强度。全球卫星定位为地质测量提供了测试地壳岩石水平移动的方法，这对地震预测至关重要。科学家正致力于研究发展可靠的、便宜的仪器来不断测量地球上任意点的应力。

地震波从震源传播之前，包括传感器网络在内的系统可提前数秒钟探测并警告边缘地区。中心计算机可以处理由从地震传感器中传来的数据，从而确定地震影响范围和发生位置，然后将信息发送到破坏性震动所经过的地区。较早的预警可以激发自动系统关闭电能和天然气分站，减少破坏性的火灾发生，也可以为救灾办公室提供信息，来快速定位最严重的地震区，发动救援队伍在第一时间拯救生命和财产。

图105
1971年，在南加利福尼亚的重力测量研究（照片由美国地质勘探局提供）

145

火山活动

多数世界上的活火山集中在一些狭窄的地带（图106）。在太平洋盆地周围有几乎连续的火山地带，被称为＂火山带＂，此处聚集着世界上3/4的活火山。该地区恰好与环太平洋板块重合，这是由于相同的板块运动过程既产生了地震也生成了火山。火山带与太平洋边缘的俯冲带有关。随着大洋地壳俯冲进入地幔，地壳发生融化，从而为火山提供了熔融的岩浆，形成深海海沟边缘。因此，绝大多数的活火山位于太平洋，几乎一半集中在西太平洋地区。

俯冲带火山，例如印度尼西亚火山（图107）和西太平洋火山是世界上最易爆发的火山。其猛烈爆发原因在于岩浆中含有大量的由水和气体组成的挥发物。当岩浆上升到表面，压力就会下降。挥发物快速逃逸，就像巨大的炮弹一样从火山中喷发出来。当岩石圈板块发生分离，将上地幔暴露于中洋脊和大陆断谷（如东非大裂谷和冰岛）表面时，就形成了火山裂隙。

世界上分散着一百多个独立的火山活动小区域，被称为＂热点＂。它位于板块内部，远离板块边缘，却可能发生火山喷发。热点火山的岩浆来源于地幔深部，很可能在地核的正上方。岩浆从地幔柱中不断上升，为岩浆房提供了稳定的熔岩流。

岩浆的成分决定了它的黏性和喷发形式（温和或猛烈）。如果岩浆具有很高的流动性，当其到达表面时，几乎不含溶解气体，那么它将生成玄武熔

图106
主要的活火山地带

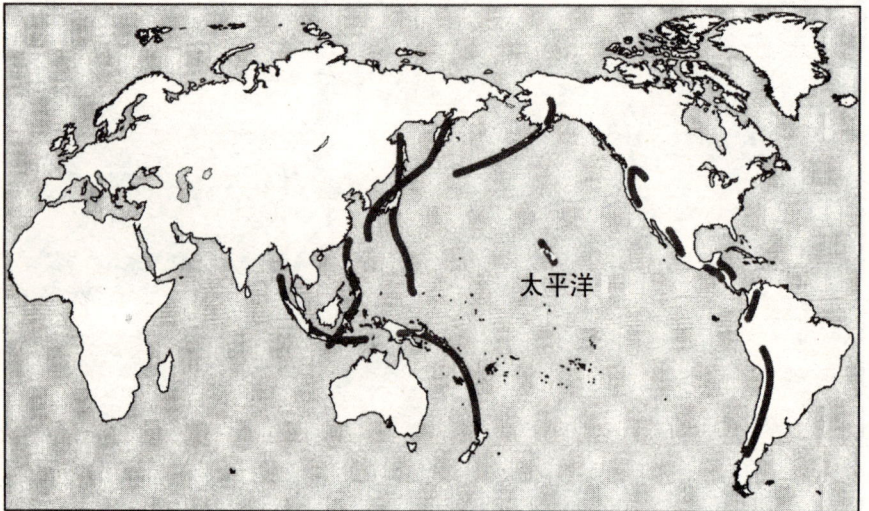

太平洋

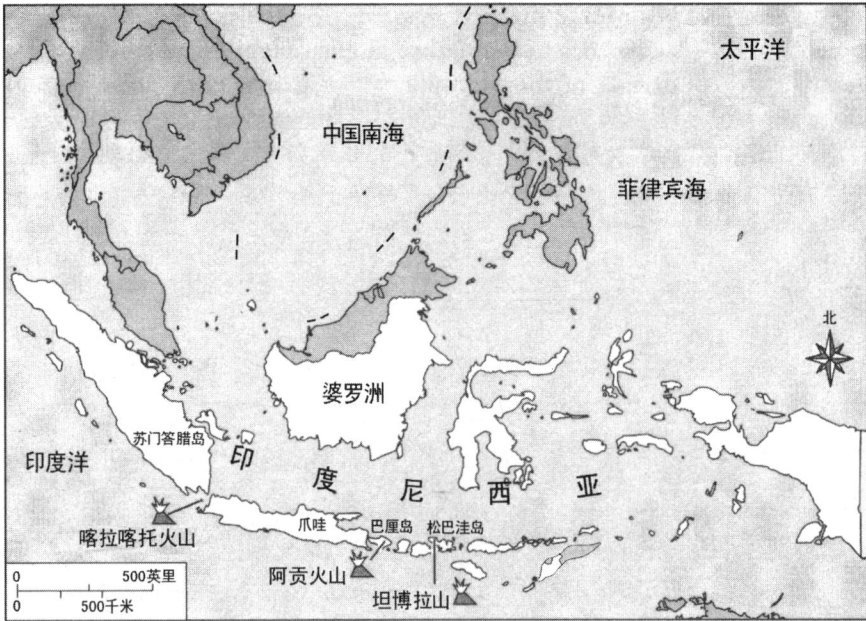

图107
大印度尼西亚火山带的位置

岩。这种喷发方式通常较温和。然而，当其逐渐侵占城镇和乡村时，玄武熔岩将极具破坏性，如1943年6月10日，墨西哥帕里库廷火山爆发（图108）。这种类型的火山喷发喷出的熔岩有两种类型：一种是块状熔岩，另一种是绳

图108
1943年6月10日，墨西哥米却肯州的帕里库廷火山喷发出的熔岩淹没了附近的村庄（照片由美国地质勘探局提供）

147

状熔岩，它们是典型的夏威夷火山。然而，到达地表的岩浆含有大量的溶解气体，其喷发形式将相当剧烈，并具有极强的破坏性。

火山岛源自海下火山。爆炸性的喷发伴随着火山岛的破坏和重建，也会引发大海啸。火山喷发触发的海啸导致的死亡人数占海啸死亡总数的1/4。强大的水波将火山能量传递到火山自身所能到达的地域之外，产生巨大的火成碎屑流入海洋。此外由火山喷发引起的山崩也会产生破坏性的海啸。

在1792年，日本云仙火山爆发之后的地震，导致火山的一边倒塌掉入海湾。引起了高达180英尺（约55米）的巨大海啸，海水冲蚀了整个沿海城市，15,000人失踪。在1883年8月27日，位于爪哇和苏门答腊岛之间的喀拉喀托火山岛，在发生一系列的火山喷发后几乎完全破坏，大部分的岛屿发生坍塌。在附近的沿海地区，喷发产生的高耸的海啸高达100多英尺（约30米），导致36,000人死亡。

阿拉斯加州圣奥古斯丁山脉（图109）经常发生倒塌而掉入海洋，产生巨大的海啸。在过去的2,000年内，该山脉发生十次以上大规模的山崩，火山的侧面发生开裂。最近一次山崩发生在1883年10月6日。火山侧面的残骸坠入库克湾（the Cook Inlet），引发了54英里（约87千米）外的格雷厄姆港（Port Graham）高30英尺（约10米）的海啸，摧毁了船，淹没了房屋。继而喷发的岩浆填补了上次山崩遗留下来的裂口，再次使火山变得不稳定，可能引发另一场即将来临的坍塌。假设发生山崩，山体就会沿火山北侧向下滚动，掉入海洋，在城市方向和油田入口触发海啸。

图109
位于阿拉斯加州库克湾喀米雪克区的圣奥古斯丁山脉（照片由 C. W. Purington 拍摄，由美国地质勘探局提供）

图110
1980年7月11日美国华
盛顿州考利兹镇圣海
伦斯火山喷发，产生
的泥石流使车辆缠绕
在一棵树周围（照片
由美国地质勘探局提
供）

在多火山爆发地区，火山活动伴随着火山灰的升起，使在火山侧面的厚实的火山碎屑堆积物发生滑坡。在火山地区发生的山崩（或山体滑坡）是由地震强度、地面运动的地形扩展、岩石类型、山体倾斜度和岩层中的断裂或其他缺陷确定的。持久的大降雨也会引发山体滑坡和泥石流。

伴随着火山喷发的泥石流称为"lahars"，lahars在印度尼西亚语中是"泥石流"的意思，因为在印度泥石流是比较普遍的现象。火山泥流是被水浸润饱和的大量岩石碎屑沿火山陡坡快速下滑，就像流动的混凝土。这些碎屑来自火山喷发产生的松软且不稳定的岩石，沉积在火山侧面。水来自降雨、融化的冰雪、弹坑湖或火山附近的水库。

1919年，爪哇克卢德火山喷发，引发了一场火山泥流悲剧。整个火山湖被喷到最高处，产生的巨大的泥石流使5万人死亡。火山泥流可由火山碎屑流或熔岩流流过冰川时将其快速融化产生。最具代表性例子是1980年5月18日，美国圣海伦斯火山喷发，其熔岩融化了积雪，产生了大量破坏性的泥石流（图110）。

火山泥流的速度取决于泥流的黏性和地区的倾斜度。火山泥流快速沿山谷坡面下滑。其速度通常超过20英里/小时（约32千米/小时），并会覆盖50英里（约80千米）甚至更长的距离。熔岩流流入冰川或雪地时会像火山泥流一样引发洪灾。在喀斯喀特山脉西部因火山导致的洪灾区从山谷一直延伸到太平洋。火山泥流的巨大能量可以轻易地冲走建筑物和人。

在1985年11月13日，美国南部，哥伦比亚州内瓦多·德·鲁伊斯火山（Nevado Del Ruiz）喷发，融化了火山的冰帽，产生的大量洪水和泥石流泻落到山边，流入附近的拉古尼拉河和琴琴那河流域（Chinchina River Valley）。泥石流的密度与混凝土相当，可以冲走沿路的所有物质。它几乎淹没了30英里（约48千米）外的整个阿尔梅罗郡，严重破坏了13座小镇，活埋了25,000人。

危险的火山

自12,000年前冰川期结束后，约有1,300座火山喷发。在过去的400年里，发生500多次火山喷发，导致20万人死亡，造成数十亿美元的财产损失。自1700年以来，人们广泛了解的约20座火山，平均每座火山导致1,000人死亡（图111）。在过去的三个世纪，破坏性的火山喷发次数加倍。最近几十年，平均每年发生3次致命的火山喷发。其破坏性不是因为致命的火山爆发次数增加，而是由于人口增长。

火山碎屑流，包括沿火山侧面急速下滑的热灰云，是主要的"杀手"，导致约8万人受难。火山触发的海啸，危害到离爆发地点上百英里（1英里≈1.6千米）以外的沿海居民，淹死了约5.5万人。位居主要杀手之列的还有泥石流和火山灰，包括那些被火山喷到空气中的灰尘、岩石和其他物质。随着世界人口的快速增长，越来越多的人进入活火山地带，因此死亡代价将继续

图111
自1,700年以来，最危险的火山，平均每座火山导致1,000人死亡

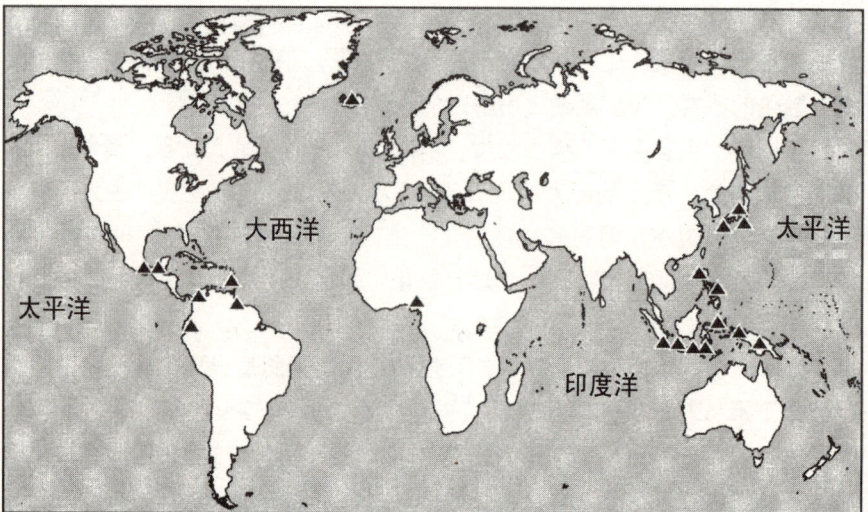

表11 美国地区最危险的火山位置

阿拉斯加州	17.罗希火山
1.奥古斯丁火山	18.基拉韦厄
2.阿留申火山	19.冒内罗亚山
3.伊里亚姆纳火山	**新墨西哥州**
4.卡特麦火山	20.索科罗山
5.埃奇克姆山	**俄勒冈州**
6.斯普尔山	21.火山湖
7.兰格尔火山	22.纽伯利火山
8.雷德特火山	23.胡德山
亚利桑那州	24.杰弗逊山
9.圣弗朗西斯科峰	25.麦克洛克林山
加利福尼亚州	26.三姐妹峰
10.克利尔湖火山	**华盛顿**
11.科索火山	27.冰峰
12.莱森火山	28.贝克山
13.长谷喷口火山	29.亚当斯山
14.蒙罗—因约火山	30.雷尼尔山
15.沙斯塔山	31.圣海伦斯山
夏威夷	**怀俄明州**
16.哈莱阿卡拉火山	32.黄石火山

增加。发展中国家缺乏先进的预警技术，这将使更多的人死于火山事故。

美国西部的一些火山在任何时间都可能爆发，很多火山可能从休眠中复苏。即使静止的时间长达5，000年，也不足以使隆隆作响的火山完全安静下来，其中很多休眠了100万多年的火山已经复活。预测将来的火山喷发需要通过研究该火山岩石来确定其过去的习性。一座火山可能按危害性逐级递减的顺序与其他火山成为一组。

在美国约有35座火山，大部分在喀斯喀特山脉（图112），它们有可能在将来的任意时间爆发。最大的火山喷发发生于7，700年以前的喀斯喀特山，当时12，000英尺（约3，657米）高的玛扎玛（Mazama）火山喷发。它产生了一个巨大的坑，被水充满后就成了火山湖，它是北美最深的水体。最危险的火山是那些平均200年内发生爆发的火山，它可能在过去的200年内喷

图112
位于太平洋西北部喀斯喀特山脉的活火山

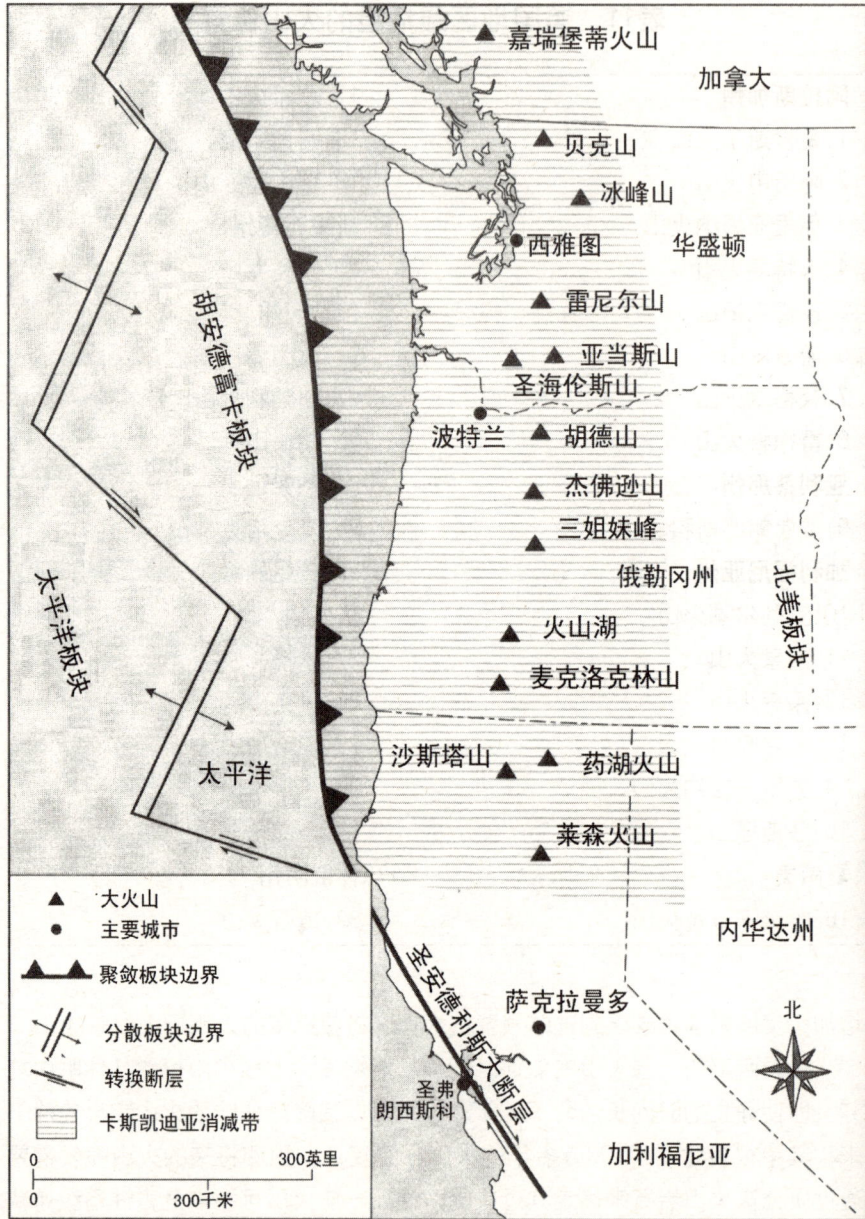

发一次或两次。按顺序包括圣海伦斯火山、蒙罗—因约火山 (the Mono-Inyo Craters)、莱森火山、沙斯塔山、雷尼尔山、贝克山和胡德山。

圣海伦斯山是古老的成层火山，具有完美对称的火山锥。它位于喀斯喀特山脉，从加利福尼亚州北部延伸到哥伦比亚南部，沿途有15座大型的活火山。在过去的4，500年内喷发了至少20次。上一次的大爆发发生于1857年。最近一次的剧烈爆发发生于1980年5月18日（图113）。它是最近几个世纪内美国大陆发生的规模最大的火山喷发事件。大震动将火山顶部的1/3吹走，在高空大气层形成了1立方英里（约4立方千米）的可改变天气的碎屑。

当圣海伦斯火山爆发时，整个火山的斜坡发生坍塌，可能产生了历史记录中最大的山体滑坡。它产生的巨大的泥石流和洪水到达通向太平洋的所有路径。这次的破坏性远远超过了人们的设想，火山破坏了200多英里（约320千米）的地区。总共损失值达30亿美元，相当于可以建造80，000间房屋的森林毁于一旦。

历史记录表明，1980年圣海伦斯火山喷发之前，在过去的一个世纪内，喀斯喀特山脉仅有另外两座火山发生喷发。在1906年，俄勒冈州胡德山喷发出少量的火山灰。在1914年和1917年，加利福尼亚州的莱森火山发生了几次壮观的火山喷发（图114）。在19世纪，贝克山、雷尼尔山、圣海伦斯山和胡德山在1832年和1880年之间喷发出火山灰和熔岩。每座火山喷发的周期为10～30年，可能在相同一年里有三座火山同时爆发。

危险程度排第二的火山指喷发频率小于1，000年，且距上次喷发的时间超过1，000年的火山，包括三姐妹火山、纽伯利火山、药湖火山、火山湖、

图113
1980年5月18日圣海伦斯火山喷发（照片由美国地质勘探局提供）

153

图114
在1914年，加利福尼亚州沙斯塔郡的莱森火山喷发（照片由B.F. 卢米斯拍摄，由美国地质勘探局提供）

冰峰、亚当斯山、杰弗逊山和麦克洛克林山。危险程度排第三的火山是指距上次爆发时间超过1万年，但仍然存在大量岩浆房的火山。这类火山包括黄石火山、长谷喷口火山、克利尔湖火山、科索火山、圣弗朗西斯科峰和新墨西哥州的索科罗山。

位于加利福尼亚州约塞米蒂（Yosemite）国家公园东部的长谷喷口火山（图115），是由70万年前的大爆炸生成的。爆炸形成了20英里（约32千米）长、10英里（约16千米）宽和2英里（约3.2千米）深的大坑。岩浆再次从地表以下数英里深的地方不断流入这座复活的喷口火山。自1980年以来，不断增加的火山和地震活动使喷口火山地层的中心增加了1英尺（约0.3米）以上。

在与这座喷口火山喷发相同的时期，该地区还发生了数次6级以下的中规模地震。这些地震预示着岩浆正向地表挤压，喷口火山正酝酿着它四万年来的第一次喷发。猛犸山是喷口火山中的一种年轻火山，它正处于活动扩展期，可能已经准备好爆发。当爆发发生时，所生成的浓稠的玄武熔岩将淹没附近内华达州的大部分地区。

近期火山喷发图显示有75座喷发的火山排列在宽带火山活动中心。它从加利福尼亚州、俄勒冈州和华盛顿州北部的喀斯喀特山向东穿过爱达荷州抵达黄石，并沿着加利福尼亚州和内华达州边界延伸。另外一个火山地

图115
加利福尼亚州猛犸湖地区的火山中心—长谷喷口火山（照片由美国地质勘探局提供）

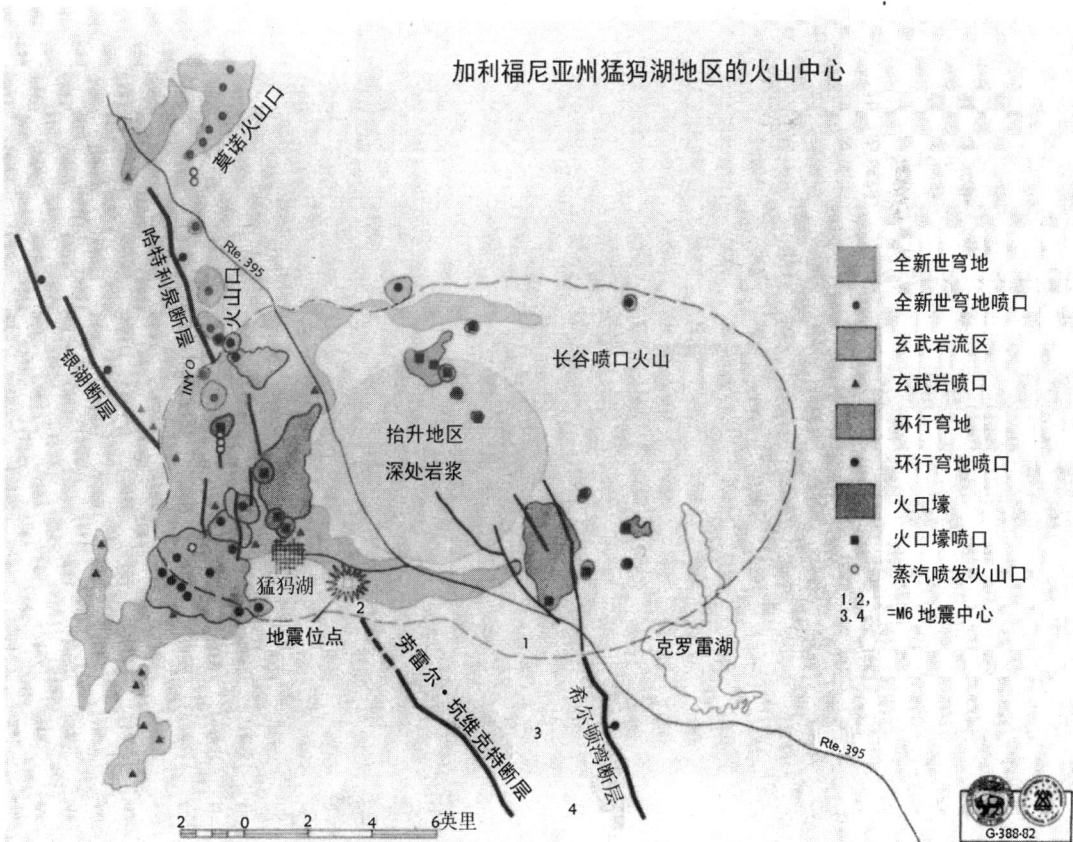

加利福尼亚州猛犸湖地区的火山中心

155

带从犹他州东南部延伸到亚利桑那州和新墨西哥州。所有的活动中心具有在将来爆发的可能性。此外，在任何时间都有可能在这些地带产生新的火山活动中心。

预测火山喷发

用于预测地震的技术也可以应用于预测火山喷发。其中一种预测将来火山喷发的方法是通过研究火山的岩石来确定火山过去的习性。然而，预测火山喷发的时间的准确度与预测地震的相差无几。由于火山伴随着地震，因此可以利用地震仪测量火山附近地震活动的强度来提供一些预警信息。

在很多火山地区，这些初期的地震总是伴随着深处的隆隆声和沿火山壁不断落下的山体滑坡。经证明火山周围的地表倾斜度是临近喷发的最可靠线索。地下岩浆的运动快速改变着地表的倾斜度，它可以通过科学地将测角仪（测量地面倾斜度的仪器）（图116）放置于火山周围来测量。

火山可能沿着山的一个侧面膨胀，也可能抬升环形山底。由火山内部产

图116
阿留申岛夏威夷火山研究中心设计的半固定测角仪，用于火山的局部观察（照片由Finch拍摄，由美国地质勘探局提供）

SEMI-PORTABLE TILTMETER
Designed and built by
HAWAIIAN VOLCANO OBSERVATORY

图117
1973年5月4日，赫马岛（Heimaey）火山喷发时，海水直接喷洒到冰岛韦斯特曼纳埃亚尔（Vestmannaeyjar）海港外熔岩流上，阻止熔岩大量填入港口。

生的热可能会融化山顶的冰雪。随着岩浆从火山口不断上升，其周围的地磁场发生偏移，地表电流的改变可以通过敏感电阻仪来测定。其他预示火山喷发的指示因素包括附近热泉、排气口和近表面岩石温度的突然上升。

如果有足够的预警信息，那么火山喷发所产生的破坏会降低。可以挖掘渠道建立堤坝来改变熔岩流，使其绕开居民区。此外，熔岩流可以浸在水中冷却，使其固化并降低流速。1973年5月赫马岛火山喷发时，海水被成功地喷射到冰岛韦斯特曼纳埃亚尔海港外的熔岩流上，使其缓慢地流入海洋（图117）。空军甚至成功地尝试轰炸夏威夷莫纳罗亚山熔岩流。

在爪哇，通过建立堤坝，使火山泥流绕过城市和农田。一些村庄还建造人工山丘，作为火山泥流爆发时的避难岛。1992年4月，埃特纳山发生巨大喷发，熔岩流严重威胁了意大利西西里岛，该地居民拼命地对抗凶猛的火山，以使熔岩远离他们的家园。那些与活火山毗邻而居的人认识到火山的难控制性，并正确地对待它们，就像火山是他们生活的一部分一样。

在讨论了地震和火山对社会文明的影响之后，下一章将重点探讨侵蚀、滑坡和地面破坏的危害。

7

土地流失
侵蚀和滑坡

本章主要研究侵蚀进程、地球运动和地面破坏。人类活动已经对地质产生了广泛、惊人的影响。在地质时期，强大的侵蚀作用已经使许多地貌特征消失，例如因滥用土地荒废的古城。历史表明，土壤侵蚀问题久已存在。侵蚀作用破坏了土地，阻碍了文明进程。土壤侵蚀将是限制人口增长的最主要因素。

通常，滑坡及相关现象的破坏性很大，会毁坏土地并夺取许多生命。滑坡是指由地震活动和强风暴触发的土壤和岩石等物质的快速"下滑运动"。大部分的滑坡不会像自然力爆发的形式那样壮观。然而，滑坡现象更为普

遍，实际上它会在世界各个地区引起重大经济损失和人员伤亡。而且，滑坡
还伴有其他地质灾害，包括地震、火山喷发和洪灾，会造成严重人员伤亡和
破坏。

土壤侵蚀

　　土壤是处境最危险的资源之一。土壤侵蚀（图118和图119）每年会破坏
上百万英亩（1英亩≈0.4公顷）肥沃多产的农田和牧场的生产力。自然进程
需要上千年时间才产生1英寸（2.54厘米）厚的表层土壤，但现在这是10年
内的土壤流失量。而地球平均土壤厚度只有7英寸（约18厘米），形势特别
让人忧心。如果表层土壤继续流失，世界人均粮食产量终将下降。因此，如
果表层土壤长期遭到侵蚀，为了养活不断增多的人口而增加粮食产量的短期
努力终会无效。

　　土壤侵蚀是限制人口增长的最大因素。它迫使世界上的农民利用越来越
少的土地养活越来越多的人口。1/3地球农田的土壤正在快速流失，这会破
坏农业的长期生产力。换句话说，人类"开采"地球土壤的速度比自然界恢
复土壤快。

　　约1万年前，农业尚未发展，土壤自然侵蚀率很少超过年均100亿吨，缓

图118

弗吉尼亚州皮茨尔瓦尼亚县大豆田的片蚀和细沟侵蚀造成年均每英亩（1英亩＝0.4047公顷）土壤流失达80～100吨（照片由Tim McCabe拍摄，美国农业部土壤保护局提供）

图119
美国受土壤侵蚀影响的地区

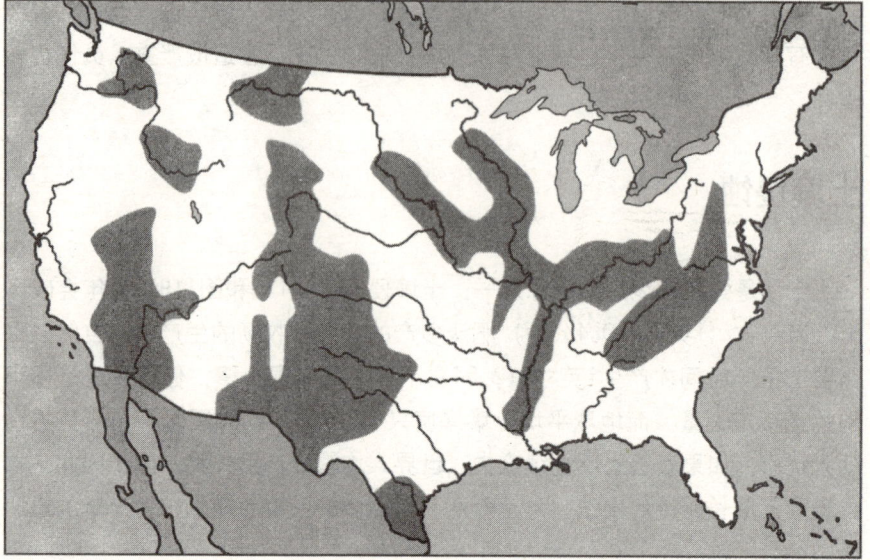

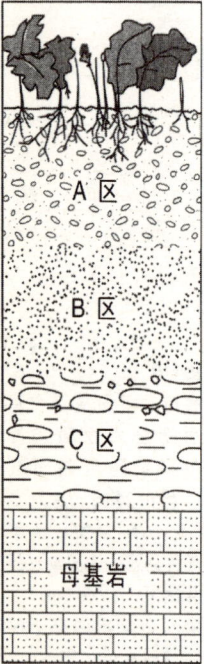

图120
土壤剖面。A区——沙, 泥沙, 黏土, 机质丰富; B区——沙, 泥沙, 黏土, 机质贫乏; C区——母岩颗粒以及上层渗漏出的物质。

慢的速度足以让土壤重新生成。然而, 据统计, 当前土壤侵蚀率为年均200亿吨, 相当于1, 500万英亩 (约600公顷) 耕地。因此, 地球土壤流失速度是恢复速度的两倍。如果表层土壤流失仍然得不到控制, 世界人均粮食产量将会急速下降。

土壤剖面 (图120和表12) 始于A区, 含大部分土壤营养物质。A区为厚度从几英寸到几英尺 (1英寸≈2.5厘米, 1英尺≈0.3米) 不等的薄层。A区的全球平均厚度为7英寸 (约18厘米)。这一层下面是B区, B区颗粒较大、土质较差。随着A区变薄, B区因侵蚀作用露出地面, 径流量和侵蚀会增加, 因为贫瘠的土壤不能养活植被, 而植被根部有固持土壤的作用。

土壤侵蚀引起土地表层广泛退化。降雨会通过冲击作用和径流销蚀地表物质。雨滴高速降落到地面, 这种冲击作用冲散了地表物质, 使它飞溅到空中。在山坡上, 一些重新降落的地表物质会沿坡下滑。冲击作用会损耗90%的能量。大部分地表物质可飞溅约1英尺 (约0.3米) 高, 而横向飞溅运动范围是高度的四倍。

冲蚀对少有或无植被覆盖、常有骤雨的地方 (如沙漠地区) 影响最大。溅蚀作用能解释为什么径流极少的山顶也会有土壤流失。它会使轻质黏土颗粒 (通常随径流流走) 飞溅, 留下贫瘠的沙石和泥沙, 造成土壤受损。未渗入土壤的雨水会沿山坡流下, 侵蚀土壤, 形成深沟地貌 (图121)。

土壤侵蚀率会随沉降、地形、坡面斜度、岩土类型以及植被数量和类型的变化而改变。若表层土壤被侵蚀，借助退林还耕、灌溉、人工施肥、基因工程和其他科学方法来增加世界农产品产量的努力将无果。据预计，到21世纪中叶，人口将翻倍，那时必须在现有土地上种植三倍的粮食才能满足需求。这个增长大部分需要借助新科技，因为很大一部分农田已经失去。

由于地表土壤侵蚀，世界河流正面临严重沉积现象，这使得问题进一步扩大。在非洲，侵蚀情况最为严重，这种情况尤其突出。在美国，由于河流湖泊的污染和沉积堵塞，每年农田侵蚀造成的损失近10亿美元。沉积物也会大大缩短堤坝（为灌溉等水利工程而建造）的寿命。因此，控制泥沙堆积最有效的方法是在分水岭采用有效措施保护土壤，减少表层土壤侵蚀。

过去150年，美国集约化农业已经使得土壤平均厚度减少一半。在20世纪80年代，美国农田面积缩减了7%，每年损失1%以上产量最高的农田，这主要是快速城市化造成的。全球暖化使得温度升高、蒸发率加速、降雨模式变化，这会进一步弱化美国生产足够粮食满足自身消费需要的能力。因此，为出口而过量生产粮食的行为可能会被严格控制，因为它会造成那些土地已经被破坏、若没有外界帮助就不能自给自足的国家发生大规模饥荒。

河流冲刷

河流的主要作用是传输源头和河岸侵蚀产生的碎屑。这些沉积物来自经

表12 土壤种类总结

气候	温带（湿润）降雨量>160	温带（干燥）降雨量<160	热带（强降雨）	北极或沙漠
植被	森林	草和灌木	草和树木	几乎无，没有腐殖质分解
典型地区	美国东部	美国西部		
土壤类型	铁铝土（淋余土）	钙层土	铁矾土（红土）	
表层土壤	沙质、浅色；酸性	富含钙；白色	富含铁、铝；砖红色	没有真正的土壤形式；因为没有有机物。化学反应很慢
下层土壤	富含铝、铁和黏土；褐色	富含钙；白色	其他所有元素流失	
特征	针叶林中腐殖质富足，使得地下水酸化。由于缺少铁，土壤呈浅灰色	钙积层——因富含方解石而命名	细菌破坏了腐殖质，没有足够的酸去除铁	

风化、水蚀和冰蚀的岩石。有时，河流会侵蚀自身的河床。有时，河流又会修复河床。因此，侵蚀、沉积会决定河道形状，它可能因侵蚀冲刷而变得笔直，也可能因碎屑堵塞而弯曲或呈辫状。这些携有沉积物的水流最终会冲入停滞的水体，毫无疑问沉积物都会在这里沉降。

河流会侵蚀山谷，产生与气候、地形、岩性相适合的排水系统。每一条河流及其流域形成一个系统，根据地形形成各种排水模式。在基岩裸露的地区，排水模式与底部岩石的岩性、单位岩石的位置和径流接触的脆弱面的空间布局有关。排水模式也受地形起伏和岩石类型影响。它们为一个地区的地质结构提供了重要线索。

河盆是为河流及其支流输送水的全部来源。每一条支流都由更小的支流汇集而成，可小到最细的小沟渠。河水将雨滴冲蚀的松散沉积颗粒带到下游，冲入海洋。然后，侵蚀产物就沉积在洋底，经钙、硅等黏结剂固着后变为砂岩、粉砂岩和泥岩。

河流是传输侵蚀产物的主角，在雕塑地貌方面起着重要作用。风化、下坡运动和水流共同作用，重塑大陆形态。无论山脉的地理位置是否深入内陆，它们终都会被侵蚀，沉入大海。即便是在最干旱的地区，主要的地形特征也是河流侵蚀的塑造结果。河流会将在大陆内陆的高地上侵蚀生成的沉积物带入海洋。在这个过程中，它们凿刻出新地形，包括深沟和风谷。

当一条河流俘获附近的水流时（即所谓的掠夺）它的水流就会增大。这条河流以其他水流为代价而不断扩大，成为了主干河流，因为它的水流更大，能侵蚀更软的岩石，使斜度更大的斜坡下降。因此，它的溯源冲刷速度更快，能将支流切断，将其与其他水流分离后吸纳其水流。

河流冲刷（图122）会使河谷变深、变长、变宽。在河流的源头处，坡度较大，水流较快，水流的下切作用通过溯源冲刷（河流塑造地貌的主要方式）使河谷延展。在下游区域，水流速度和流量都会减小，因而沉积物体积和河岸数量会减少，使得河流能在坡度较小的条件下传输更大的负荷量。

侵蚀作用经蠕变、滑坡和横向切削等过程加宽了河谷。这些侵蚀过程常在河谷不规则转弯处外侧发生，在这些地方谷坡可能被流水切断。因此，河流弯曲面的迁移会加宽河谷。许多河流具有明显的对称弯曲，能均衡分配河流能量，被称为曲流。

河流经由磨蚀和溶解发生侵蚀作用。当河流传输的物质掏蚀河道的侧部和底部时，磨蚀作用就发生了。水流的冲刷和拖曳也会侵蚀、传输物质。大部分溶解在河流中的物质来源于高水位处溢出的地下水。如，石灰石等物质会溶解于弱酸性的河水中。石灰石也会发挥中和作用，将河水的酸性维持在水生生命生存范围内。

图122
蒙大拿州喀斯喀特县泥泞河（Muddy Creek）沿岸严重的河岸侵蚀（照片由T. McCabe拍摄，美国农业部土壤保护局提供）

　　流域盆地的侵蚀率取决于降雨量、蒸发速度和植被覆盖率。河流侵蚀和传输物质的能力主要依赖于水流流速、流量、河流比降以及河道的形状和粗糙度。美国的平均侵蚀率大约为每1,000年2.5英寸（约6.4厘米）。哥伦比亚河盆的侵蚀率最低，为每1,000年1.5英寸（约3.8厘米），科罗拉多河盆地最高，为每1,000年6.5英寸（约16.5厘米）。

　　河谷是中间有河流或溪流穿越的地势较低的地区，两旁皆有称为漫滩的高地。一条狭窄的河谷与河道本身宽度相当，而一条宽广的河谷是河道本身宽度的几倍。流速较快的河流会在区域性隆起地区进行积极的下切侵蚀作用，形成狭窄的河谷，这是发展早期。一些狭窄的河谷会切开减缓河流横向切削作用的阻碍性岩石，在这些地方通常会形成激流或瀑布。

　　当河流在一定高度流动，加宽河谷，而不再快速下切侵蚀时，就到了成熟期。这些情况大部分是在河口附近发生，宽漫滩也在河口形成。曲流是宽河谷的普遍特征，尤其是在河岸都是由易侵蚀的沉积物组成的地区。在冰川期，冰河作用也会使许多河谷变宽将V型河谷变为U型（图123）。

　　河流流速大小取决于河道的粗糙度、形状、曲度以及坡度。一般而言，一条河流的源头坡度为每英里升高几百英尺（1英里≈1.6千米，1英尺≈0.3米），河口坡度为每英里升高几英尺。比如，地势较低的密西西比河，它的坡度低于每英里6英寸。而一般较为陡峭、流速较大的河流，如科罗拉多

图123
科罗拉多州乌雷县南部红山路附近冰川作用形成的U型河谷（照片由L. C. Huff拍摄，美国地质调查局提供）

图124
1921年8月爱达华州佛利蒙县的一个风蚀坑（照片由H.T.Stearns拍摄，美国地质调查局提供）

河，它的坡度为每英里30~60英尺，坡面角度在0.33~0.66度之间。

风力侵蚀

风是影响沙漠地区的沉积物的侵蚀、传输和沉积过程的最重要的活化剂。因为高压系统和地表温度的快速升降，沙漠会产生一些最强烈的风。这些风会形成沙尘暴，进而引发风力侵蚀。它主要在风暴期间消除大量沉积物，形成风蚀盆地。风经常会挖掘出被称为风蚀坑的中空地面（图124），从它们典型的凹陷形状即可识别这些坑。

风力侵蚀会引发风蚀和磨蚀。风蚀是指经风力作用去除沙尘颗粒的过程。它经常发生在沙漠、干枯湖床等干旱区和无植被地区。在尘暴期间，细小土壤颗粒会被吹走，地面会一时变得粗糙。遗留下的沙石会随风翻滚、移动、弹起，直到遇到阻碍物。遇到阻碍物后，沙石会停滞不动堆积成沙丘。

磨蚀是由风驱动的沙石颗粒产生的，它会给悬崖底部造成侵蚀。当巨石或卵石上发生磨蚀时，岩石表面会出现磨蚀坑、刻蚀、沟槽和掏蚀等。在强沙暴期间会出现最大的侵蚀作用，地面上余下的沉积物颗粒通常不会超过两英尺（约0.6米）高。这些磨蚀作用最常发生在围柱和电杆上。

在强风影响下，即在跃移过程中，砂粒在沙漠地面前进（图125）。这些砂粒会腾空，离开地面大概1~2英尺（约0.3~0.6米）。降落时，它们会

图125
跃移过程使得沙石在
沙漠地面前进

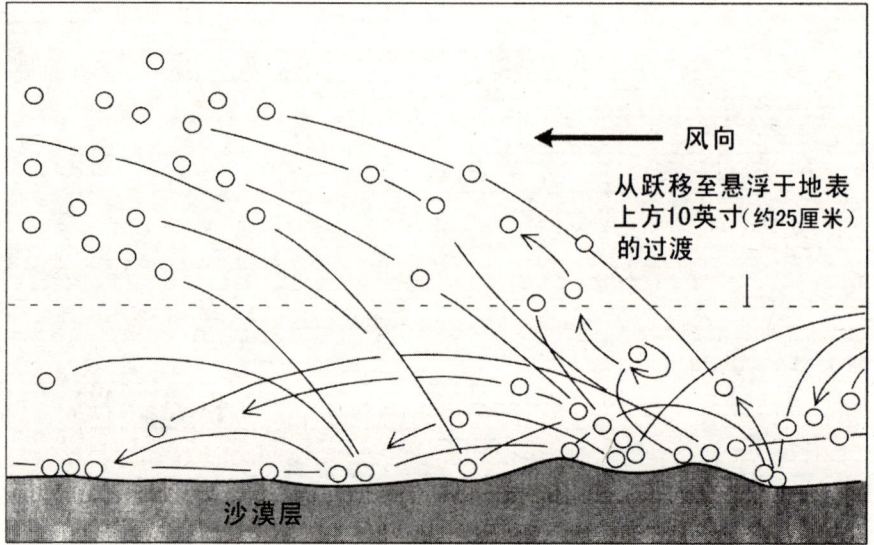

驱动其他砂粒。这样，跃移过程不断重复着。其他运动着的沙石以翻滚和滑动的形式沿地面前行。沙石的不断运动磨蚀了沉积物颗粒，使其产生了磨砂状外表。

　　风力侵蚀通常会将地表的细小物质去除，剩下卵石层以免受到进一步侵蚀。在过去几千年里，沙漠中生成了卵石保护盾。卵石大小不一，小到像豌豆，大到像核桃。这些卵石比较重，即便是沙漠中最猛烈的风也难以吹动。因此，这个沙漠保护盾有助于保住砂粒，形成稳定的地貌。地表任何变化都能产生新的移动沙丘。

　　在沙漠地带经常可以发现拱形结构，它们由岩石构成，下面都没有天然河流经过。岩石对侵蚀作用的抵抗力不同，被侵蚀的速度也会有所区别，如此，就形成了拱形岩石。有部分拱形结构是厚沙石层经风力侵蚀而成的。首先，雨水使得表层的沙石松散，同时风会吹走松散的砂粒，在风力侵蚀作用下不断磨蚀岩石，以类似于喷砂的方式切割这些岩石。

冰川侵蚀

　　近期冰川事件的影响可以从北部地区的景象看出来。大陆冰川和高山冰川产生了各种侵蚀地形和沉积地形。由于形状和沉积类型各异，因而在近期冰河作用地区的环境地质会很复杂。以前在冰川作用下的地区，其地球物质多种多样，因此在建构期间需要特殊考虑。

在冰川期，冰川景象的独特之处在于巨大的冰河从极地地区向下移动，将所经之处的事物——破坏。厚冰盖还会跃上大陆，几乎每一处山顶都有高山冰川生成。在世界的高山地区，仍存在它们遗留下的深度腐蚀的岩石。冰川产生了许多特殊的结构，包括冰斗、地表空穴、冰湖、洪裂地面以及其他冰雪塑刻的地形。

冰川漂砾、冰碛岩、冰碛土等厚实的冰川岩石覆盖了许多北部地区。深埋在旧岩石中的冰川沉积物产生了被称作冰堆丘的细长小丘。来自冰水沉积流的冰川碎屑形成了称作冰河沙堆的长蛇状的沙沉积。成堆的冰河沙堆积成冰碛阜。微细的沉积物落入冰湖的底部形成了纹泥，纹泥清晰的纹路为识别不同的冰川期提供了便利方法。

冰川沉积物覆盖了大部分地区，将旧岩石埋盖在厚厚的冰碛层下。冰川直接形成了由黏土和大小不一的漂砾组成的无分层沉积层。冰碛土是最简单的冰川地形（图126）。它们是冰川携带的石土的堆积物，形成了易于识别的规则的、通常为线型的地貌。

组成大陆核心的基岩呈现出低穹宽型结构（即盾构）。许多冰盾，如覆盖了加拿大东部大部分地区的加拿大冰盾和北欧的芬诺斯坎迪亚冰盾，在上个冰川期经冰盖流作用后完全裸露。然而，这些地区的土壤因冰川侵蚀而变得稀薄，在农业广泛发展后将很快耗尽。

图126
爱达荷州莱姆哈伊县莱姆哈伊山脉西部八里泉上的冰碛（照片由W. C. Alden拍摄，美国地质调查局提供）

地球运动

斜坡是最常见但最不稳定的地形。在合适的条件下，即便是在最平缓的坡面，地面也会发生滑动，地形因此而得以塑造（图127）。所以，在地质时期，斜坡是不稳定的，因此，斜坡必然只是暂时性的地貌特征。斜坡地质以及土壤组成、纹理和结构决定了其塑造力。而孔隙压力和含水量的变化能减弱岩层间的摩擦。斜坡的最大自然倾角，即休止角，是可调节的，因为滑坡会使斜坡回到陡峭的重要状态。因此，沉积物的积累量与因滑坡而流失的量相平衡。

所有地球运动，如滑坡及岩崩、泥流、土流、土地液化、沉积等相关现象都是不断发生的自然事件，它们的危害性在增加，因为人们不断迁入这些现象的易发地带。地球上的土石在不断运动，运动形式包括从土壤和岩石不易察觉的蠕变到灾害性极大的滑坡和高速运动的岩崩，这些通常会造成人员伤亡和财产损失。另外，地震和火山喷发期间，当地下沉积物液化时，就会发生地面破坏现象，严重危害人们的生命和财产。

图127
加利福尼亚州圣贝尼托县圣包蒂斯坦附近的滑坡（照片由 R.D.Brown JR.拍摄，美国地质调查局提供）

图128
1958年3月31日加利福尼亚州洛杉矶县太平洋岩壁地区的太平洋沿海高速公路上的滑坡（照片由J.T.McGill拍摄，美国地质调查局提供）

　　滑坡（图128）是指主要由地震活动、暴风雨所引发的岩石和土壤快速沿坡下滑运动。人口密集地区若发生一次巨型滑坡，就会造成上千万美元的损失。在美国，每年高速公路、建筑物和其他设备的直接损坏以及设备生产性能受影响的间接损失通常超过10亿美元。幸运的是，与世界其他地区不同，美国的滑坡不会造成重大人员伤亡。因为大部分灾难性的山体滑坡通常发生在人口分布稀少的地区。

　　滑坡的主要类型包括降落、倾覆、滑动、扩展和流动。坚实、耐抗性岩层覆盖在软岩层之上，与此相关的滑动被称为岩滑或滑塌（图129）。当土石物质以曲面轨迹下滑时，就形成了耐抗性岩层，同时软岩也会聚集成堆。超覆岩的滑坡称作碎屑滑坡，是威胁人类生命的最危险的山坡运动。

　　美国最具破坏性的滑坡发生在山区，包括阿帕拉契山、落基山和太平洋沿岸的山脉。在加利福尼亚州，滑坡现象较常发生，并造成了相当大的财产损失。连续的暴雨和洪灾也经常破坏山体，引发滑坡，致使房屋毁坏或严重受损。

　　巨型滑坡通常是由地震触发的。影响面积的大小取决于地震震级、地质和地形、地面运动的幅度和时长。1959年8月，在蒙大拿州赫卜根（Heb—

图129
加利福尼亚南部太平洋岩壁地区的房屋地基由于土石材料不稳定、滑塌而损坏（照片由J. T. McGill拍摄，美国地质调查局提供）

gen）湖发生地震期间，一次巨型滑坡在山侧凿开了巨大裂口（图130）。碎屑沿山谷的反方向不断向上堆积，毁坏了麦迪逊河，形成了一个大湖。

地震引起的滑坡通常会引起大面积毁坏。加利福尼亚州圣费尔南多1971年的地震引发了近1,000处滑坡，这些滑坡分布在100平方英里（约260平方千米）以上的边远山区。1976年危地马拉地震在6万平方英里（15万平方千米）范围内引发了约1万处滑坡。在厄瓜多尔的雨季，1987年3月5日那天发生了一场地震，地震震松了泥浆，引起了猛烈的泥石流，掩埋了山区的村落，造成1,000人死亡。

河流、冰川、海浪和洋流的侵蚀作用会破坏斜坡的横向支撑，这也会触发破坏性的滑坡。这些滑坡的发生源于坡面原有的破坏和人类活动，如基坑开挖以及其他建筑作业形式。在雨、雹或雪过大的重量压力下，地面会发生变形。另外，建筑物和其他结构的重量也可能超过坡面的承受范围，致使其受损。

其他常见的滑坡触发机制包括切断坡面联系的爆炸，斜坡超载而无法承受新重量，斜坡基底被切割，沉积物被雨或融雪浸没。水会增加斜坡的重量，减少覆岩的内部凝聚力。然而，水的润滑作用有限，当土壤颗粒间的孔隙填满水时，岩石和土壤间就无法凝聚。

土壤密度的细微区别决定了滑坡是快速运动，还是缓慢向山下滑塌。额外的水会使突发的滑坡加速。随着土石崩塌，土壤颗粒间的孔隙内的水压会增加。这减少了颗粒间的摩擦，触发了滑坡。如果土壤密度增加，颗粒需要相互分离后才能滑过，孔隙因而会增大。那么土壤孔隙内的水压就会下降，摩擦则会增加，滑坡就转变为滑塌。

雪崩（图131）是冰雪滑坡，起初压实的雪停留在松软积雪的陡面上。1995年1月16日，印度北部喀什米尔的喜马拉雅山发生了雪暴，上百个人被困在单行高速公路上，他们舍弃了汽车和公车，躲在一条长1.5英里（约2.4千米）的隧道里。在毫无警告的情况下，这场雪崩埋没了该地区所有事物。

图130
1959年8月发生在蒙大拿州麦迪逊县的峡谷滑坡（照片由J. R. Stacy拍摄，美国地质调查局提供）

图131

1964年3月27日在阿拉斯加州Cook Inlet地区亚克雷奇区，雪崩穿过公路和高速公路（照片由美国地质调查局提供）

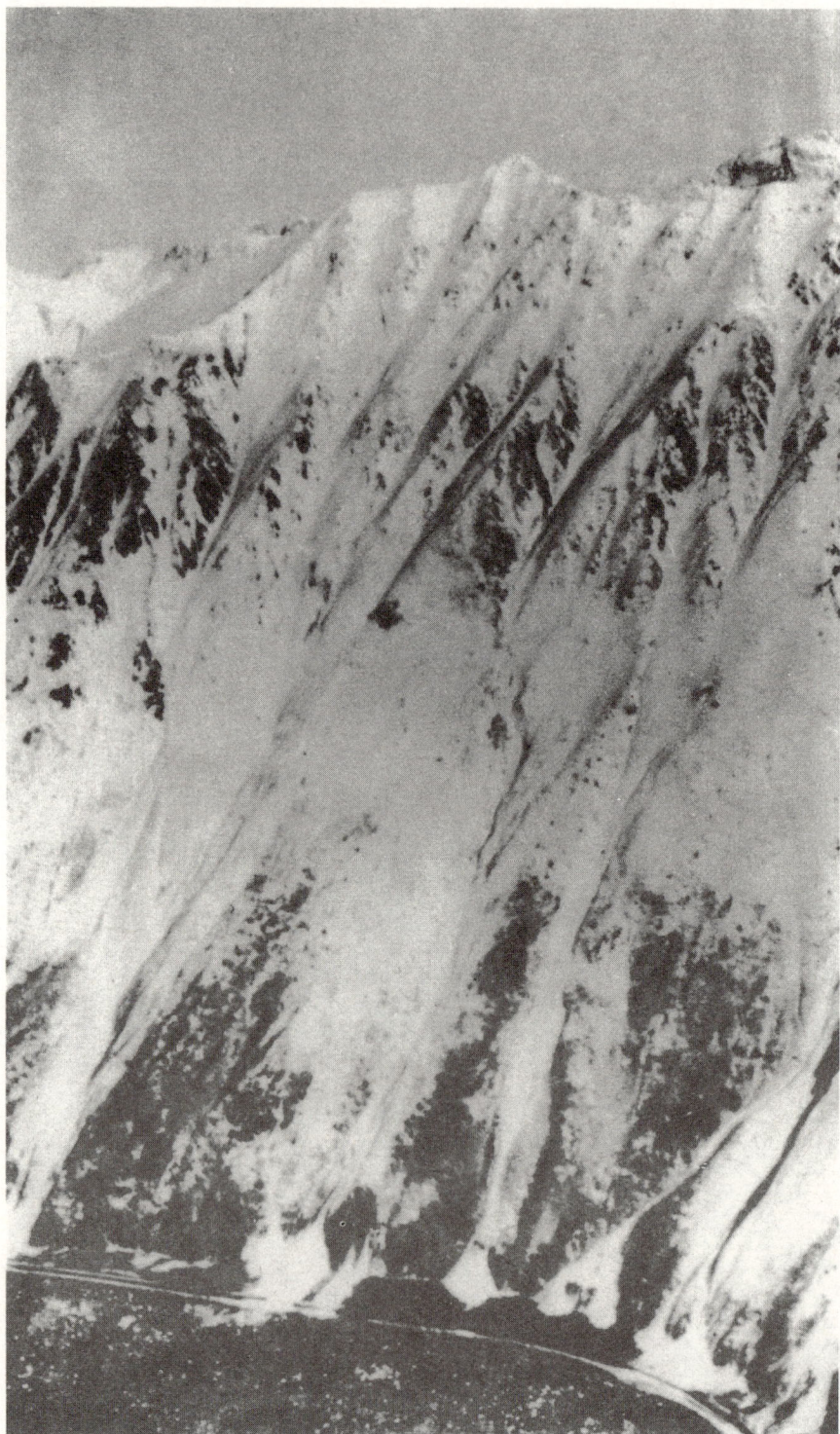

在隧道被上千吨雪完全封锁前，一些人成功离开了。几天之后，村民们拿着铲，开着推土机将雪墙凿开，却发现隧道里满是冻僵的尸体。

岩崩或土崩是指物质从接近垂直的山面以自由落体形式降落的现象。它们对山区的高速公路危害极大，尤其在暴雨之后（图132）。岩崩的规模各不相同，有岩块从山坡上跃落的情况，也有重达成千上万吨的巨石直接从山坡坠落的情况。通常岩块会停在悬崖角，形成结构松散的角状岩石堆，称为岩屑堆。

如果大岩块掉入水域，如湖泊或峡湾，就会产生巨大的破坏性的波浪。1958年阿拉斯加地震触发了大型岩崩，岩石落入立图亚湾，在山边产生了高达1，700英尺（约518米）的巨浪。当巨浪淹没海岸时，树木像火柴棒一样倾倒。大型的海岸滑坡也能产生极具破坏性的海啸。挪威尤其惧怕这种灾害，因为那里的小三角洲可能是唯一在海平面以上的平地。岩崩产生的海浪高度可达20~300英尺（约6~90米），当它们涌向当地村庄时会造成巨大损失。

岩崩是极具破坏力的大型地球运动。岩崩发生时，大型岩层在降落过程中碎裂，会有百万吨岩石产生。这些土石如同流体一样运动，在地表分散开，经常向上流动一段距离达到山谷的另一侧。当薄弱区域（如层理面或接合处）与坡面平行时，尤其当侵蚀发生作用时，岩崩最有可能发生。

图132
1973年5月8日，发生在科罗拉多州杰弗逊县70号州际公路的岩崩（照片由W.R.Hansen拍摄，美国地质调查局提供）

1996年7月10日，加利福尼亚州约塞米蒂国家公园的冰川点东南部发生了岩崩，悬崖上崩离出16万吨花岗岩，这些岩石跃起了2,000英尺（约600米），以每小时160英里（约257千米/小时）以上的速度前进。房屋大小的巨石从崖面弹下，翻滚到约塞米蒂山谷底部。此次滑坡产生了像飓风一样的空气冲击波，削平了2,000多棵数木，有些只留下光秃秃的树干。同样的，1872年的一场地震也引发了一场岩崩，中间产生的空气冲击波将一间房屋从地基上推离到几英寸（1英尺≈2.54厘米）之外。

这种空气冲击波是一种人们了解较少的岩崩次生灾害。它的效果就像书本平行掉落到地面一样，会按挤出下面的空气。显然，坠落的大型岩石必须保持长时间完整才能将空气排出。地质学家可能需要将空气冲击波的危害考虑在内，重新划分约塞米蒂及其他山区的地图上标出的危险区。

最大的破坏性最强的滑坡也会在海洋中发生。洋底沉积物会沿着陡峭的海岸不断翻滚，把洋底搅成泥沼。1964年阿拉斯加古德弗莱德（Good Friday）地震期间，海底滑坡冲走了惠蒂尔、瓦尔德斯和西沃德等地的大部分港口设施（图133）。海底流动滑坡能产生巨大的海啸，淹没海岸部分地区。比如，1929年，纽芬兰海岸发生了一场地震，引发了一场海下滑坡，进

图133
西沃德地区在1964年3月27日阿拉斯加地震引发的海底滑坡中被毁坏的铁路系统和仓库（照片由美国地质调查局提供）

而触发了海啸，造成27人死亡。在1992年7月3日，一场疑似海下滑坡掀起25英里（约40千米）宽、18英尺（约5.5米）高的大浪，海浪冲向佛罗里达州代托纳海滩，将汽车掀翻，造成75人受伤。

1998年7月17日，高50英尺（约15米）的三个连续巨浪卷走了巴布新几内亚的2，200位居民。起初人们将这场灾难归因于附近7.1级的海下地震，但它的震级远远不能掀起如此之高的大浪。沿海的海洋调查中收集的证据表明，海底滑坡或海底沉积物滑塌才能产生这种巨浪。大陆斜坡产生了厚实的沉积层，它会在快速滑坡或缓慢滑塌中滑落。洋底的证据表明，伴有滑坡的中级地震也能引发大型海啸。这个现象说明滑坡的危害性比预想的大。

海岸滑坡在大陆斜坡上塑造了海底深谷。滑坡产生的水流携有沉积物，比周围的海水密度大，因而沉积物能较顺畅地沿洋底移动。这些浑水，称为浊流，能沿平缓坡面向下移动，运输大量的大型岩块。浊流也是由河流径流、沿海风暴或其他水流开始的。它们存储了大量沉积物，形成大陆斜坡和平滑洋底。

大陆斜坡的斜度为60°～70°，可向下延展几千英尺（1英尺≈0.3米）。大陆架边缘的沉积物因重力作用而沿大陆斜坡滑下。大量沉积物因重力滑动而沿大陆斜坡呈瀑布状落下，这些沉积物能够凿出陡峭的海底峡谷，存储大量沉积物。海岸滑坡通常与陆上滑坡一样极具破坏性，能在几小时内使大量沉积物沿坡移动。

夏威夷本岛底部附近的深层沉积物位于地球上最大的滑坡之列。在夏威夷东南海岸，基拉韦厄火山南侧，约有1，200立方英里（约5，000立方千米）的岩石以每年4英寸（约10厘米）以上的速度向海洋滑塌（图134）。这是地球上以此种方式运动的最大的物体。火山下6英里（约10千米）处有一个接近水平的断层，它以每年10英寸（约25厘米）的速度滑动，是世界上移动最快的断层。这样的滑动最终会发生一些破坏，其后果远远超过火山喷发的后果。

巨大的火山片体已经脱离夏威夷群岛，滑入洋底，有时会产生冲击海岸的高耸的海啸。在考艾岛，一座火山形成了岛屿西部，而后在一场大型滑坡中火山崩塌了。不久之后，在原来的地方出现了新火山，而后也崩塌了。这些大型滑坡的盛行生成了岛屿周边的洋底。

夏威夷火山引发的最大型的海底滑坡的体积约为1，000立方英里（约4，167立方千米），从它的发生地向外扩散了近125英里（约200千米）。瓦

图134
夏威夷基拉韦厄火山南侧大型滑坡块体沉积产生的阶梯地形（照片由美国地质调查局和夏威夷火山观测局提供）

胡岛崩塌生成的碎屑在深海洋底穿越了150英里（约241千米），形成了滔滔巨浪。当大约10万年前冒纳罗亚部分崩塌，坠入海洋时，产生了高120英尺（约37米）的海啸，这不仅是夏威夷的灾难，还可能给加利福尼亚沿岸带来损失。

地面破坏

在地震和强烈的火山喷发所引发的地面震动期间，液化会使富含水的地下沉积层发生地面破坏。通常，沉积时间越短，沉积物越松，水位越低，那么土壤越容易液化。当地震发生时，渗透性较弱的地表下的固体饱和砂（即富水砂层）在超静水压力的作用下发生液化，转变为加压液体喷出地表，从而形成砂沸（图135）。砂沸通常会引发局部洪灾和大量沉积。

与液化相关的地面破坏包括横向扩展、流体滑坡和承载力的缺失。横向扩展是地震期间表层下层土壤液化引起的缓坡上大型土壤块的水平运动。横向扩展的水平距离可达10英尺（约3米）及以上。然而，在坡度尤其适当，地震时间较长的地区，地面运动可能会延长几倍。横向扩展通常会发生内部断裂，形成许多裂隙和陡坎。

液化作用产生的灾害性最大的地面破坏是流动滑坡，包括液化土壤或液化土壤层上的完整的岩石块滑坡。然而，在特定地质条件下，它们会以每小时几十英里的速度前行。流动滑坡通常会在陡坡上形成松散的水饱和的沙石或泥沙。流动滑坡在陆地上和海洋下都会发生。

当受到地震影响时，大部分黏土会失去凝聚力，形成黏性流体。如果凝聚力流失过多，一些称为流黏土的黏土会大量落下。流黏土主要由片状黏土矿物组成，分成许多薄层，含水量通常会超过50%。流黏土一般呈固态，能承载每平方英尺1吨以上的地表土壤。然而，地震的轻微震动就能使它成为流体。

在1964年的阿拉斯加地震中，由于对地面运动反应敏锐的黏土大量落下，致使五次大型滑坡袭击了安克雷奇的部分地区（图136）。当30个城市街区下面光滑的黏土基质滑下海洋时，许多房屋遭到破坏。这些滑动产生原因是，流黏土以及其他由水饱和的泥沙组成的地层的滑塌。由于地震的严重影响，黏土层失去了凝聚力，同时沙层和泥沙层也会发生液化。

当支撑建筑物或其他结构的土壤发生液化，失去承受力时，土壤内会发生大变形，引起结构下陷或沉降（图137）。建筑物下面液化的土壤会改变普通的地下地理构造。这会产生滑塌和沉降，引起建筑物倾斜。通常情况下，这些变形发生的原因是建筑物下方的黏性较差的饱和砂层或淤泥层在近地表下陷，且下陷区与建筑物宽度相等。这种土地破坏的最突出的实例发生于1964年6月16日的日本新潟，当时，几座四层高的公寓倾斜了近

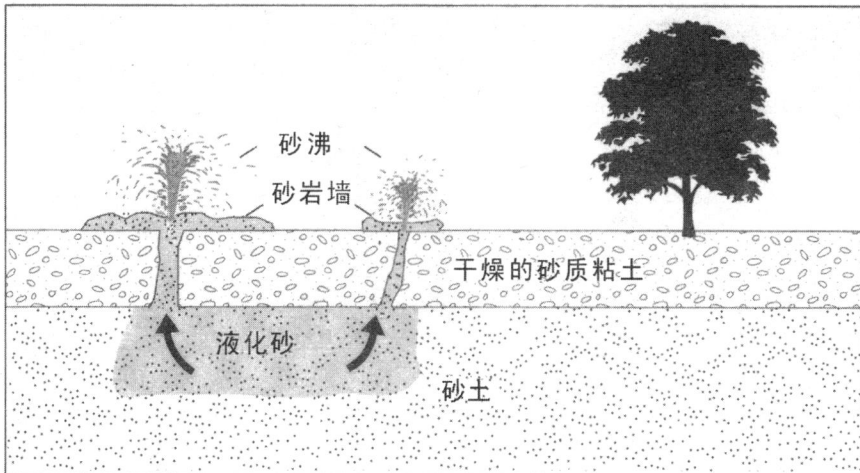

图135
砂沸是地震期间液化受压带的水和沉积物的泉涌

图136
1964年3月27日，阿拉斯加地震引起的一处滑坡造成安克雷奇第四大道的崩塌（照片由美国地质调查局提供）

60°（图138）。为防止土地破坏的再次发生，不久之后有关方面就扶正了这些公寓，并在房屋下打桩。

地震经常会触发土体滑坡，这些土料胶结性弱、颗粒小，会形成陡峭、稳定的坡面。陡坡上的土壤会突然变为沉积物流，以每小时30英里（约48千米/小时）以上的速度快速下滑。沉降过程中土壤内部的孔隙水压会增加，泥土和岩石会掉落。随着水位上升，空隙压力的增加，顶层土壤层与坡面间的摩擦力下降，从而，土壤会因重力作用而掉落。

土壤的缓慢向下运动称为蠕动（图139），可以通过山上的杆、围柱和树的下倾进行识别。在蠕动过程中，近地表的土料比下层的沉积物运动得快，在冰冻作用突出的地区更快。在冰冻——消融过程之后，由于地面的扩张和收缩，土料会做下坡运动。在这些坡面不稳定的情况下，树木无法扎根。只有草灌才能在山坡上生长。如果蠕动速度放慢，树干会向山下倾斜，同时新枝会试图直立生长。如果蠕动过程持续不停，树木仍会向下倾斜生长，逐渐伸直、长高。

图137
1989年10月17日，加利福尼亚州洛马普雷塔地震期间，在斯特鲁维斯劳（Struve Slough）的高速公路1号桥因河流沉积物的液化而遭到毁坏（照片由G. Plafker拍摄，美国地质调查局提供）

如果含水量增加，坡面承载的重量会增加，山坡的稳定性会降低，而土石晶粒的聚合力会减少，那么就会发生土流（图140）。土流是一种更为明显的土石运动，较常发生在矮草和土壤覆盖的山地。尽管一般情况下只是小

图138
1964年新潟地震期间，土壤层由于下层沉积物液化失去承载力，房屋大片倒塌（照片由美国地质调查局提供）

图139

1907年加拿大尤肯地区煤溪边尤肯河的一条支流的滑坡蠕动（照片由W. W. Atwood拍摄，美国地质调查局提供）

特征，但土流能变大，覆盖几英亩的地面（1英亩≈0.4公顷）。它们通常具有匙状滑动面，滑动面上的覆岩会发生断裂并流动一小段距离，从而在裂开的滑坡处形成弯曲的断崖。

会随着含水量的变化膨胀或收缩的沉积物被称为膨胀土。在所有的地质灾害中，膨胀土造成的年财产损失最大。火山岩和沉积岩分解为黏土料（会形成高度不稳定的山坡）的过程会产生膨胀土的原材料。太平洋海岸、落基山地区、盆岭省、大平原、港湾平原和密西西比河河谷的地质地层中含有丰富的膨胀土。建于膨胀土上的建筑物和其他结构的毁坏每年都要耗费美国几十亿美元。

山区的大径流形成了快速流动的水流，携走大量松散物质，造成破坏性相当大的泥流（图141）。洪水汇成河流，在水流通道中会突然积聚泥料。干旱的河床马上变得洪流汹涌，这些山洪快速冲向山下，且通常会有陡峭、类墙的前锋。泥流是一种粘性流体，还会经常带有滚石和巨砾。当暴雨降落在火山坡松散的火山碎屑上时也会产生泥流。

在人类活动引起的地质活动中最普遍的是过度开采地下水造成的地面下沉。沉降是地区或广泛区域内的无明显水平运动的地表下沉或坍塌。这大部分是由地下水开采或地震震波引起的。美国国内的地震引发的沉降大部分发生在加利福尼亚、夏威夷和阿拉斯加。这些沉降是断层垂直错位的结果，会影响广泛地区。

人们不断大量开采地下水和石油，使沉降问题不断恶化。由于大量地下水的开采，世界上许多地区在持续下沉。一般，水位下降20～30英尺（6～9米），地面大约会下沉1英尺（约0.3米）。地下水填充了晶间间距，支撑着泥沙颗粒。那么，大量地下水的消失将导致颗粒支撑的消失、晶间空间填充物的减少和黏土的压实作用，这会引起地表下沉和大面积的地下压实作用。

地下水开采引起的沉降会产生地面裂缝或地面裂口。沉降也会引起断层带地区新的地表运动。地下水开采造成的地表开裂和断层是一个新问题，内华达州拉斯维加斯附近以及加利福尼亚州、亚利桑那州、新墨西哥州和德克萨斯州的干旱地区都面临着这个问题。

最严重的沉降问题发生在德克萨斯州的墨西哥湾海岸、加利福尼亚州和亚利桑那州。为发展农业频繁抽取地下水的行为已经导致加利福尼亚州圣华金谷的大部分地区发生沉降。干旱地区非常依赖地下水，因此它从地下抽运的井水占了美国井水抽运的1/5。该地区地表下沉的速度已经达到每年1英尺（0.3米）以上。在山谷的北部，沉降已经造成地表低于海平面10英尺（约

图140
华盛顿州斯伯肯港区近期滑坡造成的旧坍塌和土流（照片由F.O.Jones拍摄，美国地质调查局提供）

181

30米），需要建筑护堤防洪。在地震或大风暴期间，某些沉降的沿海地区遭遇洪水的危险性也会增加。

当沉积物中含水量增加时，也会发生重大沉降。美国西部确实存在这个情况，该地区干旱，需要进行较多的农业灌溉。这里的地表平均下降了3～6英尺（约1～1.8米），在某些极端例子中有下降达15英尺（约4.6米）的情况。当大面积的干旱表面或地表沉积物自上个冰川期形成以来首次润湿时，就会发生沉降，因为润湿作用会引起填充晶间缝隙并使得在缝隙间运动的沉积颗粒间的聚合力减少。此外，压实作用会使地面变得不平整，产生凹陷、裂口和波纹地面。在其他时候，地表会缓慢地不规则地下陷。

废弃的地下煤矿的坍塌，尤其是美国东部地区的废弃煤矿，经常造成矿井上的岩层缺乏足够的支撑，形成坑和地表凹陷。现场煤气化和页岩干馏也会造成上层土地沉降。水溶采矿通过将大量水充入地下的方式开采盐、石膏和钾等可溶性矿物，这样的开采方式会挖掘巨大的地下洞穴，这些洞穴会坍塌引起地表沉降。若这种采矿方式在城镇地下进行，地面建筑物会严重受损或毁坏。

石灰岩溶洞上层的土地坍塌形成深100英尺（约30米）以上，宽几百英

图141
1953年2月2日内斯皮勒姆河——华盛顿州奥卡诺根县奥马卡湖河谷区——的一次大型泥流（照片由F. O. Jones拍摄，美国地质调查局提供）

图142
佛罗里达州巴顿一间
房屋下长520英尺（约
160米）、宽125英尺
（约38米）、高60英
尺（约18米）的陷穴
（照片由美国地质调
查局提供）

尺的陷穴。这些沉降会给可溶性矿物溶解后形成的窖坑上的建筑物和其他结构带来巨大损害。世界上大部分地区的地下都有石灰石和其他可溶性矿物。当地下水渗入到这些地层，它会溶解石灰岩，形成空洞或溶洞。

　　1967年5月22日发生在佛罗里达州的巴顿地面塌陷是最严重的塌陷实例之一，当时在一幢房屋下突然出现了长520英尺（约160米）、宽125英尺（约38米）的陷穴（图142）。1995年12月12日在加利福尼亚州，暴雨和下水道破裂形成了深达10层楼的陷穴，吞没了一栋价值百万美元的房屋，并对其他数十幢房屋产生威胁。尽管陷穴形成是自然现象，但是地下水的开采或者将废水排放到地下的行为会加速这个进程。

　　永久冻土区也会发生严重的沉降情况。泥流作用就是渍水沉积物的缓慢下滑运动，在寒冷气候下它会引起地面破坏。在温带的春天或冻土地区的夏天，冻土会自上往下消融，引起冻土基上的土壤沿坡下滑。泥流作用会产生许多建筑问题，尤其在冻土地区。因此冻土地区的地基必须延伸到永久冻层，否则整个建筑物可能会被带走。

　　在讨论了侵蚀、滑坡及其相关现象和地面坍塌后，下一章将探讨沙漠地区的地质灾害。

8

沙漠化
沙漠和旱灾

　　本章讲述旱灾、沙漠化和沙漠迁移对环境的影响。旱灾是指天气异常干燥的时期，是由世界范围内降雨格局的改变引起的。在旱灾期间可能会长时间缺水，导致农作物减产（图143）。全球气候变暖将可能加快旱灾发生的频率，增大旱灾的严重程度，大陆内部地区偶然发生的旱灾可能会使该地区变成永久的干燥荒地。

　　季节性降雨给全世界1/2的人口提供了维持生命的水源，但在全球不断变暖的时期，其降雨量可能大量减少。不断变化的气候，可能使曾经富饶的

图143
在1986年夏天，美国南部的玉米穗由于严重的旱灾而不能成熟（照片由琼·达维德克拍摄，由美国农业部提供）。

农田变为沙漠，从而限制了世界人民养活自身的能力。而且沙漠和干燥地的暴风将产生强大的尘暴，导致严重的水土流失和大片沙丘的迁移。

世界沙漠

地球上约有1/3的陆地面积（约两亿平方英里，相当于5亿平方千米）是沙漠（图144和表13）。干燥地是指那些最炎热、最干燥的地区。沙漠荒地仅在特定的季节有少量的降雨，而且某些地区可能长年没有降雨。只有最耐旱的动植物，因具有非常特殊的适应性才能耐受这些干燥环境。通常，当雨水降临时，大暴雨会引发严重的暴洪，冲走大量的沉积物和碎屑。巨大的沙暴和尘暴在沙漠地区的盛行，也是形成干旱地的主要原因。

世界上绝大多数的沙漠位于亚热带地区，即南北半球纬度在15°~40°之间的宽广地带。热带地区的强降雨几乎没有给亚热带地区剩下任何湿度，那里的干燥空气冷却并下沉。由此产生了半持久的高压地带，由于它会阻止前进的天气系统进入该地区，因此被人们称为＂阻塞高压＂。山脉也会阻止天气系统前进，上升的云层在山脊的迎风面产生降雨，而在背风面或者山的背面因缺少降雨导致雨水匮乏，这种现象称为＂降雨阴影区＂（图145）。它导致了美国西南部等地沙漠的形成。从太平洋吹来的潮湿的风在内华达山脉和加利福尼亚的其他山脉上升的过程中被冷却并沉降，使向东的地区炎热并干燥。

图144
世界沙漠分布

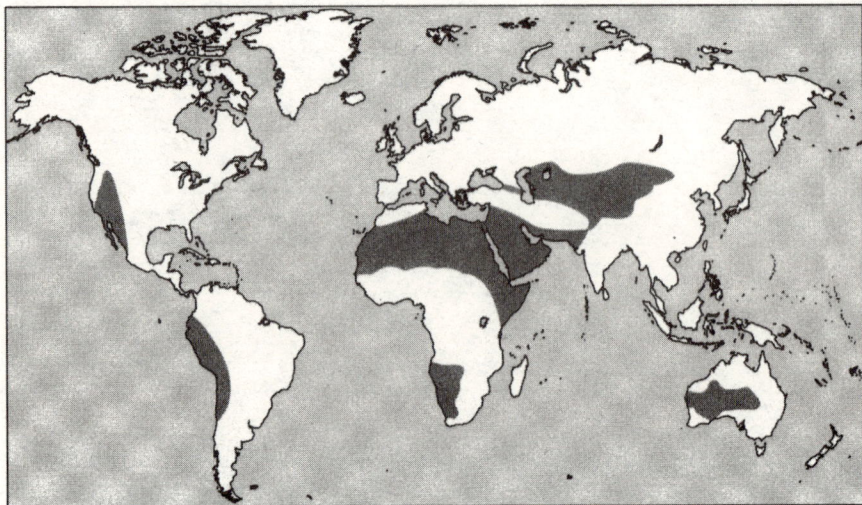

图145
降雨阴影区产生在山脊的背风面，引起世界很多地区沙漠化

降雨阴影区

上升气流

　　沙漠是最贫瘠的环境，缺少重要的动物和植物。非洲北部可怕的撒哈拉沙漠和澳大利亚中心沙漠是世界上人口密度最小的地带。沙漠边界内的旱地覆盖了世界1/4的陆地，居住着世界15%的人口。

　　沙漠也是最富有变化的陆地。沙子随风飞扬，沙丘移动，沙漠无时无刻不在变化着。沙漠中盛行的巨大沙尘暴是形成干旱地的罪魁祸首。强大的沙暴携带着数吨的沉积物，阻挡了天空。在风的作用下，移动的沙丘穿过沙漠，吞没沿途的一切事物。沿海沙漠是相当特殊的，因为它是海洋与沙漠尘沙的相接之处。在非洲纳米比亚沿岸的纳米比沙漠是世界上最大的沿海沙漠。它的线性沙丘是世界上最高的沙丘，高达500英尺（约150米），甚至在运行的太空船中也清晰可见（图146）。

　　沙漠尘沙的颜色通常较浅，因此有高的反照率，即物体反射太阳光的能力较强。沙子在白天会吸收热量，因为温度常超过65℃，所以表层通常会被烧焦。然而，在夜晚天空通常比较清澈，沙漠地区处于最低温度环境中。即使是在夏季，虽然白天的温度不断上升，沙漠的气温仍可以在夜晚降到接近冰点。因此，沙漠具有最大的温差。

　　通常沙漠每年的平均降雨量少于10英尺（约3米）。全年的蒸发通常超过降雨。在世界范围内的沙漠荒芜地带，只有在特定的季节才会有少量降雨。一些地区，例如埃及西部沙漠，已经数年无雨。因为环境恶劣，沙漠地区因无法提供人工水源而无法支持大量人口生存。

　　当雨水降落到沙漠中时，通常是猛烈且集中，易引发严重的暴洪。典型

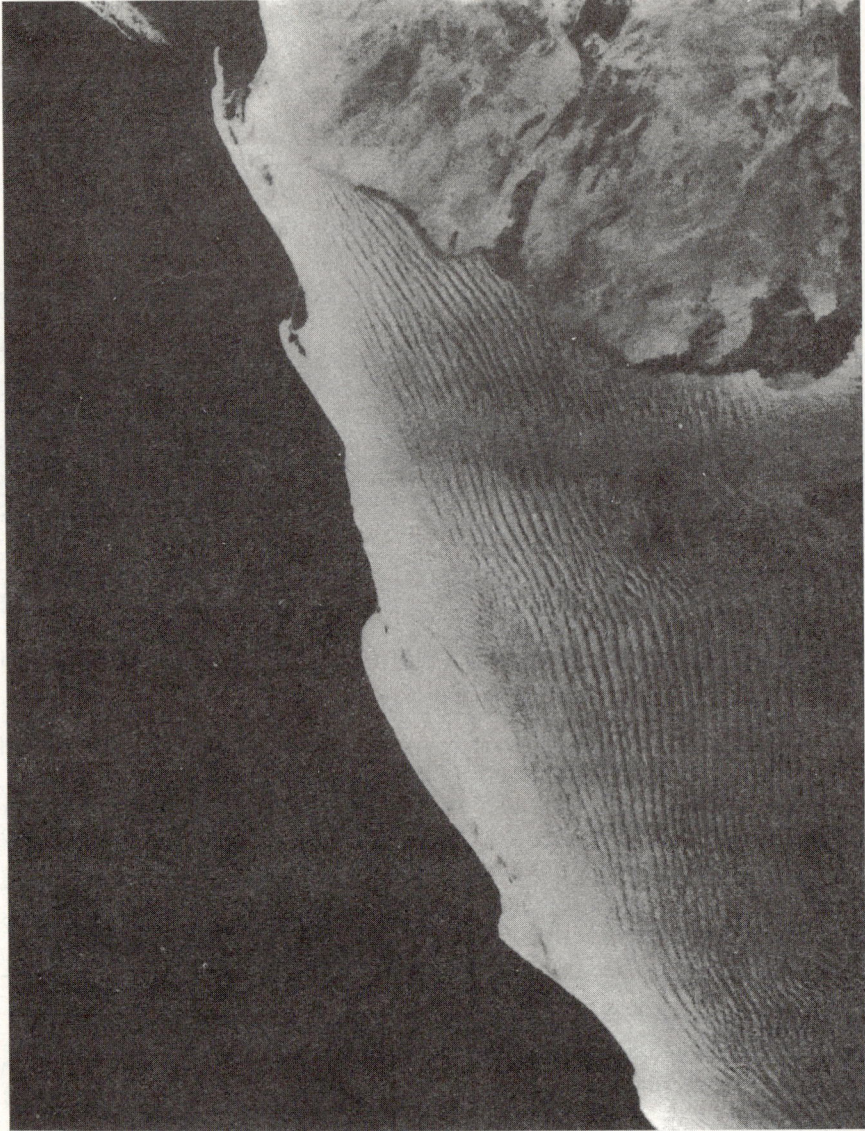

的沙漠降雨是短暂的倾盆大雨，它可以淹没数英里（1英里≈1.6千米）的土地，大雨过后仍留下炎热干燥的土地。当洪水向前推进，洪水波流过沙漠时，旱谷的水位快速上升，并以同样的速度下降。最终，洪水可能流入浅湖，之后再蒸发变干，也可能渗入干燥的陆地。之后数月，甚至数年，可能将没有任何降雨。

沙漠里生存着世界上最耐旱的物种，包括那些种子可以耐受50年干旱的

表13 世界上的大沙漠

沙漠	位置	类型	面积 (1000平方英里)
撒哈拉沙漠	非洲北部	热带沙漠	3,500
澳大利亚沙漠	西部/内陆	热带沙漠	1,300
阿拉伯沙漠	阿拉伯半岛	热带沙漠	1,000
土耳其斯坦沙漠	亚洲中部	大陆沙漠	750
北美沙漠	美国西南部/墨西哥北	大陆沙漠	500
巴塔哥尼亚沙漠	阿根廷	大陆沙漠	260
塔尔沙漠	印度/巴基斯坦	热带沙漠	230
喀拉哈里沙漠	非洲西南部	沿海沙漠	220
戈壁沙漠	蒙古/中国	大陆沙漠	200
塔克拉玛干沙漠	中古新疆	大陆沙漠	200
伊朗沙漠	伊朗/阿富汗	热带沙漠	150
阿塔卡马沙漠	秘鲁/智利	沿海沙漠	140

(1平方英里=2.59平方千米)

植物和可以在一生中不饮用一滴水的啮齿动物。它们仅利用自身新陈代谢所产生的水来生存。动植物利用各种各样的适应能力而在沙漠环境中得以生存。在最炎热的季节，它们通常是依靠之前所保持的水，并减少活动来维持生命。

巨大的树形仙人掌（图147），在墨西哥北部和美国南部的索诺拉沙漠非常常见，它将水储存于它的树干中。其他植物则直接从空气中汲取湿气，例如早晨的露水。在一天中最热的时候，很多动物撤退到地下洞穴中，洞穴与地面存在明显的温差。即使只是地面以下数英尺的地方，温度也会下降好几度。动物栖息在小灌木丛中，以利用那里相对较凉爽的环境。在短期的雨水季节，水生动物（例如鱼和两栖类）必须在池塘干涸之前快速排卵，然后穿进底部淤泥中休眠，一直到另一场雨水降临。澳大利亚沙漠青蛙在暴饮水之后就进入3英尺（约1米）以下的洞穴里，最后在那里休眠数月。在下个雨季到来时，这些动物复活，卵开始孵化，之后重新开始一个循环。

肺鱼生存在非洲的沼泽地，那些沼泽地在雨水来临之前，会季节性地干涸很长的时间。在干涸期，它们穿入潮湿的泥土中，仅留一个与地表相通的空气孔，使自己处于休眠状态，利用肺进行简单呼吸。因此，他们可以数月甚至整整一年的时间在没有水的情况下生存。当雨季再次来临，池塘重新被水填满之后，肺鱼复苏，然后利用腮进行正常呼吸。

在纳米比亚沙漠中生存着一种小虾，它们所排的卵可以休眠20年，甚至更长时间。当稀有的雨水填满浅而干燥的盆地时，它们立刻变得充满生机。因为池塘会再次干涸龟裂，所以这些小虾必须在炎热的太阳将水蒸发之前产卵。

地球上最无生机的沙漠位于南极洲。在那里干涸的山谷（图148）中仅存在着极少的生命迹象，如小冰湖底部的蓝绿藻、土壤细菌和巨大的无翼苍蝇。南极洲仅存在两种开花植物，这两种植物最近大量繁殖，很可能是得力于不断变暖的气候。如果精致的苔藓和地衣被破坏，它们需要花一个世纪的时间才能恢复。人们在极地某小地区的地下岩石中发现了地衣，这使科学家开始思索这种相似的生命体可能也存在于火星上，因为火星上的寒冷地带与冰冻的南极洲大陆存在很多相似性。

图147
美国亚利桑那州索诺拉沙漠的树形仙人掌和其他沙漠植被（照片由W.T.李拍摄，由美国地质勘探局提供）

图148
在南极洲干燥的山谷和山脉（照片由F.R. Bair拍摄，由美国海军提供）

干旱地区

干旱现象在世界范围内相当普遍。但贫富差距的不断增大，人口的不断增长以及土地的滥用，使旱灾的影响逐步恶化。土地使用的变化改变了水圈，导致永久的降雨减少和土壤湿度减少。在严重的干旱期，不仅仅人类大量死亡，家畜大量死亡，而且粮食产量也会降低。然而，仍没有明确的证据表明干旱是气候的变化导致的。相反，由于贫困、环境破坏和快速的人口增长使自然灾害的影响更加恶化。

原始的耕种技术毁坏了土地，导致农作物严重减产。在不断增长的食品产量的压力下，正常的休耕地被迫投入生产，导致土壤快速耗竭。很多贫穷的农民负担不起化学花费。而那些曾经用于肥沃土壤的动物的粪，被用于代替燃料燃烧。因为森林被砍伐，木材供应已经减少。而且，森林砍伐导致土壤失去保持水分的功能，因此产量减少，抗干旱能力降低。由于导致农业危机的根本原因在于不断增加的人口、水土流失和土壤沙漠化，因此，饥荒渐渐变为一种人为灾难。

撒哈拉沙漠（图149）面积3,500万平方英里（5,600万平方千米），相当于美国的国土面积，是地球上最大的干旱地。撒哈拉沙漠还在不断扩张，无情地吞没相连的土地。非洲中部已经因撒哈拉沙漠的侵蚀而损失了

图149

位于北非阿尔及利亚国的撒哈拉沙漠北部的线性沙丘，形成新月形的起皱（照片由E.D.McKee拍摄，由美国地质勘探局和国家航空和宇宙航行局提供）

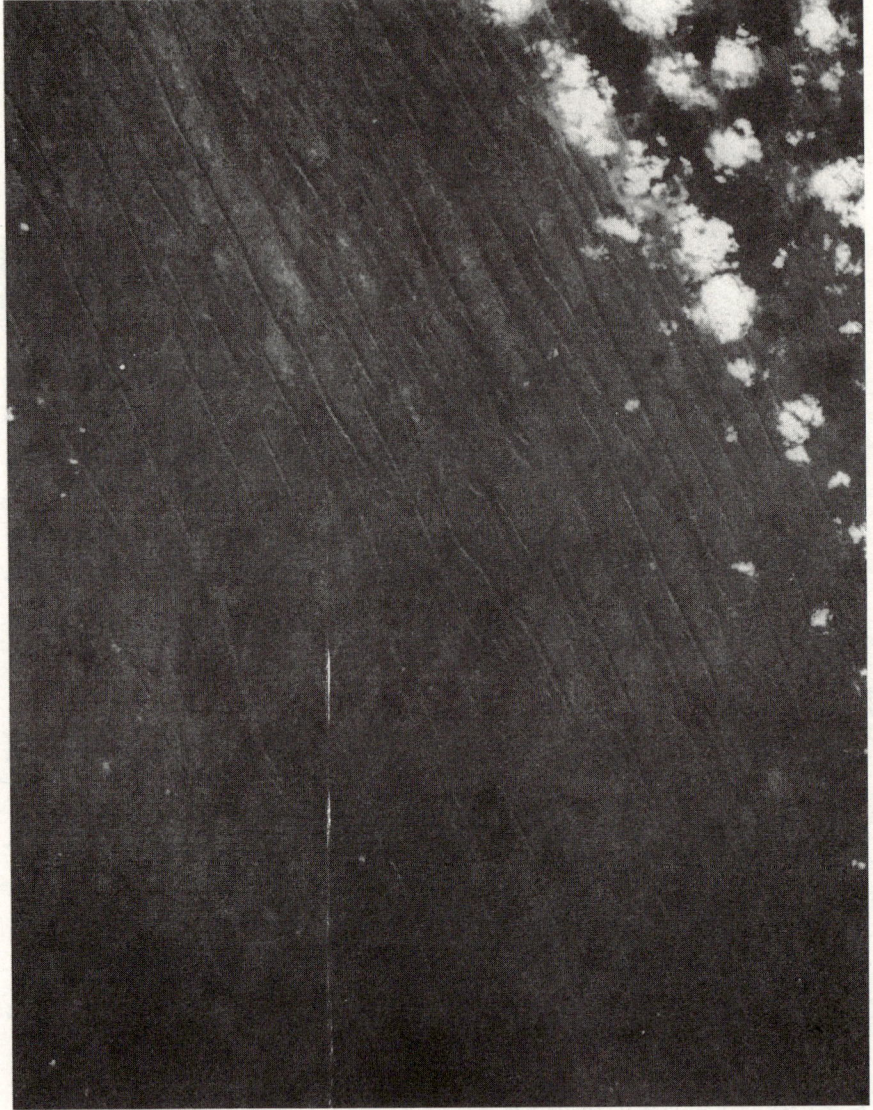

大量的牧场，仅在1980年到1990年间，沙漠向南蔓延了80英里（约129千米）。撒哈拉南部的萨赫勒地区（图150）是一个巨大的干旱地带，它在非洲大陆蔓延，土地正在干燥枯竭，居民正在忍受饥饿。

更加令人担忧的是，萨赫勒地区的沙漠化速度正不断加快。沙漠化过程开始于一千年以前，那时萨赫勒地区仅居住着少数的游牧人群，如牧人和猎人。他们砍伐树木，并放火以改进放牧，使热带森林变为草原。19世纪的殖民时期中断了人们的游牧生活，迫使萨赫勒地区人们建设村庄并开

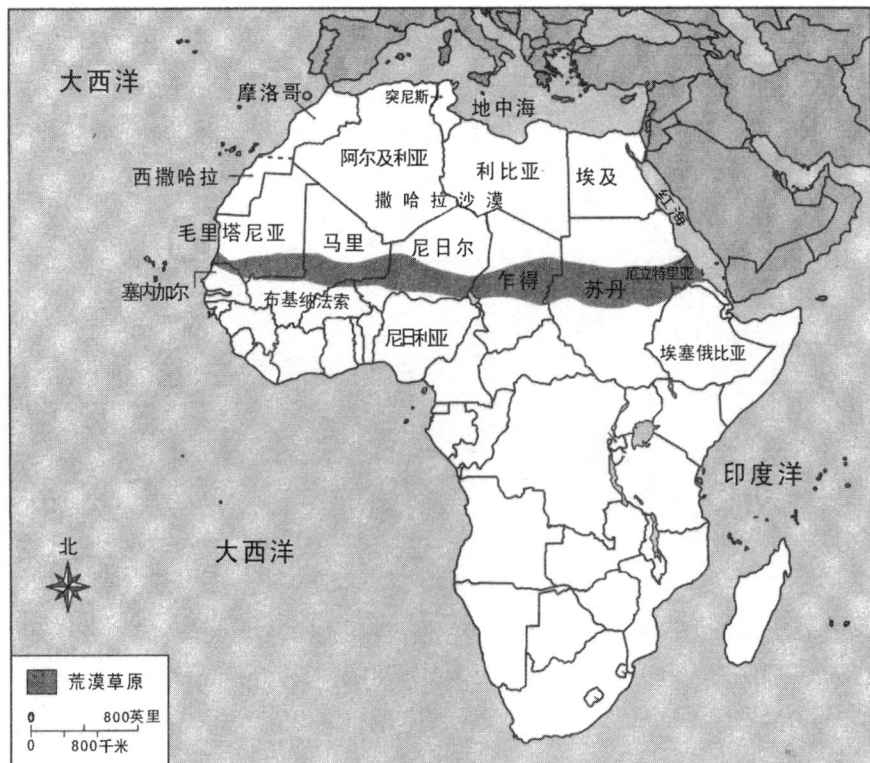

图150
中非萨赫勒地区是广
阔的干旱地，常被撒
哈拉沙漠侵蚀。

始进行农耕和放牧。过度放牧的牛群更加破坏了已经被削弱的土壤，导致沙漠化加速。

　　干旱现象在非洲是非常普遍的，但是旱灾频率和程度似乎正在增加。在1984年发生的非洲旱灾引起饥荒，导致50万人死亡。但是，这次事件在两年前就已经被预测到，不幸的是，这次警告被人们忽视了。为了预防这种悲剧再次发生，研究者正在利用卫星来绘制整个大陆的植被图。卫星图像记录了沙漠边界不断消失的草原，并确定植被遭遇干旱的总强度。由卫星记录图中可以知道不同年份里植被减少的面积，最终回答关于森林消失和人口增加所导致的生态问题。

旱灾成因

　　旱灾是全球降雨格局的改变引起的（图151）。地球热收支总量不会在很大的程度上改变，而是某些地区在一定程度上变得异常干燥，而另一些地

193

图151
全球降雨——蒸发平衡，在阴影区，蒸发超过降雨。

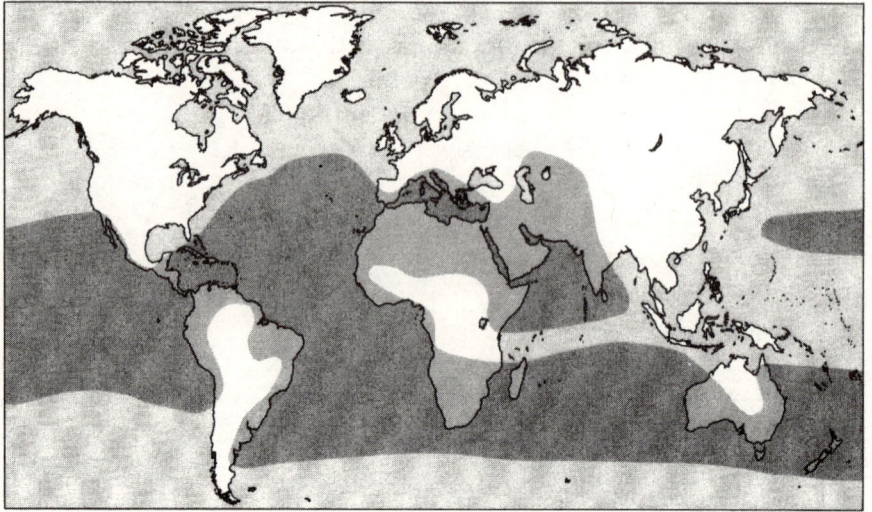

图151
全球降雨——蒸发平衡，在阴影区，蒸发超过降雨。

区变得异常潮湿。例如在20世纪80年代，美国地区经历一系列的恶劣的干旱天气，同时澳大利亚也经历百年以来最严重的旱灾。一场相等强度的旱灾使非洲南部地区食物短缺，也严重影响了非洲西部和中非萨赫勒地区。

这些旱灾可能是热带太平洋地区在厄尔尼诺时期温度异常变暖引发的。太平洋变暖通常会造成澳大利亚、印度尼西亚、巴西局部地区和非洲东部、南部降雨减少，而使南美的干燥的西部沿海暴发洪水。1997年的厄尔尼诺现象是历史记录上最严重的一次，浸透了南美西部和非洲东部，却导致印度尼西亚和非洲南部发生干旱。

厄尔尼诺现象是由于西行信风和东行信风发生异常，引起赤道地区太平洋东部异常变暖的现象。现代的厄尔尼诺现象，每隔数年会发生一次，这始于5,000年以前，即在最近的一次冰川期过后不久，冰川融化引起全球海面波动之后。而在这之前，它们每隔15～70年发生一次。如今厄尔尼诺发生频率变快，标志着温室气体污染越来越严重，全球变暖趋势不断上升。相反的，太平洋热带地区的温度低于正常值，这种现象称为拉尼诺（La Niño），它将引发更多的降雨。

发生在萨赫勒地区的旱灾看似与非洲西部大西洋水温变暖有关。同时，远在大西洋北部加勒比海的水温变冷，这会明显影响降水。大气循环需要重新分配大西洋热量，从而改变了洋流，产生了异常的海面温度格局。在夏季雨季之前，与旱灾有关的海面格局得到发展。然后，向南数百英里的降雨发生改变，导致到达非洲西部和萨赫勒地区的潮湿风减少。

　　季风也称为季候风，（图152）它为全世界1/2的人口带来了维持生命之水。亚洲南部的季候风是热带地区最具特征的季节现象。术语"季候风"来自阿拉伯语"mausim"，意思是"季节"，适用于阿拉伯海的风体系，即半年的西南风和另外半年的东北风。一般情况下，这个术语可以应用于描述任何一年具有季风倒转的气候循环。最巨大、最强烈的季风发生在亚洲、非洲和澳大利亚大陆。

　　季风的方向随季节改变，交替形成潮湿的夏天和干燥的冬天。在雨季，强烈的暴风雨和晴朗的天气交替持续一周或更长时间。在季候风停滞的状态下，天气是炎热、干燥且稳定的，没有热带风暴。每年降雨的改变会引起数年的旱灾或洪灾，其预期周期为每百年30次。假若季候风没有到来，干旱侵袭人口密集地区，那么将使上百万的人处于危险当中。

　　季候风的存在是由于陆地和海洋之间存在温差，形成风以补偿变化的大气压。鉴于地球表面3/4的面积是水，海洋吸收了大量的热能，储存了约1/6到达地球表面的能量。在任何时候，都有水从海洋蒸发到大气中。在雨季，当潮湿的海洋空气中的水蒸气凝结成雨降落时，部分储存的热能被释放到陆地。

　　只要陆地和海洋之间存在不平衡，夏季季候风就会一直持续。当降雨来

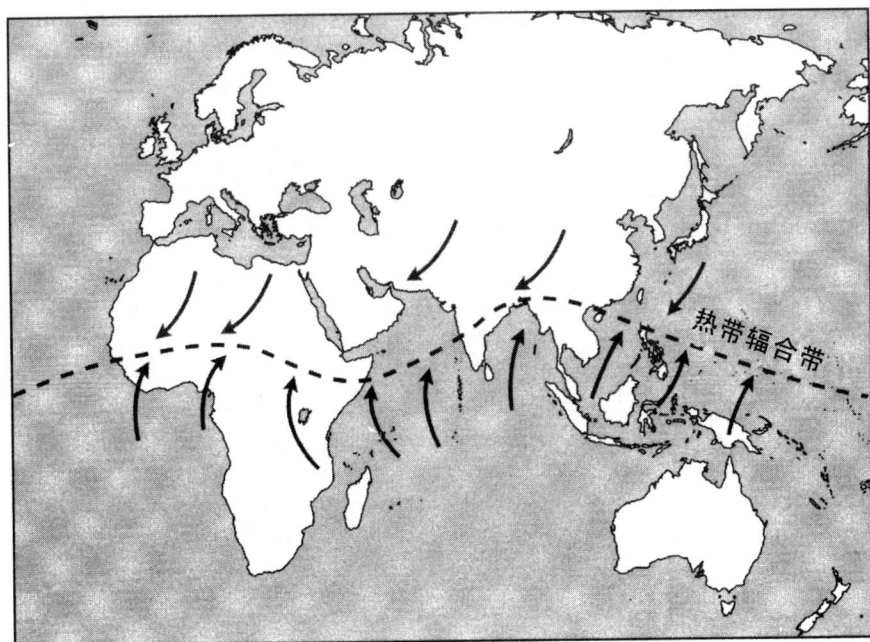

图152
季候风为全世界1/2的人口带来了生命之水。

临，海洋的温度降低，从而会减少陆地和海洋的温差。继而，能量体系运动停止，季候风消退，然后干燥的冬季开始。当冬季刚刚开始时，陆地散热的速度快于海洋。陆地热能损失的增加和海洋巨大的热容量的结果导致形成反方向的季风。

因为西风向南偏转，使盘旋在撒哈拉沙漠上空的高压系统发生转移，从而使季候风没有来到非洲。正常情况下，当季候风遭遇高压地区的最南边时，潮湿的空气会凝结形成雨降落到萨赫勒地区。然而，当高压区域向南偏转后，季候风在到达萨赫勒地区之前就形成降雨了。

来自阿拉伯海的潮湿空气，来到印度南部的甘地（Ghat）山脉后向上行进，不断冷却进而形成降雨。该季候风向北横扫印度，使田地被浸透，村庄洪水泛滥。然而，当停滞的高压带位于喜马拉雅山南部时，会阻止季风到达印度次大陆，引起旱灾。季候风有时会延迟数周，这是因为来自大陆的逆风温度较低，限制了水上空气的湿气的形成。当海洋变暖时，季候风重新出现。

尘暴

有证据表明，在拓荒者到来且农耕时代开始很久以前，美国大草原已经经历了巨大的尘暴，但是，农耕放牧使尘暴问题更加恶化。在过去的150年里，因密集的农耕，美国多数的富饶土地的深度已经下降了一半。据估计，由于水土流失所造成的减产损失约为300亿～400亿美元。从农田和沉积岩中流失的土壤进入小溪、河流及漫滩，使可能发生的洪灾更加恶化。

在20世纪30年代中期，美国西部长期的旱灾导致了沙尘暴，它是美国历史上一次最严重的生态灾难。大草原上无数的表层土随风扬起，然后沉积在下风区，将该地区埋藏在厚厚的沉积层之下（图153）。大量的尘暴飞速穿过大草原，每平方英里（1平方英里≈2.6平方千米）运载15万吨以上的沉积物。从那以后，美国先进的农耕技术得到发展，降低了美国和世界其他地区的尘暴危害。然而，在巨大的人口压力下，土壤流失的风险仍然存在。

大草原的强风产生了巨大的尘暴和严重的侵蚀问题。风侵蚀土壤的趋势常常因不合理的农耕而恶化。在美国，每年风蚀土壤量为两亿吨。据估计，每年俄罗斯因风蚀而减少约120万公顷农田的生产，使该国养活自己的困难增加。控制风蚀的主要方法是保护地表的植被。然而，如果缺少降雨，这些方法通常会失效，土壤很容易被吹走。

随着全球气温不断升高，大陆内部地区偶然发生的旱灾，可能使该地区

图153
20世纪30年代爆发沙
尘暴，农耕机器被埋
（照片由国家气候研
究中心提供）

变成永久的干燥荒地。在欧洲、亚洲和北美洲的大部分土壤将枯竭，需要额外的灌溉。目前，在美国有50万公顷的干旱和半干旱地。在非洲、澳大利亚和南美甚至存在更多的干旱地。降水格局的改变将严重影响那些极其需要雨水灌溉地区的水资源分配。在饥荒时期，温度升高、蒸发率增加以及降雨格局改变都会严重限制发展中国家剩余食物的出口。

亚热带地区降雨可能正在显著减少，这导致沙漠化进程加快。不断增加的沙漠和半沙漠地区严重影响农业，导致农田转移到更高的纬度地带。不幸的是，通常北部地区的土壤由于冰蚀而变得稀薄，将很快因过度耕种而破坏。此外，每种植1吨的谷物需要供应1000吨的水。而且，由于气候的不稳定导致的天气格局的不断改变，将可能使绿洲变沙漠（图154）。

人造沙漠

在12，000年和6，000年以前，现今非洲的很多沙漠曾经盛长着植被。草地和灌木丛曾覆盖着如今的撒哈拉沙漠，一直到未知的环境大灾难降临之后，撒哈拉的水才枯竭了，除了沙子，什么都没有留下。相对轻微的干旱期

图154
在1965年1月25日，德克萨斯州弗罗亦达达(Floydada)附近，沙尘暴掩埋了未受保护的棉花地附近的一条公路（照片由格伦.布莱克拍摄，由美国农业部土壤保护局提供）

是在距今6，000～7，000年前之间，然后在4000年前发生了长达400年的严重的旱灾。很明显，季候风暴带来的暴雨使撒哈拉变得更加糟糕，使当地植物大量死亡。

植被减少反过来又使降雨更加减少，从而形成了沙漠化的恶性循环。由植被补偿机制破坏而引起的旱灾，是几乎所有沙漠中的动植物生命消失的原因。如此的巨大灾难可能使整个人类文明从沙漠退出，迫使人们定居在尼罗河、底格里斯河和幼发拉底河河岸。如今已经到处都是沙漠的北非地区，曾经山上生长着茂盛的野草和树木，是以前罗马的主要粮食基地，为整个罗马帝国提供谷物和鲜肉。

新石器时代约始于距今1万年前，在最后的冰期之后，是食物生产改革的开端。那时，地球的气候变得异常温和，几乎没有大的动乱，对人类文明的发展起到了重要的作用。即使是在最早期阶段，在一定地区，农业生产所提供的丰富食物是捕猎采摘的数倍。

农业起源于15，000年前，那时原始人类偶然发现了黎凡特地区（地中海东部自土耳其至埃及地区诸国）。这发生在人类沿着北非沿海猎捕鹿和羚羊、收集食物的过程中。这新月沃地（The Fertile Crescent），被称为文明的发源地，其位于底格里斯河和幼发拉底河之间，也就是现今的叙利亚和伊朗。在高地灌木丛中生长着大量的野生小麦和大麦的重大发现，是人类历史上最重要的事件之一。

在石器时代晚期，人们采集野生植物，并利用原始的石头碾磨处理谷类。稳定的食物供应鼓励人们建立永久的居住地。他们设计工具来收割农作物，发明陶瓷来储存并烧煮农作物。他们可能已经开始放牧瞪羚（羚羊的一种），而不是过度捕杀，从而形成了新的动物饲养体系。黎凡特地区成为了中东地区的粮食生产基地，为1,700～2,500万人提供食物。

如今，新月沃地由于6,000年前的苏美尔人的过度灌溉以及土壤盐碱化，变成了世界上最贫瘠的沙漠。不久之前，大量灌溉使美国西部的沙漠变成世界上最多产的农田（图155），但现在过度灌溉却毁坏着上万公顷的土地。如今，人们还在重复着苏美尔人相同的错误。（注：苏美尔是一个古代民族，很可能是非闪米特的起源，约在公元前4,000年，在苏美尔建立了一个城邦国家，这是已知最早的具有重大历史意义的文明之一。）

约在5,000年前，腓尼基人从撒哈拉沙漠迁移出来，沿地中海东部沿岸定居。他们建立了提尔和西顿等城市，位于今天的黎巴嫩。这些地区多山，

图155
美国加利福尼亚州帝国山谷的灌溉边界带（照片由罗伯特 Robert Brand stead 拍摄，由美国农业部土壤保护局提供）

而且盛长着大量的雪松，它们是该地区木材的主要来源。当沿海平原的人口变得过密时，人们开始向山坡上迁移，他们砍伐并耕种，导致土壤严重侵蚀。如今，1000平方英里（约2,590平方千米）的森林已经所剩无几。光秃的山坡上仅剩下杂乱的梯田墙，无力地试图控制水土流失。

在叙利亚北部，曾经繁荣的城市如今已毫无生气。这些古代城市因将森林转变为农田并出口橄榄油和酒而繁荣。在被波斯人和阿拉伯人入侵之后，农业被毁坏，6英尺（约1.8米）的土地从坡地上流失。如今，在被遗忘了1,300年之后，这片曾经多产的土地已经被完全破坏，留下人造沙漠——缺少土壤、水和植被。

在美索不达米亚平原，约在5,000年前，国家启动了巨大的灌溉工程，需要上万人进行艰苦工作，并建立了相应的中央集权系统来统治工人。仅在一千年里，通过农业的发展使那些曾经松散的平等社会转变为权利社会，有国王、首领和奴隶。高度组织化的国家各自建立强大的军队，为控制有价值的土地而相互对抗。

在全球范围内，自从农业发展以来，尤其是滥用土地开始以来，约有700万平方英里（约1,813万平方千米）即接近两倍的美国国土面积的土地变为沙漠。由于自然进程和人为因素的共同作用，又有更多的土地正在变为沙漠，每天约有40平方英里（约104平方千米），每年约1.5万平方英里（约3.9万平方千米），即每年所增加的沙漠面积相当于整个加利福尼亚莫哈韦沙漠。按目前这种发展速度，在接下来的二三十年，将有50万平方英里（约130万平方千米，相当于阿拉斯加州的面积）的农田变为无用地。据估计仅在非洲北部，就有11亿公顷的土地已经沙漠化。在150年前，美国西部的大部分地区是一望无际的草原，而之后却变为沙漠。

世界的沙漠面积在扩大，不断侵蚀更多的土地。在20世纪，沙漠快速发展，侵占并最终毁灭相连的半沙漠化的草原。多数沙漠化是由于过去几千年不断加剧的干旱所导致的。北美沙漠就是其中一个例子。它不规律地从华盛顿东部中心延伸到墨西哥北部，从德克萨斯州西部的里奥格兰河的大转弯延伸到加利福尼亚州的内华达山脉，覆盖了50平方英里（约130平方千米）的土地，涵盖了大盆地地区，索诺拉及莫哈韦沙漠。

美国西南部的盆岭省，包括大盆地，有很多山脉。在这些山脉之间存在干涸的湖床，被称为"沙漠盆地"，它们几乎寸草不生。山脉之间的很多盆地是低洼地区，在湿润气候条件下含有湖泊。湖泊沉积物是相当常见的，它们会覆盖在沙漠盆地的地面上。其水体被称为碱湖，因为它含有高浓度的盐和其他溶解矿物。当湖蒸发后，它们形成了盐碱滩和盐田，例如加利福尼亚州的死谷（图156）。

图156
位于加利福尼亚州因
约郡死谷地层上的冰
水流形成了盐田和冲
积扇（照片由H. 德鲁
斯拍摄，美国地质勘
探局提供）

图157
在1936年，俄克拉荷马
州西马仑 (Cimarron)
郡的大尘暴天气

图157
在1936年，俄克拉荷马州西马仑 (Cimarron) 郡的大尘暴天气

沙漠化是人类活动和自然气候共同作用的结果。由于移走了有价值的表层土而使环境严重降级，例如20世纪30年代发生的大尘暴（图157）。每年都有上百万公顷的肥沃的农田和牧场发生水土流失。在世界范围内，可能1/3甚至更多的曾经多产的土壤因水土流失和沙漠化而变成无用之地。大量尘暴将一些地区的沉积物带走，然后沉积在世界各地。在表层土发生侵蚀之后，只剩下贫瘠底土的粗糙的泥沙，于是形成了沙漠环境。

在过去的几十年里，大面积的热带雨林消失了。由于沙漠化，沙漠取代了大量的树木。在热带地区，由于农民采取不经济的"刀耕火种"法进行耕种，使大面积的森林消失。树木被砍伐燃烧，利用它们的灰烬来肥沃那些稀薄的石质土壤。过度的农耕掠夺了土壤中的营养物。因为大部分世界上的农民无力购买昂贵的化肥，于是他们必须丢弃原有的田地，寻找新的原始森林进行砍伐。

之后，由于缺少植被抵挡风雨，导致裸露的土地遭遇了严重水土流失，最终仅剩下光秃的岩床。随着热带雨林被破坏，森林自身的天气格局发生改变，使林地逐渐变为沙漠。大面积的森林砍伐造成严重的水土流失，沉积物堵塞河流，对下游居民产生了严重的问题。非洲是世界上水土流失最严重的大洲，其部分河流含有大量的沉积物，而另外一部分河流则完全干涸。

森林砍伐使土壤失去保持水分的能力，导致土壤的产量和抗干旱能力降低。非洲农业无法从破坏性的干旱中恢复过来，主要是因为土地已经被破坏。原始的农耕技术毁坏了土地，自1960年来已使约1/4非洲农业减产。随着粮食生产的压力不断增加，正常情况下休耕的田地被迫投入生产，导致土壤快速破坏，并导致非洲危机的本质原因是人口增长、水土流失和沙漠化。因此非洲的饥荒逐渐变为一场人为灾难。

沙尘暴

沙尘暴（图158）是一种可怕的气象事件，会对人类的健康和经济的发展产生重要影响。当空气中含有大量沉积物时，会使人类和动物窒息，从而直接威胁生命。沙尘暴对人类的另一个威胁是土壤侵蚀，每年都有新的土地变为沙漠。由于植物的根系可以将土壤保持在原地，缺乏植被会导致沙漠化进程加速。而且，土壤不断遭受着暴洪、土壤侵蚀、高蒸发率和尘暴的袭击，导致地区内大量的水土流失。

大气中的大部分尘沙来源于人类活动。城市地区密集的工厂是尘沙的主要来源。机动车会将道路上的尘土带到大气中，促使很多城市增加街道清

图158
在20世纪30年代大尘暴期间，发生在美国科罗拉多州伯劳尔（Prowers）郡的严重沙尘暴（照片由T. G. 梅尔拍摄，由美国农业部土壤保护局提供）

扫，以减少盘旋在城市上空的持久的棕色阴霾。在农村，将土地变为农田的刀耕火种法使光秃的地层暴露于环境中，易被风侵蚀，导致更多的尘土阻挡天空。

在大暴雨时期，沙漠里会产生沙尘暴（图159）。沙尘暴出现在非洲、阿拉伯、中国中部、澳大利亚和南美沙漠，那里最明显的威胁是风蚀。当气流穿过非洲沙漠时，会产生最大的沙尘暴。在冷锋面的驱动下，1，500英里（约2，400千米）长、400英里（约640千米）宽的巨大沙尘带会从该地区穿过。

一些强大的非洲暴风甚至可以将沙尘吹过大西洋进入南美地区，使亚马逊盆地每年沉积1.3亿吨的沉积物。非洲沙漠的尘沙被吹到高纬度地区，那里的西行气流将其运输穿过大西洋。之后，亚马逊雨林中快速运动的暴风系统继续携带这些尘沙，最后沉积在亚马逊盆地中，尘沙中含有丰富的营养，从而肥沃了盆地。

在夏季暴风时期，上百万吨的非洲尘沙穿过大西洋，覆盖在佛罗里达的上空。当尘沙沉降时，就会在车子和其他物体上形成一层细小的红色粉末。

图159
沙尘暴的结构图

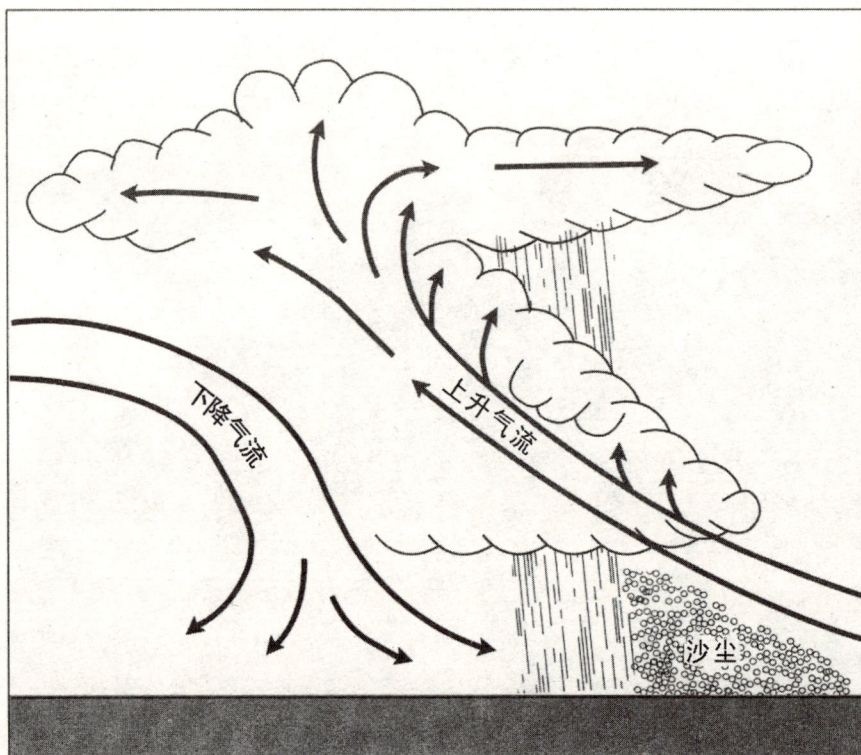

在美国东海岸的其他地区，额外的非洲尘沙的到来严重干扰了这些地区的洁净大气标准。来自撒哈拉沙漠的尘沙吹过美国各州，远至大峡谷（the Grand Canyon），形成恶名远播的阴霾，使峡谷美丽景色变得暗淡。尘沙的化学成分与当地土壤不同，具有特征性的红棕色。当加入其他大气污染物时，撒哈拉尘沙会引起持久性的阴霾，这种现象在夏天尤其严重。

然而，非洲尘沙也存在不为人知的有利面。富钙沉积物的周期性流入，使酸雨中的酸浓度得到稀释，从而可以帮助那些因化石燃料的燃烧而遭受严重酸雨地区。尘沙也为海洋提供了很多离子，这些离子是保持健康的海洋生态系统的重要营养物质。佛罗里达群岛（The Florida Keys）的珊瑚会捕获尘沙，从而在体内形成生长带，生长带可用于追踪尘沙的来源，例如从撒哈拉沙漠吹出的尘沙向美国迁移。

在北非的苏丹沙尘暴发生频繁。在喀土穆（khartoum）附近，每年约发生20次沙尘暴，它与雨季有关，可以迁移大量的沉积物。典型的沙尘暴直径为300～400英里（约480～640千米），运载10亿多吨的沉积物，足以形成直径两英里（约3.2千米）、高100英尺（约30米）的沙堆。在5～10月的高温季节，可以在暴露于猛烈风暴中的任何一个障碍物一侧堆积12～15英尺（约3.6～4.6米）高的沙堆。

在美国西南部也会发生严重的沙尘暴（图160）。菲尼克斯州和亚利桑那州平均每年发生12次沙尘暴。与非洲一样，美国的沙尘暴在雨季频繁发生，通常在6月和8月。来自太平洋的汹涌的潮湿热带气流从加利福尼亚湾涌进亚利桑那州，生成很长的拱形暴风，暴风的前端伴随着沙尘暴。这些独立的流出物常常结合形成坚固的尘沙墙，一直延伸数百英里。在风暴中或风暴外前面不远处可以产生小型的短暂强烈旋风，称为"沙尘恶魔"，它会破坏沿途的房屋及其他建筑物。

沉积物被带到离地面8，000～14，000英尺（约2，400～4，300米）高，其移动平均速度为每小时30英里（约48千米），风力至少达每小时60英里（约96千米）。平均可见度降到1/4英里（约0.4千米），当发生极强暴风时，可见度甚至降到零。在暴风过后，天空会在一个小时左右变晴，可见度恢复正常。如果雷暴紧接着沙尘暴之后来到，它产生的降雨将使大气快速变干净。然而，雷暴常常没有到来，或者降水在到达地面之前就被蒸发，这种现象称为"雨幡"。结果沉积物仍会在大气中盘旋数小时甚至数天。

在干燥地区，沙尘暴是相当普遍的，风运载大量疏松的沉积物。这些风

沉积的沙层被称为"风蚀沉积"。大部分风携带的沉积物聚集成厚的黄土沉积（图161和图162）。黄土具有细小的、疏松的层状结构，其出露层通常出现细小均一的层理。次级黄土沉积是由水或该地强烈的风蚀引起的沉积物的

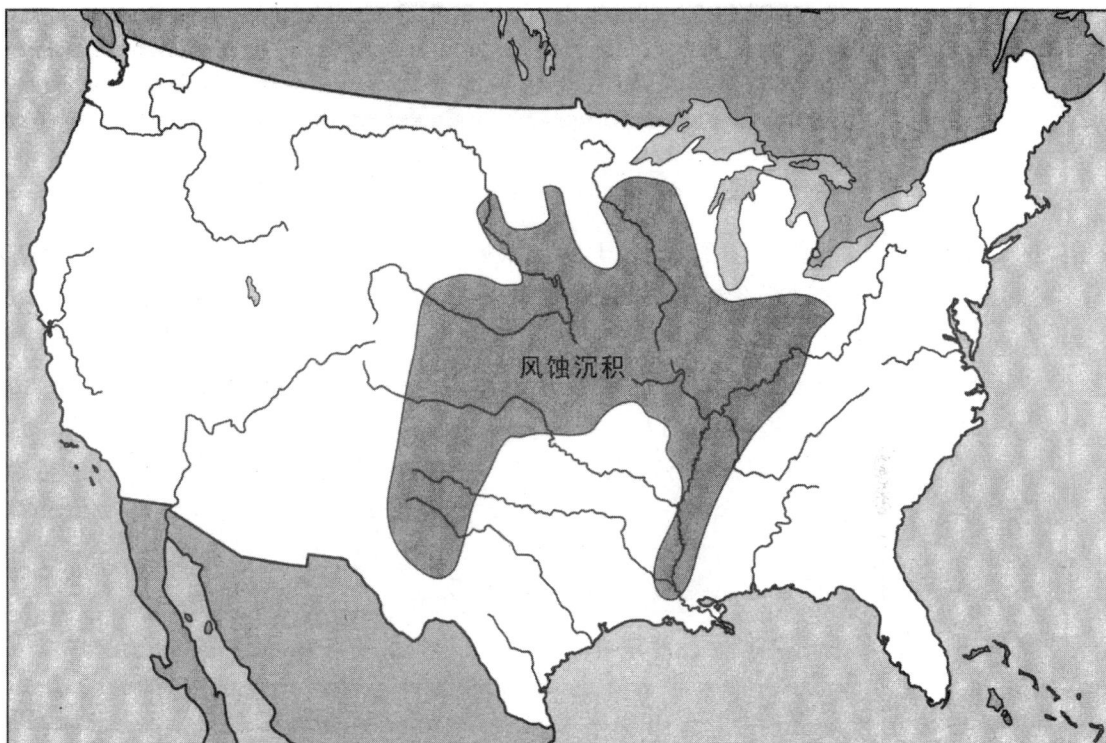

风蚀沉积

图162
美国的风蚀土壤沉积

短距离转移和再沉积。

　　黄土沉积发生在冰期，它覆盖了上千平方英里（1平方英里≈2.6平方千米）的土地，当时，大陆冰川从北极地区飘移出，覆盖在大部分的北方土地上。黄土主要来自河流附近的冰水沉积，冰水携带着冰川融化后形成的沉淀物。冰川消退后，在河边留下寸草不生的大片土地，易受风蚀。结果，随着与主要河道距离的增大，黄土堆积层快速变薄。

　　沉积物由均匀的角状颗粒组成，包括石英、长石、角闪石、云母和少量的黏土，通常是浅黄色至黄褐色的肥沃沉积。由于颗粒大小均一，因此通常是非层状的，属于粉沙级。黄土通常还含有植物的根茎。尽管沉积物黏性较差，但是由于泥浆的堆砌作用使其几乎垂直站立。由于黄土变潮湿后会有下陷的趋势，因此除非适当地压实，否则黄土也会产生严重的结构问题。

　　黄土沉积物通常出现在北美、欧洲和亚洲。中国具有世界上最大的黄土沉积物，厚达上百英尺，主要来源于戈壁沙漠。在美国，大多数黄土沉积物位于密西西比河谷附近，约25万平方英里（约65万平方千米）被来自冰冻的北部地带的沉积物所覆盖。沉积物也覆盖了太平洋西北部的部分地区和爱达荷州。黄色的沃土为美国中西部提供了农业生产的丰富资源。

沙丘

世界上约1/10的干旱地被沙丘覆盖（图163），在强大的风气流作用下，沙丘在沙漠中移动。有时，沙丘会侵袭人类的居住地和其他建筑物，产生巨大的破坏。风是沙丘移动的原因，它使沙粒之间不停移动，并在空中飞行一段时间。沙丘的形状和大小取决于风的方向、强度和可变性，土壤的湿度，植被的覆盖面积，地下地形和暴露于风中可移动的土壤总量。

随着移动的沙丘穿过沙漠，它们可以吞没沿途的一切事物。这对沙漠地区高速公路的建设和维护构成了严重的挑战。此外，沙丘进入沙漠绿洲会产生另外一个严重的问题，尤其是当其侵占村庄时。要降低沙丘对建筑的破坏性可以通过建立防护林，利用漏斗原理将沙子排除。假若没有采取这些措施，那么沙丘会给沙漠地区带来很多问题，毁坏道路、机场、农业

图163
加利福尼亚死谷的巨大沙丘（照片由美国国家公园管理局提供）

财产和城镇。

　　沙丘的大小和形状取决于风的方向、强度、可变性，土壤的湿度，植被的覆盖面积，地形以及暴露于风中可移动的沙土总量。沙丘通常包括三种基本形态，其形态取决于地形和流动风的类型。线性沙丘（图146）与强烈稳定的盛行风方向几乎平行。由于它们的长度较宽度长，且相互平行，因此有时候生成波纹状。

　　当风吹过丘峰时，部分气流被消减并转向旁边。风将沙扬起并沿沙丘的长边堆积，维持沙丘的长边并使之延长。被沙丘覆盖的表面积等于沙丘之间的总面积。沙丘的任何一边都非常陡峭，足以发生雪崩。不断移动的沙粒通常会产生意想不到的现象，称为"响沙"。在非洲、亚洲、北美等地区的沙漠和海滨，人们至少发现了30座响沙。

　　这些声音几乎只发生在沙漠深处或沿海内陆后滩的独立的巨大沙丘中。沙丘的声音像铃铛、喇叭、管风琴、雾号（指航海号角）、加农炮、雷声、嗡嗡响的电话或像低飞的飞机。在产生声音的沙丘里，沙粒通常是球形的，很圆且大小一致。当沙粒简单地沿着丘脊滑动就可以产生隆隆声。这种低频的声音可能是产生于具有相同低频率的事件的循环叠加。然而，在普通的山体滑坡中，包含大量随机移动的沙粒，其产生的声音因频率不一致而相互抵消，因此不能产生奇特的隆隆声。

　　新月形沙丘，也称为弧形沙丘，沙丘两侧有顺风向前延伸的两个对称的尖角。它们在沙漠的移动速度约为每年50英尺（约15米）。抛物线沙丘形成于特殊的地区，这些地区的两边植被稀少，而中心易被风吹向前方，于是沙子仅在中间移动。星形沙丘或放射状沙丘是通过风的迁移将沙聚集到某个中心点，可堆积到1，500英尺（约450米）多高，并且具有一些向前延伸的沙臂，就像巨大的风车。沙子也会在平地堆积，或顺风形成脉状，在沙海中不表现出明显的起伏。

　　在讨论了沙漠化对人类生活的影响之后，下一章我们将探讨自然资源短缺和开发新能源。

9

自然资源
工业原料的消耗

　　本章主要研究地球上有限的可再生资源、资源保护以及新能源的形式。环境地质学的基本概念表明，自然资源是有限的。在地质循环中，石油、天然气和矿物等资源的循环很慢，因而根本上说它们是不可再生的、有限的。从定义上看，储量是已探明的、已知的地球物质，可直接开采使用，而资源是以后可开采的储量。资源实际上是有限的，于是产生了如何长期使用的重要问题。美国国内没有充足的储量，它会进入依赖别国资源满足自身需求的危险境地。

　　工业化进程在很大程度上依赖于充足的自然资源储备，矿物和能源的利用已经大大提高了人们的生活水平。不幸的是，自然资源的消耗会威胁未来的进步和发展。许多高品位矿床已经被高度开发，在可预见的未来将被开采尽。矿石的使用能维持工业化国家的高生活水平，提高发展中国家的生活质量，但它的消费会加速已知的经济矿产储量的消耗。然后，人们就需要开采低品位的矿床，这会大大增加生活成本。

能源

自工业革命以来，世界能源消耗量已经成指数增长。到21世纪初，它会增长50%以上，到时候石油供应可能会不能满足不断增长的工业活动的需要，预计工业化国家的石油消费会大幅增长。而且，发展中国家需要发展工业来提高生活水平，这也是减少人口增长的间接效益。

大部分国家意识到能源是其他自然资源开发的基础，是一种应该合理使用的资产。如果发展中国家想要自给自足，就必须了解国内现有的自然资源并合理使用。一些国家已经将发展战略集中在与能源直接挂钩的特定应用上。

世界上大半部分的一次能源几乎都来自于石油，包括原油和天然气（图164）。现在，人们已经发现了1万亿桶以上的原油，其中1/3甚至更多已经被消耗。全球每天能消耗约7,000万桶，其中美国的消耗量接近总量的

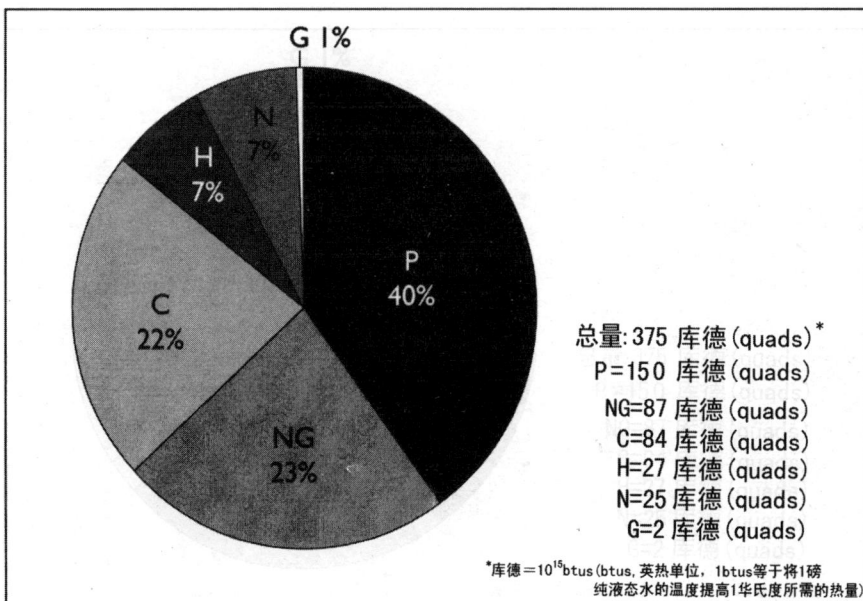

总量: 375 库德 (quads)*
P=150 库德 (quads)
NG=87 库德 (quads)
C=84 库德 (quads)
H=27 库德 (quads)
N=25 库德 (quads)
G=2 库德 (quads)

*库德＝10^{15}btus(btus, 英热单位，1btus等于将1磅纯液态水的温度提高1华氏度所需的热量)

图164
世界上一次能源来源——石油（P）、天然气（NG）、煤（C）、核（N）、水电（H）和地热、太阳、风、木材和垃圾焚烧发电产生的电能（G）

1/3。美国人均原油消费量为每年40桶，而欧洲和日本为每年10~30桶。相反，发展中国家的人均使用量只有每年1桶或2桶。

原油和天然气储层的产生需要一些特殊的条件，包括原油的沉积物源、作为储存容器的多孔岩和一种集油结构。其原材料为有机碳，存在于富含碳的细晶粒沉积物中。砂石和石灰石等多孔可渗透的沉积岩可作为储存容器。而沉积层的褶皱或断层形成的地质结构可以积聚石油。原油通常与厚盐层相联系，因为盐比上覆沉积物轻，会升到表层，形成有利于聚集石油和天然气的盐丘。

有机物来源于主要生存在海洋表层水域的微生物，它集中在洋底的细颗粒中。有机物转变为石油需要有机物的高积累率或底层海水的低含氧量以避免有机物在被埋入沉积层前被氧化。氧化作用会引起腐蚀，破坏有机物质。因此，富含有机物的沉积物的高度堆积区域是形成含油岩石的最有利位置。深埋在沉积盆地使有机物处在高温高压中，进而发生化学变化。事实上，地球内核产生的热能会将有机物变为碳氢化合物。如果碳氢化合物受热过度，就会变成天然气。

这些挥发性碳氢化合物和海水一起被锁在沉积物中，其会向上穿过可渗透的岩层。它们在沉积结构中积累，这些结构会阻止碳氢化合物进一步上迁。若没有这种盖层，挥发性烃会继续上升到表层，从自然储层溢出并逃逸到海洋中，其数量相当于每年流失150万桶石油。该数量与每年意外倾倒进海洋的石油量（2，500万桶）相比，显得微不足道（图165）。石油需要几

212

图166
大陆架外围大西洋中
的半潜式钻井平台
（照片由美国地质勘
探局提供）

千万年到几亿年的形成时间，这主要取决于沉积盆地的温度和压力状况。

在海上勘探期间，可以测出洋底地质是否适于积聚原油和天然气。这个测定为原油公司的开采活动提供了很大帮助。石油开采始于寻找利于集油结构形成的沉积物。在地震勘探中，使用爆炸产生类声波的波（轮船尾部装接收波的水听器），进而探察这些结构。从不同沉积层会反射和折射回震波，这是为洋壳作地质CAT扫描。

选定了合适地点后，石油公司会建一个海上钻塔（图166）。海上钻塔或伫立在浅水区的洋底，或自由漂浮在深水区（底部有锚固）。在钻探底部沉积物的过程中，工人会在油井上安装钢护筒防止冒落发生，同时它还可作为输油管道。一旦钻头刺穿盖层，护筒顶部的防喷器可防止原油在高压作用下发生井喷。如果这口油井钻打成功的话，还需要钻打其他油井才能发展成油田。

在过去几十年里，在浅水海域进行海上钻井开采石油和天然气利润极高。地球上大约20％的石油和5％的天然气是在海上开采的。将来，海上的石油开采量可能会是陆地的两倍。不幸的是，每年会有两百万吨的海上石油溢到海洋中，随着石油产量的增加，如此大量的溢油会产生巨大的环境问题。

海上石油钻探始于20世纪60年代中期，在1973年阿拉伯石油封港后暂停了10年。这引起了石油紧缺，原油价格增长了3倍，使得美国的开车族在加油站前排起长队。在进一步勘探海上石油的新储地的过程中，美国发现了阿拉斯加北侧的普拉德霍湾（图167）和大不列颠北部海域等重要区域。对能源独立的渴望促使石油公司在深海进行石油勘探。但是它们遇到了许多困

图167
阿拉斯加州巴罗区阿拉斯加北坡上的石油钻井（照片由J. C. Reed拍摄，美国海军和美国地质勘探局提供）

难，包括海上风暴和人员、设备的损失，为数不多的新发现无法抵消这些损失。人们将制定在洋底装置钻井设备和工作室的未来计划（在洋底不会受风暴影响），进行深海油田和气田开发的首次尝试。

未来几年的石油产量最终会趋于稳定，而后开始下降，其必然结果是需要开发替代燃料来满足不断增长的能源需求。消耗了市场上近一半石油的石油进口国需要从依赖石油转向其他替代燃料，例如核能和可再生能源。

德克萨斯州和路易斯安那州附近的湾岸下有一种天然气和地热的混合能源，称为高压型沉积（图168）的充气式热海水储备。这些天然气藏形成于几百万年前，当时，海水渗入不可渗透的黏土层之间的多孔砂石层中。海水捕获了下面涌上来的热能，并溶解了有机物腐败产生的甲烷。随着沉积不断堆积，这些充气式热海水承受的压力变大。在这些油井中会流出饱含天然气的高温水流。这些潜在的天然气能相当于美国煤矿总量的1/3，它们的开采将让美国更接近能源自给。

另一种潜在能源是深海底部称为甲烷水合物的雪花状天然气。甲烷水合物是一种固体块状物，高压低温条件使得水分子进入甲烷分子周边的晶网中。人们认为，大量甲烷水合物埋藏在大陆周边的海底，它是地球上剩余的未开发的最大的化石燃料源。仅美国周边海水里甲烷水合物中的天然气就能满足整个国家长达1，000年的能源需求。

但是，开发这些储量巨大的能源代价高，危险大。如果甲烷水合物变得不稳定，它就会像火山一样喷发。洋底的一些弹坑就是气体喷发造成的。人们已经观察到甲烷巨流从洋底排出。从氢氧层渗漏出来的甲烷还能滋养细菌，可以维持管虫等生物的生长。此外，甲烷是一种新温室气体，排入空气会加速地球暖化。

按照现在的消费速率，这些极易开采的石油储备将在21世纪中叶消耗殆尽。除非开发并尽快使用核裂能、核聚能、太阳能和地热能等安全替代能源，否则工厂可能会转向煤矿。煤矿资源较为丰富，但是燃烧煤矿带来的环境影响比石油和天然气恶劣。

现在世界上大约1/4的能量来自于煤矿。煤矿的使用高峰期始于20世纪20年代，当时煤矿占了燃料消耗总量的70%以上，是主要的空气污染源。自20世纪70年代以来，美国的煤使用量增加了70%，大部分是用于燃煤发电。发电厂的煤使用量约是全国总量的75%。燃煤电厂为美国提供了一半的电能。然而，随着天然气成本的持续增长，煤消耗量必然会上升。电力公司偏好天然气，因为它的燃烧比煤洁净。

全球煤总产量为每年50亿吨，而美国的煤开采和使用量是发达国家总量

的一半。要跟上增长的需求，美国需要增加50％的煤开采量。世界上大部分
的煤矿床难以直接开发。煤炭资源远远超过其他所有化石燃料总和，足够维
持国家大幅增加的煤炭消费。丰富的煤炭资源存在于美国西部、加拿大、苏

联、亚洲和南非。据统计，世界上经济可采储量接近1万亿吨。以现在的消费速率看，资源可能维持两个世纪。

美国拥有世界经济煤总量的一半（图169）。因为煤是最便宜最丰富的能源，它是昂贵的石油供应不足时的最佳替代燃料。然而，煤的燃烧会给大气带来巨量的二氧化碳及其他危险的化合物。要产生等量的能量，煤的燃烧产生的二氧化碳是石油和天然气的两倍。因此，向煤的快速转向会产生严重的温室效应，大大影响地球气候。

大气中二氧化碳长期增长，自1860年以来已达25%，这是化石燃料燃烧加速二氧化碳释放的结果。在燃烧过程中，每消耗一吨化石燃料中的碳，就有3.5吨以上二氧化碳排出 。煤的燃烧也会造成二氧化硫、一氧化氮释放到大气中，引发酸沉降。来自东部地下矿井（图170）的煤通常含硫量高，需要燃煤电厂安装除尘烟囱，以减少引发酸雨的硫产物的排放。电厂还可以燃烧从西部大型露天矿山（图171）开采的低硫煤，但它的价格贵了许多。

在美国西部油页岩矿床中（图172）有大量未开发的油藏。它们的潜在

图169
美国煤矿产

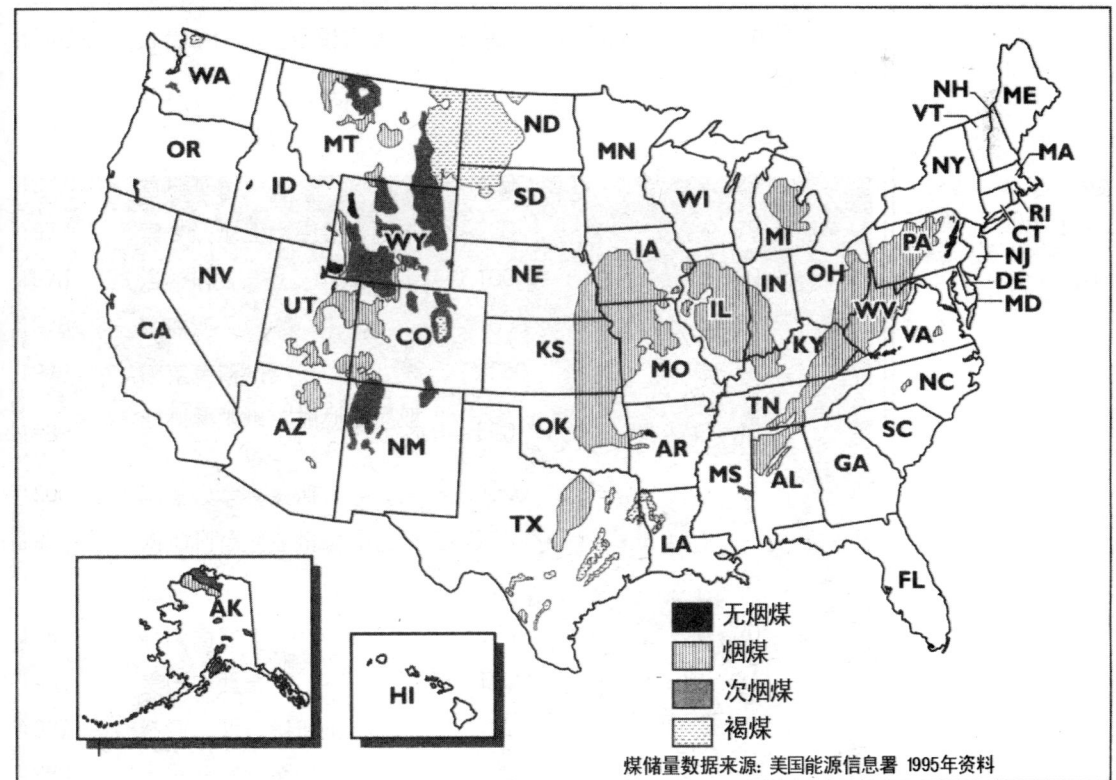

煤储量数据来源：美国能源信息署 1995年资料

无烟煤
烟煤
次烟煤
褐煤

图170
伊利诺伊州本顿附近的地下挖矿情景（照片由美国能源部提供）

含油量超过了整个世界的其他石油资源。加利福尼亚和加拿大艾伯塔等地的沥青砂矿床，也是石油的另一个来源，其大约相当于5亿桶原油，且只需要一次提取，较为经济。

图171
蒙大拿州阿巴萨洛卡 (Absaloka) 矿场的露天煤矿开采

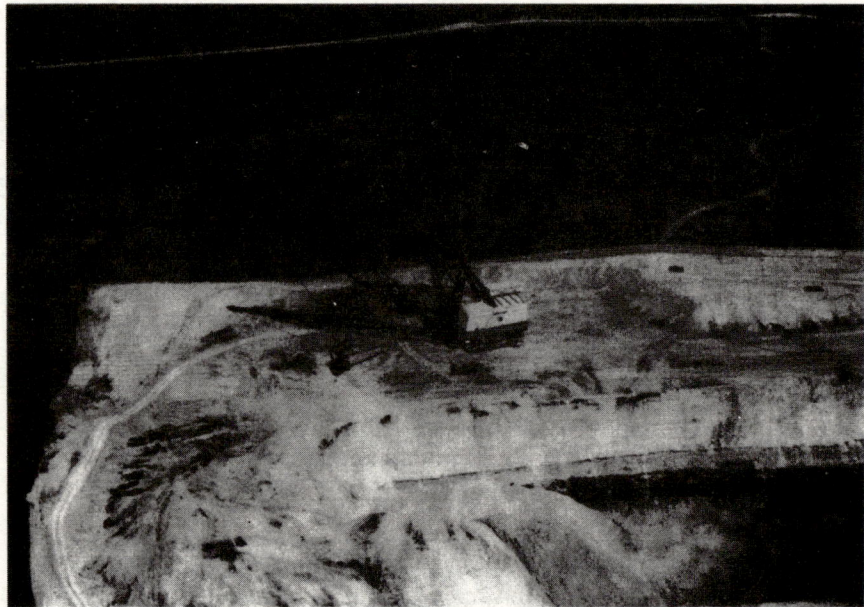

图172
犹他州尤尼它县石油
页岩的露头(照片由D.
E. Winchester拍摄,
美国地质勘探局提供)

矿物

　　地球上自然资源丰富。矿物能源开采极大地提高了人们的生活水平。但是,自然资源的消耗会威胁到未来的发展。许多高品位矿产已经开采过度,可能近期就会耗尽。工业化国家为维持高生活水平而消费矿物,发展中国家为提高生活水平而消费,这可能会耗尽21世纪中叶已知的高品位矿(表14)。而后,人们需要开采低品位矿产,这将大大增加商品的成本。

　　通过周边岩石的变色或生长植被的特定类型(反映出土壤类型)也可能检测出矿物。反过来,来自于地下的母岩矿物含量决定了土壤类型。雷达可以透过厚重的云层和植被观测地面。雷达数据对于确定结构和识别岩石单位尤其有效。卫星和其他遥感技术的精密雷达测高仪器可以测绘大洋底部,这里存有地球未来的矿物和能源供给。

　　矿物是具有独一无二的化学成分和晶体结构的同质物。大部分矿物会生成晶体,这大大帮助了矿物石鉴定。最丰富的成岩矿物是石英和长石。它们组成了大部分的非碳酸盐岩或晶质岩。当岩浆冷却时,会有各种大小不一的矿物晶体析出,剩下一些高度不稳定的矿化流体,这些矿化流体侵入包裹着岩浆的围岩形成矿脉,矿物即可以从矿脉中提取出来。单一元素矿物能形成金属矿,如铜矿,或非金属物质,如硫,这大多与火山活动相关。

　　矿产是自然生成的,可以从中提取出珍贵的矿物。矿床的形成很缓慢,需要上百万年才能达到可供开采的储量。某些矿物可以在宽泛的温度和压强

表14　自然能源含量（在目前消费水平下，逐年减少的能源）

单位：亿吨

名称	储备＊	总量
铝	250	800
煤	200	3,000
铂	225	400
钴	100	400
钼	65	250
镍	65	160
铜	40	270
石油	35	80

＊储备是指在现代技术条件下的可开采能源。

范围内析出。通常它们含有一种至两种含量较高的主导矿物，这样才有开采价值。

广泛的成山活动、火山活动和花岗岩侵入形成了脉状金属矿床。当岩浆渗入地壳时，岩浆活动会直接形成铜、锡、铅、锌矿。这些物质会形成热液脉状矿床，即从滤过地下裂缝的热液中陡然降落的矿物填充物。

热液矿床是工业用矿的主要来源。它们非常珍贵，所以对它们的成因已经深入研究了一个多世纪。它们来源于地壳最上层几英里（1英里≈1.6千米）部分的溶液沉淀。地壳上层的岩浆活动强烈，温度超过600℃，内部热液因加热不断上升，形成了热液矿床。许多金属以硫化物或氧化物形式存在于矿床中，除去某些物理、化学条件，一般它们都可溶解。如果没有充足的硫化物，金属以及普通造岩矿物数量不足，将导致不能实现经济开采。在断裂的岩石中，矿石沉淀物接近岩石表面。在这种岩石表面，热液流体沿着有限的渠道流动。

在19世纪和20世纪之交，地质学家发现加利福尼亚州硫磺滩的温泉和内华达州的汽船温泉（Steamboat Springs）（图173）中的金属硫化物与矿脉中的相同。因此，如果说这些温泉在地表沉积了矿物，那么它们在流向地表时必然填充了岩石裂缝。在挖掘距离汽船温泉几百英尺（100英尺≈30米）的地面时，美国地质学家阿尔德（Waldermar Lindgren）发现了具有典型矿脉纹理和矿物学的岩石。他证实了许多矿脉是由循环热水组成，这种循环热水被

图173
内华达州的汽船温泉的蒸汽喷气孔（照片由美国地质勘探局提供）

称为热液。矿物是直接从渗入地下裂岩的热液中沉淀析出。

岩浆房周边的岩石可能是在热液矿脉中发现的矿物的真正源头。这样的话，火山岩只是扮演着将地下水变成巨大循环系统的热源的角色。密度更大的冷水向下流入冷却中的火山岩石，这些岩石含有周边岩石中渗漏的微量的珍贵元素。经岩浆加热后，水就会蒸发，飘进上面的裂岩。在冷却以及失去压力后，这些水中的矿物就会析出形成矿脉，而水本身则落回再次负载矿物。

岩浆房就像一个巨大的地下蒸馏室，提供了热能和挥发物。随着岩浆冷却，硅酸盐矿物，如石英晶体，会先结晶，其他元素则留在残余岩浆中。岩浆的进一步冷却会促使岩石收缩、分裂。这使得残余岩浆流体逃逸至地表，侵入周边的岩石，形成矿脉。某些矿物可以在较大的温度和压力范围内析出。通常它们含有一至两种含量较高的主导矿物，这样才有开采价值。

第二种矿物是硫化物矿产。这些矿产的源地是洋中扩张中心的洋底，以分散的夹杂物或矿脉形式存在于蛇绿岩中（图174），这些杂岩在大陆碰撞中会在干旱的地表裸露。阿平宁蛇绿岩是最著名的矿产之一，已有1亿年历史，其最初开采者是古罗马人。在世界其他地区，硫化物矿产正被广泛开采，因为它富含铜、铅、锌、铬、镍和铂。

221

图174
蛇绿岩在世界的分布，蛇绿岩是因板块运动突出地面的海洋地壳

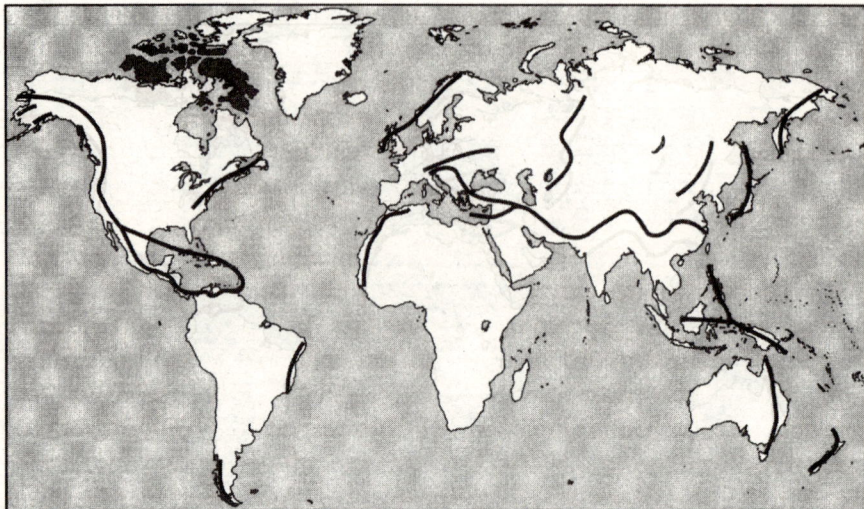

矿床

铁矿是最重要的矿产之一，在工业革命中发挥了重要作用。经济铁矿床在各大洲都有分布。就现有技术而言，一般情况下矿石品位必须超过30%，开采才有利润。层状氧化铁矿床分布较广，如北美的苏必略湖地区、澳大利亚西部的哈莫斯利岭都有分布。美国主要的铁矿供应区在明尼苏达州东北部的梅萨比岭。这里的矿石存在于20亿年前形成的含带状铁矿的地层中。阿帕拉契山地区的主要矿石生产地是克灵顿铁矿地层。这里的铁矿存在于4亿多年前生成的鲕状铁石中。

玄武岩的铁含量中约为5%，但通常不会因为它们的含铁量而开采此类氧化岩。当蒸汽或其他气体经过高温流体状的玄武岩火山石时，岩石就会被氧化，生成铁矿。智利与阿根廷两国边境的艾默生矿（El Laco mine）是铁矿中的珍品。艾默生矿的矿体是几乎完全由赤铁矿和磁铁矿组成的熔岩巨流。此外，积聚在饱含水蒸气的同质流中的铁会以铁熔岩的形式喷发到地表。

据估计，赞比亚的大铜矿带含有世界上1/4的铜。苏必略湖地区的凯维诺半岛有一条历史长达20亿年、长100英里（160千米）、宽3英里（4.8千米）的铜矿带。这里有多达400条的玄武岩熔岩流，总厚度为两万英尺（约6千米），每一股熔岩流顶层都含有铜。从玄武岩下面的侵入岩中会冒出硫化铜热液，流入火山岩的交叉层中。来自于玄武岩中氧化铁的氧气会与铜矿中

的硫结合，通过化学作用使铜矿转换为金属铜。

密苏里附近密西西比河谷的三州地区有丰富的铅、锌热液矿产。岩浆活动可以直接汇集铜矿、锡矿、铅矿和锌矿，形成脉状热液矿床。南北美的科迪勒拉山地区有金、银、铅、锌和铜等矿物的经济矿床。

热液光谱的两端是汞和钨。在室温下，汞呈液态。钨是最坚硬的金属之一，因此，它可用于强化钢。所有多产的汞矿床地区都与火山活动相关。在低温低压下，汞呈气态。因此，地球上大部分汞在火山蒸汽出口以及温泉的地表流失。相反，钨会在高温高压下会凝固，通常，在冷却的岩浆和钨侵入的岩石中间的接触面会有钨存在。

除了南极洲，每一个洲都有可开采的金矿。在非洲，最上乘的金矿床是有34亿年历史的岩石。在北美，最具生产力的金矿在加拿大西北部的大奴湖地区，这里已探测到一千处矿床。这些金矿床是在有岩浆热液（来自于花岗岩）侵入的绿岩地带发现的。金存在于石英矿脉中。在智利，银和金是从古火山的残蚀底部开采出来的。玻利维亚的赛罗里科（Cerro Rico）山意为〝富有之山〞，是一座与富含银矿的山脉相撞的15,000英尺（约4.5千米）高的火山，某些地方的矿脉厚达12英尺（约3.6米）。欧洲南部和亚洲南部的山脉也有各种其他的金属矿床。世界上最大的镍矿床在加拿大萨德伯里，它被认为是18亿年前流星大撞击的结果。

世界上大半的铬来自南非，南非也是钻石的主要产地。钻石分布在一种名为金伯利岩管的火山结构中，金伯利岩管像一根深入地幔的烟囱。大部分的金伯利岩管的历史达1亿年，然而其中的钻石形成于几百万年前高温高压的环境。世界上主要的铂矿床包括南非布什维尔德杂岩体和蒙大拿的静水杂岩体。

最重要的非金属工业用矿之一是硫。因为其他地质环境中含有丰富的硫，火山只构成了世界经济需要的一小部分。最大的火山硫矿产地是智利。奥堪奎尔卡火山（Aucanquilcha）顶部的露天矿场显然是世界上海拔最高的矿场，其高度约两万英尺（约6千米）。这个矿场位于安山岩火山的核心，而整个中心部分的矿石的含硫量为30%。

在爱达华及邻近州可以开采珍贵的磷酸盐矿，它可用于生产肥料。各个洲内陆的蒸发矿床暗示着这些地区曾经是古海洋，如新墨西哥州卡尔斯巴德钾矿床（图175）。石膏厚料层也存在于内陆地区，石膏可用于制作熟石膏和干墙板。在全球可以开采大量的沙、碎石、黏土、盐和石灰石矿物。

最有前景的矿床是洋底的锰团块（图176）。它们在远离大陆边缘和活跃的火山带的安静深水中发展得尤其好。同心层在过去几百万年里不断堆

图175
新墨西哥州卡尔斯巴
德附近(照片由E．F.
Patterson拍摄，美国地
质勘探局提供)

积，直到锰团块达到土豆大小，这时洋底就呈现出原石地貌（cobblestone appearance）。一吨的锰团块含有600磅锰，29磅镍，26磅铜和7磅钴（1磅 ≈ 0.45千克）。然而，它们位于海洋中近4英里（约6千米）深处，大规模开采的难度很大。

保护资源

人类正处在资源有限和使用资源的人口数量不断增长的冲突中。当人类只能通过快速消耗不可再生资源和破坏环境才得以维持生存时，可以说，人口数量已经超过了地球的承载能力——地球满足人类需求的能力。随着地球人口呈几何指数增长，同时地球资源也在不断缩减，那么这个庞大人口中的大部分将被迫处在温饱水平。

西方世界正高速消耗自然资源。1/5的人口生活在北半球少数几个富裕的国家，大部分人生活在贫困国家，主要分布在通常被称为"贫穷南部"的南半球。发达国家消费了80%的地球资源，对环境污染、恶化负有直接和间接的责任。

　　能源使用效率的提高和替代燃料的使用将有助于改善发达国家的环境。这种努力也有助于发展中国家在没有增加能源使用量和进一步破坏环境的前提下提高生活水平。如果没有采取这些措施，80%的人类的生活水平将处在标准以下。

　　美国的每个工业生产单位的能源消耗（industrial energy consumption per unit of production）、人均能源消耗和污染比其他现代工业化国家多4倍。而能效的显著提高能减少了50%的工业大气污染。若使用高效的建筑材料、设备和照明装置，提高办公建筑物和家庭房屋的保温性能，这些建筑物的能源消耗和空气污染将减少一半。

　　经济中的建筑物是美国最大的能源消费部分，占了总能源支出的40%。建筑物消耗了国内发电总量的3/4。在一幢建筑物的使用期内，能源消耗费

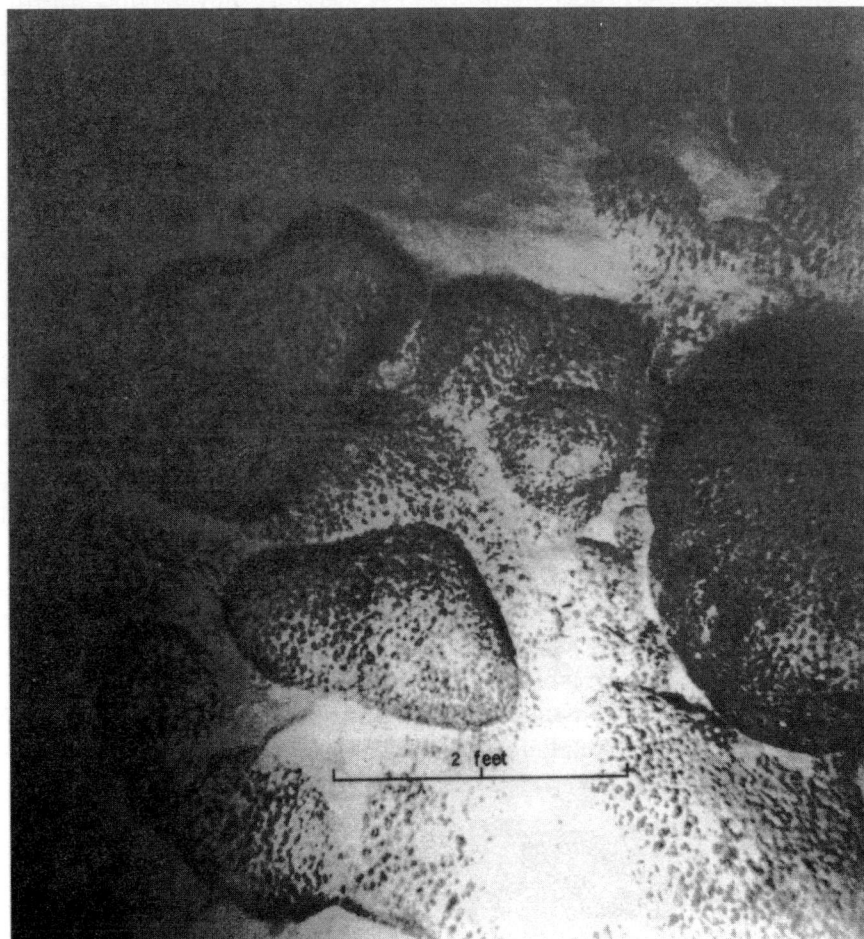

图176
4300英尺（约1.3千米）以下，马歇尔群岛塞维利亚盖约特（Sylvania Guyot）的锰团块（照片由K. O. Emery拍摄，美国地质勘探局提供）

225

用会超过建筑成本的两倍。同时，交通部分每年消耗了近两万亿加仑（1加仑≈4.5升）燃料，其产生的空气污染是化石燃料燃烧的一半。若美国汽车消耗1加仑燃料所走的里程数能增加5英里（约8千米），这会使每年二氧化碳排放量减少近1亿吨。高效能的汽车，包括电车（图177），会使汽车排放的二氧化碳量减少70%。拼车（car pooling）和轨道交通会减少大城市的烟雾现象。而且，天然气和甲醇等替代燃料的使用也会减少二氧化碳排放量，同时降低美国对国外石油能源的依赖。

煤是最丰富的化石燃料。然而，从颗粒物质和二氧化碳的排放以及产生气溶胶（由产生酸雨的二氧化氮和二氧化硫组成）等方面来看，它也是清洁度最低的燃料。尽管如此，在加压的流化床锅炉中，煤的燃烧效能将更大。与传统电厂相比，这些锅炉将大部分的污染物烧尽，能减少1/3的一氧化氮，减少90%以上的硫排放。而且，现存燃煤电厂若安装了污染控制系统，又会减少90%的一氧化氮和二氧化硫排放。这些改进能极大地减少美国酸雨发生率。

主要由甲烷组成的天然气是美国储量第二的碳氢能源。必要时转用天然气也会减少一半的二氧化碳排放量。不幸的是，在传输和分配中，会有大量的天然气泄漏到大气中，这可能会加剧温室效应。发电厂和机动车辆可以使用这种燃料。混有氢气的压缩天然气是机动车辆可以使用的最洁净的替代燃料。天然气的现存量能满足国家需求的快速增长。天然气也能通过废物转换生产得到补充（图178）。

图177
爱达荷州爱达荷瀑布边爱达荷试验设备正在监测电车（照片由美国能源部提供）

图178
佛罗里达州巴顿的用
于将动物排泄物转换
为甲烷气体的设备
（照片由美国能源部
提供）

　　不同于单独的设备燃烧燃料来产生电力、制造产品或给房屋供暖，热电联产是指"共同产生"，在一个过程中联合各项操作（例如利用生产过程中的热能给房屋供暖），而不是让热量简单的散发到空气中，从而大大提高热效能。热电联产能将总效能提升90%，减少一半的空气污染。借助提高能源效能、开发无污染的替代能源等保护措施，地球暖化将大大得到缓解。通过保护自然资源和使用替代能源，可以将地球资源留传给下一代。

循环利用

　　废物处理慢性问题的一个解决方法是回收利用（图179）。它不仅能减少投放到填埋场的垃圾，还不会产生污染，同时能降低开采或使用新原料的需求，较为环保。回收利用也会减少焚烧的需求以及与之相连的污染问题。应对日益严峻的废物处理问题，一个更为可行的办法是在回收利用的同时减少方便包装和过剩产品的生产。

　　为了减少垃圾数量，以过度消费和浪费为基础的美国经济需要进行大调整。这种经济系统可以借助以下方法得到改进：增加包装的税收、禁止某些

不可回收的塑料产品和一次性商品的生产、制定能延长产品寿命的一些标准。减免税收政策可能会鼓励工厂使用可回收材料。必须禁止制造商制作持久性差或易浪费能源的耐用品，鼓励他们尽可能使用再生材料。这些方法的实施不会使生活方式产生重大改变，同时能大大改善环境。

大约80％的城市固体废物为可回收材料。然而，在全国范围内实行回收利用较为困难，因为许多工厂拒绝使用二次原料。而且，工厂需要可回收材料充足、可靠的保证。回收利用几乎没有经济吸引力，而废物处理的其他选择，如焚烧，仍然富有吸引力。然而，通过主动回收可以减少或避免焚烧。塑料垃圾（约占填埋场垃圾量的40％）的回收利用能生成高质燃油，从而缓解石油进口问题。

可再生能源

如果在化石燃料供给短缺前还不能找到替代能源并快速投入使用，那么工业国家将面临一场大规模的能源危机。核能是解决地球能源慢性问题的最佳途径之一。许多欧洲国家，尤其是法国，极大地依赖核能来代替昂贵的化石燃料。应该建议人们重新估量核能以应对抗大气污染和地球暖化。核能发电厂本质上是无污染的，因为它们不会产生温室气体。但是，必须确保核电

228

厂的安全以防核意外发生。只有当核废料得到合理处置，才能视其为可行的替代能源。

核聚变能（图180）是可再生能源，其本质上是无污染的。它比核裂变能更安全。核聚变的副产物是能量和氦，氦是一种会逃逸至太空的无害气体。聚变研究已经取得了许多进步。然而，要建立一个可操作的核聚变发电站还遥不可及。除非近期就有一个重大突破，聚变技术能很快商业化，否则

图180
*纽约罗彻斯特大学的
欧米茄24系统，用于
研究激光聚变（照片
由美国能源部提供）*

229

近期内聚变不会成为解决世界能源需求的方法。

太阳能是另一个可行的能源替代。照射到地球的太阳能比地球现在使用的多几千倍。光伏电池或太阳能电池能直接将光能转换成电能，转换率约为20%。制作这种太阳能电池的成本很高，大规模使用也很不经济。然而，人们可以用大幅降低的价格大量制作效能稍低的太阳能电池。

太阳能工厂上大型的太阳能集热器阵列（图181）也可以将太阳能转换为电能。随着太阳光方向的移动，定日镜会自动跟踪太阳，正是一排排的定日镜将阳光聚集成一道强烈的窄光束。这束光被引向中心接收站，强光在这里会加热锅炉，过热蒸汽驱动汽轮发电机。现在，在经济上太阳能发电站不能与传统的化石燃料发电厂相比。然而，如果化石燃料变得稀少昂贵，它们就变得更加可行。

建筑物可以利用太阳能供应常规炉和热水器（图182）。这会在电费单上节省一大笔，同时保护了不可再生能源。处在阳光带的州，拥有充足的光照供给，能充分利用这种太阳能形式。在约10年内，太阳能系统的设备花费将与其所节约的电能持平。

在海滨，当离岸风、向岸风和其他风海流具有一定的规律性和可控性

图181
一个利用太阳能发电站的艺术品（照片由美国能源部提供）

图182
加利福尼亚州加利福
尼亚大学实验室的太
阳能集热板（照片由
美国能源部提供）

时，就能建造大型风能发电站（图183）。美国约90％的风能发电储量集中
在中北和西部的12个州。然而，甚至效能最高的风电场也不能和化石燃料发

图183
加利福尼亚州利物摩
尔附近的风力发电站
（照片由美国能源部
提供）

电的低价相比。新设计可能使风能成为更加经济的能源替代品，如使用许多风力发电机的高效的风力增强系统。风能的另外一个益处是无污染。

风也能驱动海浪，海浪可用来发电。巨浪对海岸的拍击是海浪能产生的能量大小的生动体现。人们已经制定出许多水电计划，欲利用这种丰富且经济、高效的能源形式。可以将潮水围在封闭港湾中，利用水降落产生的能量发电。一种利用水的降落的重要途径就是水电坝。然而，水电坝是相当昂贵的。那些较易建造水坝的地点已经被开发，而为了新水电坝工程而大量淹没宝贵的土地是不可行的。

抽水蓄能是一种新能源，是利用水能的另一种方式。在非高峰期间，尤其在晚上，当电的使用较低时，电动汽轮将水抽取并集中在水库。白天，在用电高峰期，水流通过泵（发电机）的作用回到原处。这种抽水发电作用平衡了发电循环过程中的高峰和低谷，使得电厂能以全部生产力运行，这大大提高了效率。

海热能的转化，可以简称为OTEC，其利用海洋里热层间的温度差来发电。表层水在大型低压蒸汽发生器里被烧沸，然后用更深地区的冷海水使水蒸气凝结。这些电厂也会产生淡水副产物，它是另一种宝贵能源。世界上许多沿海地区能利用这种独特的太阳能形式。

营养丰富的冷却水也能用于水产养殖，即养殖鱼类的商业活动，还可作为附近建筑物的冰箱和空调。这些电厂能建立在海边、陆上和海上的移动平台上。产生的电可以有效地供给电力系统，可以合成替代燃料如甲烷和氢气，还可以从海床中提炼金属，制造氨肥。

地热能的潜能巨大。美国西部以及阿拉斯加和夏威夷的年轻山脉地形有许多来源于火山，形成了发电所用的保存完好的地热能宝藏。据统计，在美国仅仅这种新地热能能源就是世界石油储备的两倍。仅仅在夏威夷本岛上的基拉韦厄火山的一次喷发所释放的能量就是地震期间整个美国能量需求的2/5。

在缺乏天然间歇泉的地区，可以通过将水注入深井中产生蒸汽的方式从分裂的干热岩中集取地热能。这种干热岩资源比石油储备多几千倍。干热岩分布在热辐射为正常水平的2～3倍的地表区域，在这里深度每加深1英里（约1.6千米），温度上升100℃。在干热岩内人工制造地热储层很难、很昂贵。但是，一旦成功，潜能巨大。

在一定意义上，地球内部可视为天然核反应堆，因为热量主要来自于放

图184
加利福尼亚州旧金山附近的间歇泉旁的地热发电厂（照片由美国能源部提供）

射性元素的衰变。世界上许多湿蒸汽区和间歇泉带通常与板块边缘频繁的火山活动相关。这些地区会流出地热能，用于生产汽热、电力。冰岛、意大利、墨西哥、新西兰、俄罗斯和美国等国家都在使用地下过热蒸汽资源来驱动汽轮发电机进行发电。

在长期范围内，可以证明地热能远比石油、煤，甚至核能珍贵。此外，它是无污染的。地球内部热量将持续几百万年。不像有限的化石燃料资源，地热能具有为人类提供上千年能量的潜力。仅美国的地热资源就大约是该国煤矿床所产生的热能的10倍，然而，它会产生过多的蒸汽场，从而迅速耗尽这种珍贵的自然资源。例如，加利福尼亚州的间歇泉（图184），它是世界上最大的地热发电厂。

继本章探讨了自然资源保护后，下一章将重点讨论地球上最珍贵的资源，即土地及生命。

10

土地利用

地貌的改变

本章探讨地球的地表特征以及它们的利用及滥用情况。如今世界面临的最重要的环境问题是合理利用土地及自然资源，使其供后代使用。不幸的是，人们抛弃了合理利用土地的观念，使土地每10年需要增加承载10亿以上的人口。目前，环境正在以前所未有的速度发生着剧烈变化。人类活动以如此快的速度改变着地球，已经成为另外一种巨大"地质作用力"。

随着人口高速发展，人类对环境的需求增加，而由人类导致的日益增加的环境污染正不断改变着地球，这种改变足以与长期的地质作用相匹敌。污染物进入大气和水中，正在永久地改变着生物圈和全球气候。因为不合理地利用土地和水资源，大面积地开采和燃烧化石燃料，工农业中广泛使用化学品以及全球野生生活环境的破坏，正在使全球环境发生着急剧的变化。因此，在地球面前，人类构成了一种巨大的地质作用力。

全球环境

地球地表有约1/3的沙漠，1/3的森林、草原和沼泽，1/5的冰川和冻土地带，剩余部分的陆地被人类所居住。沙漠是最炎热最干旱的地区，是一种最贫瘠的环境。在北半球，一系列的沙漠从北非的西海岸延伸穿过阿拉伯半岛和伊朗，并跨入印度和中国。在南半球，沙漠地带遍及非洲南部、澳大利亚中部和南美西部中心。

世界上大多数的沙漠荒地仅在特定季节接受少量的降雨。甚至一些地区长年没有降雨。由于这些限制条件，沙漠地区因无法提供人工水源而不能支持大量人口生存。约1/6的人口居住在沙漠边界的约占地球大陆1/4的干旱地区。

世界热带雨林仅占陆地面积的7%（图185），然而却含有地球上2/3，

图185
世界热带雨林分布图（阴影部分为热带雨林）

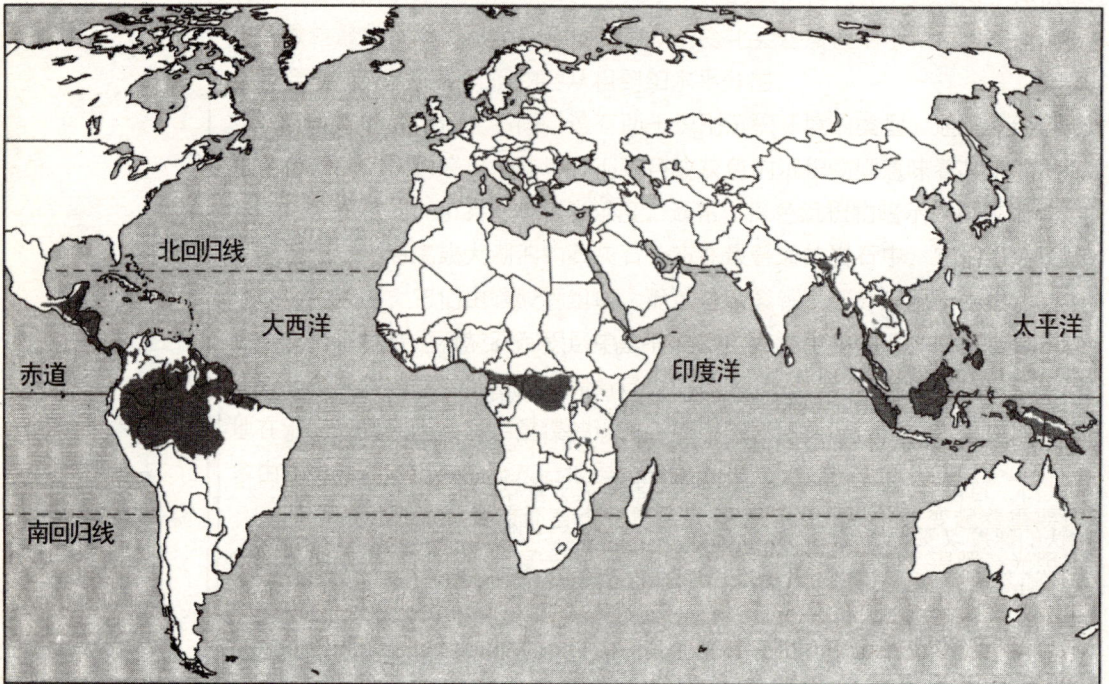

图186
美国纽约州尼亚加拉郡的十二英里河的河口湾（照片由吉尔伯特 G.K.Gilbert 拍摄，由美国地质勘探局提供）

甚至以上的物种。由于人类不断侵入，破坏了热带雨林中动植物的生存环境。这导致生态系统破坏，环境污染恶化，使一些仅生存于热带雨林的外来植物快速死亡。当90%的森林居住地消失时，将导致一般的植物、动物、昆虫和微生物濒临绝迹。物种多样性可以保护生态系统抵抗自然灾害，也就是使具有丰富物种的环境建立抵抗灾难的机制。相反的，具有少数物种的生态环境在恶劣条件下，具有崩溃的危险。

世界上一般的热带雨林已经因农业和木材砍伐而破坏。剩下的森林也处于滥伐的危险当中。北部大森林地区是针叶林和其他软木材的辽阔地带，穿越北美北部地带和欧亚大陆。在过去的一个世纪，因全球气候变暖，导致大量树木死于火灾、酸雨和病虫害，再加上人类砍伐，森林面积大幅度减少。

沼泽（图186）是世界上最富饶的生态系统。那里生长着很多动物和植物物种，包括有价值的鱼类。在美国，约有2/3的贝类生活在这些地区，在那里产卵繁衍。湿地也是一种自然的过滤器，能移去沉积物和一些水污染。而且，它们可以通过吸收多余的径流来减少洪水。此外，它们可以保护海岸，抵抗暴风及其带来的严重侵蚀问题。

世界上的湿地正在快速消失，其消失多数是由于人类活动的破坏。湿地被大面积的排水以供应额外的农田。急需养活日益增加的人口是导致发展中国家排干湿地的主要原因。短期的粮食生产阻碍了长期的经济和生态发展，忽略了保护湿地生态环境的益处。湿地消失意味着水生物种和野生动植物生存地减少，还会对当地渔业造成损失。在很多情况下，湿地的破坏是不可恢复的。

在美国的很多湿地已经因人类活动而被快速改变，例如佛罗里达大沼泽（图187）。建造防堤和填埋湿地使鱼类和水鸟的生存环境减少。外地物种的引入改变了水生群落的组成。淡水流的减少改变了湿地的动植物群落的动力学系统。而且，城市和工业废水已经污染了沉积物和生物体。有毒废水的排放和不断减少的淡水流，仍不断改变着湿地的支流和生物群落。

在美国，近90%的湿地由于农业目的而损失。森林湿地正以每天1,000多公顷的惊人速度消失。迁移的水鸭和其他水禽的数量已经由于繁殖地的排水而大幅度减少。在20世纪，北美损失了约950个鱼种。随着海面持续上升和全球气候不断变暖，到21世纪中叶，约有80%的沿海湿地和河口将消失。

欧亚大陆和北美的北极冻原（图188）覆盖了世界上14%的地表，涵盖

图187
佛罗里达州东南部的大沼泽因人类活动而被快速改变

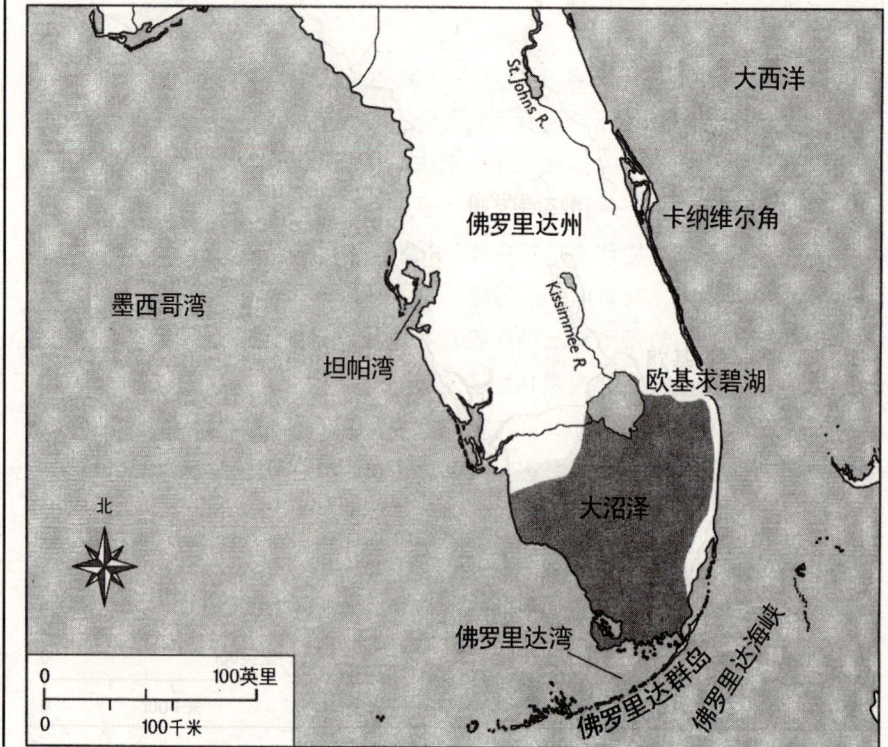

大西洋

St.Johns R.

佛罗里达州

卡纳维尔角

墨西哥湾

Kissimmee R.

坦帕湾

欧基求碧湖

大沼泽

北

佛罗里达湾

佛罗里达群岛

佛罗里达海峡

0　　　　　　　100英里

0　　　　　　　100千米

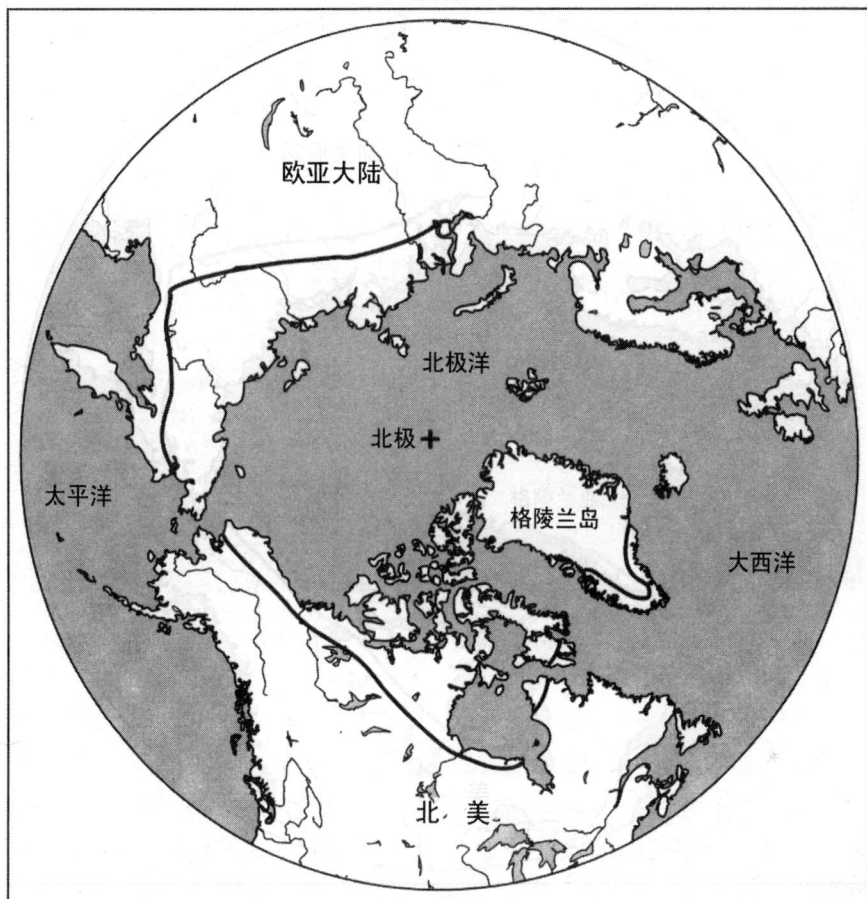

图188
北极冻原界线，其北
部地区仍长年冰冻

了森林界限北部及永久冰层南部的不规则地带。北极洲是指北纬66.5度以上
的北极地区，它包含大西洋附近的极北陆地，包括阿拉斯加州、加拿大和格
陵岛北部，冰岛北端及斯堪的纳维亚半岛（瑞典、挪威、丹麦、冰岛的泛称）
和俄罗斯的北部地带。

　　北极洲的气候比世界其他地方变化更大。由于北极冻原位于极高的纬度
地带，在漫长的冬季没有阳光。主要由矮小植物组成的植被被裸露的岩石和
土壤分离（图189）。有限的粮食资源、长年的疾风和低温使北极冻原成为
地球上最贫瘠的地区之一。

　　部分北极冻原还是世界上最无营养的居住地。在如此恶劣的环境中生存
需要特殊的生存适应性，那里仅生存着强健的仙人掌和少量的昆虫。在这特
殊的气候条件下，动植物必须完全利用有限的生长季节、降雨和营养。生长
季节通常只有两三个月。然而，因全球变暖引起的温度微小上升可以延长生

239

图189
阿拉斯加州铜河盆地西南部的北极冻原（照片由 J.R. 威廉斯拍摄，由美国地质勘探局提供）

长季节，导致生物群落的大改变。

北极冻原也是最脆弱的环境之一。即使是极小的波动也会导致该地区巨大的破坏。在稀少的草地上放牧会毁坏大面积的土地，石油和矿产开采可能毁坏坚固的土地，跨国的车辆轨迹在10年之后仍然存在（图190）。在冬季和早春时节，北极冻原就像北半球其他地区一样受烟雾干扰污染而出现"北极霾"。

珊瑚礁是所有海洋生态系统中最具有生物生产力的环境。珊瑚可能是世界上最繁忙的建筑家，甚至超过了人类的建造水平，而这些巨大的礁石是大量生物群落赖以生存的环境。珊瑚礁也是高生物生产力的中心，这儿的渔业为热带地区提供了主要的食物来源。不幸的是，在世界很多地方，沿珊瑚海岸发展的旅游胜地对该地区的产量造成了危害。

珊瑚礁沿岸的发展总是伴随着污水倾倒的增加、过度捕鱼以及由于建筑、捕捞、倾倒和垃圾填埋对礁石的物理破坏。大量礁石被做成古玩和纪念品，珊瑚礁遭受破坏。此外，因上游地区的森林砍伐，使河流携带大量被侵蚀的沉积物流入大海，因而堵塞珊瑚礁。近海物种易受沿海发展的影响，由于不断增加的环境污染和沉积，人类活动严重改变了近海环境。与人类生活环境接近的很多珊瑚礁和水下生物的数量正在减少。

在很多岛屿，例如百慕大群岛、原始岛和夏威夷岛，由于城市发展和污水排放，引起藻类过量繁殖，形成了一片厚层。由于好氧生物的大量繁殖，使珊瑚窒息甚至死亡。在冬季，这些礁石会处于极大的危险中，这是因为大量藻类覆盖在浅海礁石上（图191），导致珊瑚死亡，礁石最终因侵蚀而被破坏。

海洋温度的升高导致大量礁石褪色。珊瑚变白是因为共生藻类从它们的组织中脱离。藻类是珊瑚的营养来源，为其提供了60％的食物。藻类光合作用也促进珊瑚骨架的生成，为其提供了更多的碳酸钙。因此，藻类损失使礁石处于危险当中。褪色还破坏了珊瑚的再繁殖能力，即使可能恢复，也将需要很长的过程。有孔虫类、海洋浮游植物在全球碳循环和食物链中起着重要的作用，而目前，它们也遭受着类似的褪色影响。还有一些生物体的组织中也含有藻类，例如银莲花和海绵，它们也可能以相同的方式褪色。

另一种疾病袭击了佛罗里达基韦斯特（Key West）附近的珊瑚礁，被称为"白痘病毒"。它使珊瑚礁出现褪色的斑点，并攻击活珊瑚组织，导致组织分解并脱落，使下面的骨架暴露于外环境中。在一些地区，这种疾病导致50％～80％的珊瑚死亡。假若这种疾病继续扩散，它可能会破坏佛罗里达群岛著名的礁石，甚至破坏该地区整个海洋生态系统。珊瑚就像是"煤矿工的金丝雀"，它显示了鱼类等动物的居住场所——礁石的健康程度。很多发展中国家的大量食物供应依赖于珊瑚礁。因此，礁石环境的破坏是食物的严重

图190
美国阿拉斯加北坡
(Alaska North Slope)
地区的拖拉机轨迹，
图片左上方的小池塘
是路面永久冻结带的
冰面融化产生的。
（照片由O.J. Ferrians
拍摄，由美国地质勘
探局提供）

损失。

世界上仅有两亿平方英里陆地（约5亿平方千米，约占地球的1/3）仍处于原始状态，未受人类干扰。人类干扰迹象包括道路、社区、建筑物、机场、铁路、管道、输电线、堤坝、水库和油井。冰大陆中除了大西洋附近（图192）具有几个零散的村落外，实际上是茫茫一片荒野。然而，随着石油和矿石开采的开始，荒野的原始环境将改变。

在地球上，存在一些荒漠风带。一个地带穿越阿拉斯加州北部的北极冻原，加拿大和欧亚北部；另一个吹向西南部，从亚洲远东地区穿过西藏、阿富汗和沙特阿拉伯国家进入非洲。非洲北部的撒哈拉沙漠和澳大利亚的中心大沙漠地区是世界上人口密度最小的区域。

荒野地也存在于非洲其他地区、亚马逊流域周围和南美的安第斯山脉。20%以下的特定的荒野地区受到法律保护。至少一半的剩余荒地因恶劣的自然环境而无法进行自我保护。随着不断增加的世界人口，这些荒地很容易遭受破坏。

图191
美国关岛州阿加尼亚湾边的珊瑚藻地带（照片由J. T. Tracey Jr.拍摄，由美国地质勘探局提供）

图192
"沿海护卫号"碎冰
船打开通往南极洲麦
克默多（McMurdo）南
部的通道

森林砍伐

　　森林砍伐的很大原因在于政府对森林管理不善以及经济问题和快速增长的人口。森林砍伐是一种珍贵的自然资源的巨大浪费。贫穷国家无法承担丧失森林资源的代价。很多国家被赋予丰富的森林，然而，在经济的刺激下，木材资源被快速消耗，大量的森林用地转变为农业用地或其他用地。人们积极地管理剩余的不到1%的热带森林，以维持持续的生产。

　　3/4的全球森林是由贫穷底线上的人为生存而被砍伐的。在贫穷的热带国家，约有70%的木材砍伐是用作当地的燃料。木柴是一些贫穷国家加热和烧煮的唯一燃料，由于缺乏柴火，他们的森林正快速地耗尽。随着森林不断减少，严重的木柴短缺问题将迫近。

　　在这个地球上，仅剩余380万平方英里（约984万平方千米，相当于美国的国土面积）的热带雨林。在南美的亚马逊盆地，热带雨林正在以惊人的速度减少，减少的速度约为每分钟65公顷，即每年3,500万公顷（相当于阿肯色州的面积）。在全球范围内，价值上亿美元的木柴被简单地燃烧消耗掉。在巴西的亚马逊雨林，每年约2,000万公顷的森林被火灾破坏。发展者们已经破坏了20%的亚马逊雨林（图193）。如果这种破坏速度持续下去，那么到21世纪中叶，森林将消失。

　　沿大西洋巴西海岸的热带雨林已经减少到原来覆盖面积的1%以下，而

原先的森林，如今已经变为人为沙漠。在安第斯山脉一侧的山地森林已经遭受严重的威胁，其北部90％的森林已遭采伐。与亚马逊雨林不同，山地森林是相当脆弱的。不断增加的人口压力威胁着剩余的少量森林。从乡村到山地城市的移民数量在过去的几十年大量增加。因此，如今居住于安第斯山脉北部的人多于7，000万。为了道路、住宅区和农业建设，人们大量伐木除林，导致森林被大面积破坏。

大陆的其他地方正遭受着比南美洲更严重的森林损失。80％以上的墨西哥热带雨林被破坏。自1960年以来，在非洲西部象牙海岸的森林已经减少了75%。按照森林砍伐的百分比，东南亚大陆每年减少的森林比例更大。由于重新安置过度拥挤的爪哇岛的移民，印度尼西亚每年损失的雨林达2,500平方英里（约6,474平方千米）。

在美国，曾经的森林海洋如今仅剩余15%，而且仍遭受着病虫害、森林火灾（图194）或木材过度砍伐的破坏。每年约5万公顷古老的森林（主要位于太平洋西北部）被砍伐用于木材消耗。太平洋西北部一些地区的森林，因半个世纪之前被砍伐而导致大量水土流失，如今已经变成荒地。美国阿巴拉契亚山脉的森林是在约100年前被清除的，但是至今还没有恢复到先前的状态，也可能永远都无法返回了。至少需要200年时间才能恢复原生的森林生态系统。树木是森林中最古老的成员，通常可以存活上千年。曾经覆盖在美国东部的辽阔的森林，如今仅剩余不到1%，如果森林破坏继续下去，那么太平洋西北部和阿拉斯加州将遭受与之相同的命运。

雨林砍伐主要是出于农业目的（图195）。发展中的国家为了提高人民的生活水平，第一步措施便是为农业发展而清除森林，排干湿地。大部分的土地是采用刀耕火种法清除的。之后，森林被燃烧，燃烧的灰烬用于肥沃这些稀薄而又缺乏营养的土壤。由于人工的化肥对于发展中国家的农民来说过于昂贵，因此土壤经过几年的耕种之后快速贫瘠，被人们抛弃，然后又有另

图194
在1988年夏天发生的黄石国家公园的森林火灾，毁坏了公园一半的森林土地（照片由国家公园管理局提供）

245

图195
由于农田燃烧而产生
大量浓雾,因而无法
从太空船上看到非洲
扎伊尔

外一片森林被燃烧。由于这些被丢弃的农田缺少植被覆盖来抵挡风雨的侵蚀,因此发生了严重的水土流失。土地暴露于环境中,土壤严重侵蚀,使森林恢复工作难以进行。

森林采伐的第一步是砍伐,随着伐木工人开辟通向森林之路,为后期农民的进入铺平了道路。约15%的树木被砍伐用于木材生产,其中大部分由于低效的采伐和加工方法而被浪费。热带雨林快速减少主要是由于现代木材砍伐方法所导致的,包括大范围的使用链锯和推土机。木材公司应用木材采伐设备,采用巨大的剪切工具,将树木从底部快速切割。木片切削机可以将100英尺(约30米)的树木在数秒内碾碎。大部分合意的树木被移走之后,多余的树木和木屑被燃烧殆尽。

雨林中的土壤质量通常较差。由于营养物会随着暴雨而渗出流走,因此利用燃烧后的灰烬进行施肥的方法仅在前几年内有效。因为集约耕作快速消耗了土壤中的营养物质，所以农民被迫抛弃原有的田地，然后再次清除森林以获得更多农田。当大雨降临，暴洪将裸露的土壤冲刷流入基岩，于是森林无法恢复到原状。被破坏的热带雨林改变了降雨格局，使广阔的地区成为"人为"的沙漠。

由于大范围的森林砍伐引起的水土流失，导致河床承载过量沉积物，使下游产生洪灾危险。洪水冲刷印度南部的喜马拉雅山裸露的丘陵地带，恒河和雅鲁藏布江携带大量沉积物进入孟加拉湾，使孟加拉国发生洪水，导致数千人死亡。因森林砍伐，美国南部亚马逊河在洪水季节被迫携带过量水流。森林砍伐对土壤、水质和地区气候产生了严重的环境影响。森林采伐区水土流失严重，使河流中的沉积物增加，损害了河流湖泊中的鱼类。

森林采伐还会导致水面上升。抽取地下水，改道河流，排干湿地，砍伐森林等人类活动使全球海面上升1/3。储存在地下蓄水层，湖泊和森林中的水比以前更快地流入海洋。森林将水储存在生物组织和被植物覆盖的潮湿土壤中。此外，水是森林燃烧后的产物之一，当森林地区被摧毁后，水最终流入海洋，从而提高海平面。

生态环境毁坏

由于森林和野生生存环境的破坏，地球正处于危险当中。地质历史上的大量植物正在死亡。如果目前的趋势继续下去，大量植物物种将可能灭绝。仅在美国，约7%的植物物种濒临灭绝。森林毁坏、农田发展，城市化进程等使植物濒临灭绝。

在美国，一千多种的动植物正濒临灭绝。到21世纪中期，物种灭亡的数量将超过地质历史时期的任何一段时间。随着人口数量增加，占据了大量土地空间和资源，污染了土壤、水和空气，使大量植物和动物死亡。

由于人类侵蚀野生生存环境，珍贵的动植物正在以惊人的速度死亡。其中35%的鱼类，25%的两栖动物，25%的哺乳动物，20%的爬行动物和10%的鸟类正处于灭亡的边缘。物种消亡主要是由于热带地区和世界其他地区的森林被毁坏。由于森林砍伐使河流沉积物增加，酸雨使河流湖泊酸化，导致淡水鱼大范围快速消亡（图196）。

雨林是8万植物的家园。特定的外来植物正在快速消亡。假若这种趋势继续下去，大量植物物种将濒临灭绝。一些植物具有重要的药用价值。一

图196
林务局研究员检测湖泊酸度（照片由美国林业局提供）

半的药物来自自然植物，而其中的大部分仅产于热带雨林。因此，如果这些森林被继续毁坏下去，人类将无法找到治愈致命疾病的药房。由于人类的侵入，热带雨林的生态系统被破坏，环境被污染，使动植物被迫离开它们的家园。

意识到物种暗淡的将来，为了阻止生存环境继续破坏，防止物种灭绝，一些国家设立了保护区。然而，这些地区仅占剩余森林面积的1%。在非洲，人类居住的岛屿周围曾经是一片野生动物的海洋，而现在却是少量动物周围居住着大量人类。在美国和其他一些国家的森林面积在最近几年有所增加。美国森林保护局已从其他用途中抢救了数百万英亩（1英亩≈0.4公顷）林地，并建立野生保护区。不幸的是，围绕这些领土的森林仍在遭受破坏。

当人口数量增加到一定的程度时，非洲大象便快速消亡了。由于大象是一种有巨大需求的大型动物，它最大的生存威胁是土地被人类破坏而需要移居到其他地方。这些大型食草类动物通过开阔森林（指将部分森林树木移开）来改善自身的生存环境，下层的草从而得以茂盛地生长，加速了养分等的循环。开阔的森林也更不容易遭受森林火灾。不幸的是，随着这些大型食草动物消亡，有利的生存环境被扭转了，小型草食动物的栖息地受到限制，从而导致大型的动物也面临灭绝的边缘。

如果全球暖化变得过于明显，森林，尤其是保护区可能会从正常的气候体系中独立出来，继续向高纬度迁移。森林向极地地区转移，其他野生生存环境，包括北极冻原，可能将完全消失。因为植物直接受温度和雨林变化的影响，所以它们将遭受最严重的损失。很多物种可能不能跟上环境改变的步伐。而那些可以迁移的物种会发现它们的道路被自然或人为的障碍所阻挡，包括城市和农田。气候的改变可能引起整个生物群落的重整，导致很多物种灭绝。而那些通常被称为害虫的物种，将在陆地上大量繁衍。

热带雨林是迁徙物种的冬日家园，它的消失将引起北方国家的鸟类数量减少。此外，那些本身居住在森林中的物种也正在死亡。鸣禽（如画眉、喜鹊、柳莺、黄鹂、煤山雀、山雀、啄木鸟等）已经大量消失。鸟类正处于极度的威胁当中。在过去的几个世纪里，人类使大量鸟类物种灭绝。目前，由于人类活动直接或间接地改变环境，对鸟类产生危害，导致鸟类物种处于危险或灭绝的边缘。

在全世界，那些在地球上已经生存3亿年的两栖类动物（如青蛙等）正在以惊人的速度消失，这可能是全球灭绝的前奏。两栖类动物发育畸形，例如青蛙多足或少足，很可能是由于农药和化肥污染引起的。正像所有的两栖类动物一样，青蛙具有可渗透的皮肤，它会从环境中吸收毒物。自20世纪60年代以来，由于森林采伐、酸雨、污染和臭氧空洞，青蛙种类已经大量消亡。而且，即使是在几乎没有人类干扰的自然保护区，两栖类动物也正在消失。例如在哥斯达黎加的云雾森林保护区，2/5的青蛙物种已经在几年内没有被发现。这些生物的死亡，可能是地球正处于严重危险的早期征兆。

土地滥用

滥用土地正逐步改变着气候和环境。森林采伐、放牧、农业和经济发展引起的气候变化，已经深刻地改变了几乎每一片土地。人类通过对局部或地区的土地规划对环境产生巨大影响。世界上大部分地区的人类活动已经严重干扰了土地资源和水资源利用的模型。全球森林和野生生存环境的破坏，化石燃料的大规模开采和燃烧以及有毒化学品在工业和农业中的使用已经永久改变了生物圈中重要营养物质的循环。

以上这些人类活动可能也会影响全球气候并且改变降水格局，引发旱灾，并在一定时期内导致农田减产（图197）。由于贫穷、人口数量增加和

图197
在20世纪30年代干旱尘暴时期，发生在科罗拉多州巴卡郡农场的沙尘暴。漂浮在空气中的尘土形成了浓厚的含沙云层，土壤在建筑物周围流动，大气可见度为零（照片由美国农业部土地保护局提供）

土地滥用，旱灾的影响将进一步恶化。土地使用变化也将改变水循环，导致雨林减少，土壤湿度降低。

世界上大部分地区的人类因土地毁坏而无法养活他们自己。农业减产的原因在于森林和湿地的消失，地表土破坏和沙漠化，不合理的灌溉方法和地下水的过度使用。人口压力、有限的食物和自然资源之间的矛盾对政治和经济稳定性产生了巨大影响。

维持食物产量的同时却大量毁坏子孙后代的土地是毫无意义的。目前，很多国家能够养活他们自己，然而，这却是以牺牲土壤和地下水为代价，因此会对人类的长期生存产生问题。全世界的农民需要在每年减少200亿吨地表土的情况下多养活1亿人口。由于土地破坏将导致世界各地的下一代无法完全地养活他们自己。各国处于两难的困境之中——应该养活现今不断增加的人口，还是为将来保留土地？

约10%的土地用于耕作，25%的土地用于放牧。约400平方英里（约1,035万平方千米）的可耕地需要养活一百万人口。据估计至21世纪中叶人口将翻倍，这时需要更多的土地用于耕种，或者是在现有的土地上生产两倍的粮食。前者需要采伐更多的森林并排干更多的湿地，而后者的集约型农业将最终破坏土壤。

在人口的巨大压力之下，正常情况下需要休耕的土地被用于生产，导致土壤快速贫瘠。在土地、水和能源等基本农业资源方面，美国已经没有过剩的生产力。石油短缺导致氮基化肥量减少，也使农场机械和地下水汲取设备的燃料减少。在雨林中松软的土地上耕种将对其产生巨大灾难。土壤盐碱化，是限制农业产量的最大因素之一，而过度灌溉导致的盐碱化将在本质上破坏大量土壤。

世界粮食出口大国已经将其大部分耕地用于生产（图198）。为了增加出口，美国农民增加上百万公顷的土地用于生产。其中很多是不合标准的用地，例如坡地、边远田地和易于侵蚀的脆弱土壤，最终导致美国失去农业用地。而且，每年不断扩展的城市会再占据一百万公顷的有用农田。

城市化

约有一半的世界人口居住在城市。20世纪90年代增长的人口中有4/5居住于城市内，使城市的人口密度再创新高。高人口密度通常预示良好的气候和动植物的生长情况，没有沙漠、山脉或其他人类生活环境的阻碍物。而那些人口数量极少的国家，通常气候恶劣或者是地理位置不适宜居住。世界上约有1/3的大陆是由不适宜居住的荒地组成的。然而，其中仅一半的地区凭

图198
美国已经将其大部分耕地用于生产，在图中所显示的是内布拉斯加州沃尼塔市附近与农田接壤的高地黄土（照片由卡德威尔(W.D.E. Cardwell)拍摄，由美国地质勘探局提供）

251

借其令人难以接近的自然条件进行自我保护。

人口密度最大的地区是岛屿和低洼河流三角洲。位于中国沿海的澳门岛是地球上人口密度最大的地区。约35万人口拥挤在仅6平方英里（约10平方千米）的地方，即平均每平方英里居住6万人口。如果人口可以平均地分散在这个岛屿上，那么每人可以占据1/4网球场的空间。在孟加拉国，约有160万人挤在像威斯康星州一样大小的地区，每平方英里近2，000人。

过度拥挤会破坏社会的结构，使失业率上升，犯罪率增加，无家可归者增多。过度拥挤和日益减少的宝贵自然资源，引发了世界各地的暴力冲突。这种情况在贫穷国家尤为明显，随着人口大量增长，森林、农田和水资源短缺给其带来了难以承受的困难。

每个社会都在努力为人民提供基本的生活需要，包括足够的食物和住房以及健康的环境。只有这些基本需求得到保证，才可能将注意力转向舒适和便捷，而这些恰恰是衡量社会生活水平的标准。不幸的是，在世界上的大部分地区，由于人口持续增长，远远超出了土地的生产能力，使生活质量遭受损害。结果，迫使人们需要花费更多的时间和精力去获得生存的足够食物，而几乎没有多余的收入用于提高他们的生活水平。

然而，即使是人口数量保持不变的地区，因为生活水准不断改善，其对自然资源的需求日益增加，所以这种对环境的破坏性就像人口不断增长，但生活水平增加缓慢的地区一样。城市人口密度增加，生活水平提高，这些都依赖于自然资源的不断输入，因此，在面临全球数量不断增加的前提下，环境保护变得异常困难。

过度拥挤的城市更易遭受自然灾难。自1975年以来，约2.5万人死于自然灾难，10万人受伤。除去间接的损失外（例如商业和就业损失，环境危害和受难者的精神损失等），这些事件的直接损失达5，000亿美元。暴风雨导致的损失最大，其次是地质和火山爆发。其中70%损失惨重的灾难发生在1989年以后，表明灾难爆发的代价越来越大。

人们涌向沿海地区和低洼河流三角洲，使其遭受热带风暴的危险增加。地震导致建筑物倒塌，压死了很多居民（图199）。过去几十年不断增加的人口，迫使人民居住在世界600座活火山附近。在20世纪，每年因火山爆发的死亡人数达1，000人。随着危险火山附近的人口不断增加，这个死亡数量还会继续增长。

大部分在不发达国家的20个城市平均人口超过1，000万。很多城市正变成蔓延的贫民窟，服务设施缺乏而导致疾病、污染、犯罪、失业和政治动乱增加。世界各地，尤其是在不发达的国家，流行病正在上升，城市贫民窟的

图199
1976年，一座砖房在中国唐山大地震中完全倒塌，这次地震导致25万人死亡（照片由美国地质勘探局提供）

扩大对其构成了严重的健康危害。

自文明开始，人们便已经居住在河谷，为争夺河道而战。过去，工厂都建在河流附近，这是因为河道为材料的运输提供了方便，为其加工和冷却提供了水源，也使水的排放更加便捷。当人口稀少，工业还处于萌芽期时，工业污染物被河流稀释，几乎不会对环境产生影响。然而，如今，随着人数大量增加，工业化进程加快，污染已经成为一个严重的环境问题。尽管河谷通常是工业化的较佳场所，但是它们也更易产生逆温现象，逆温会圈住被污染的大气，使其不易扩散。

3/4以上的美国人居住在大都市，每个城市人口超过50,000。人口数量从农业区向工业经济区过渡，这种现象与一百年前完全不同，那时一半的人口仍居住并工作在农田。在欧洲，随着工业化改革，城市人口开始超过农村人口。在大城市好工作的诱惑下，大量移民从农场转入工厂。

城市区域改革从农村到城镇，从城市到大都市，整个城市区域人口至少一百万。在1920年，美国主要的城市区域占据了国家1/3的人口，而2/3的多数人口住在农村。50年过后，情况完全相反，城市地区居住着大部分的人口。目前，主要城市区域容纳了80%以上的美国人。而且，蔓延的城市占据了美国1/6的陆地面积，城市扩张对环境产生了严重的影响。例如，城市化

253

引起机动车的增长，导致更多的污染雨水进入地层水。

城市化扩张每年损失了上百万公顷的珍贵农田。美国正以每小时50公顷的速度损失着农田。城市化扩张以如此快的速度吞没附近的农田，如果农业用地持续减少下去，而人口却继续增长，美国将被迫进口粮食。据估计，到21世纪中叶，人口将增加50%，然而，农田将缩减15%。

最佳农业用地的毁坏使低产量、环境脆弱的土地压力增大，导致大量的水土流失（图200）。美国每年约有200万公顷的农村土地变成非农用地。这些农村用地被用于城市发展、交通建设、水库、野生动物庇护所、荒地、公园和休闲度假村，其中3%的土地被建筑物和道路覆盖。

城市化使城市地区的大部分土壤与雨水和径流隔绝。因此，当下水道无法处理大量雨水时，雨水就会回溢出到街道上，引起局部洪水（图201）。城市环境使小流域的洪水规模增大，频率增加，其增加的速率取决于公路和混凝土等不可渗透土地的面积以及暴雨排泄的面积总值。

城市发展需要以牺牲大量树木为代价。树木的减少产生了"热岛效

图200
在南达科他州，未受保护的农田遭受侵蚀，将大量表层土冲刷进入河流（照片由Tom Pozarnsky拍摄，由美国农业部土壤保护局提供）

图201
1967年3月6日,小卡纳华河洪水泛滥,毁坏了西弗吉尼亚州格兰次维市的房屋(照片由E.A.Gaskins拍摄,由美国农业局土地保护局提供)

应"。"热岛效应"指道路和建筑物使蓄水池温度增加,导致城市地区的温度比周围乡村的温度高几度。热岛效应是由城市建筑物、公路以及那些可能导致全球变暖的工厂所排放的温室气体所产生的。由于城市地区的高温,需要采用更多制冷设备来代替植被的自然冷却作用,使能源需求增大。损失的树木也使城市自身生成的二氧化碳和其他污染物的吸收量减少。

无污染能源不断发展。大气中二氧化碳的含量可以通过种植树木来减少,森林覆盖率增倍将使主要化石燃料消费国造成的全球暖化延迟10年以上。然而,热带雨林的破坏必须停止。因为砍伐古老森林以及燃烧、分解、加工木材等过程都会增加二氧化碳在空气中的含量,产生温室效应。

全球的森林占据了近300万平方英里(约780平方千米)的面积,相当于美国的国土面积,起着平衡全球二氧化碳的作用。全球的森林面积也相当于自农业开始以来消失的热带森林面积。通过种植更多的树木,使有足够的树木吸纳由人类活动排放到大气的过剩二氧化碳。每种植约100万棵树木,每年将从大气中消除约18万吨二氧化碳。新树木需要二三十年才能成熟。而且,未成熟的树木不能像成熟的树木一样吸收这么多的二氧化碳。森林砍伐破坏了表层土壤，因此，再种植树木不再是一种选择。不过，新的森林可以种植在许多退化的已不再具有农业生产力的土地上（图202）。

土地使用规划

一系列的卫星系统和强大的计算机等现代技术的应用，为研究整个地球系统提供了测量和计算工具。科学家们已经获得了关于全球进程以及地球的现状的较为全面的信息，他们也忧虑地意识到人类已经严重破坏了这个地球。如果世界人口像以往一样持续增长，人类的破坏活动仍然不改变，科学技术可能无法阻止不断蔓延的贫穷和不可修复的环境破坏。当世界人口过多时，技术不再是解决问题的工具，而仅能推迟这些问题的发生，在将来的某一天，这些问题将可能以远远超出人们的控制的速度蔓延。

西半球的热带雨林面积曾经达300平方英里（约780平方千米），而如今已减少至原来的1/3。此外，非洲近3/4的热带雨林已经遭到破坏。利用卫星技术来诊断、鉴定并测量森林减少的征兆显得极为迫切。这些观测可以在全球范围内评估并检测森林破坏的情况，为政府提供重要的信息以帮助减少

图202
田纳西州卡特郡，斜坡上云杉林土壤被侵蚀，小木屋被破坏

图203
被抛弃的采石场变为
公园的水上娱乐场所
（照片由E．A．Imhoff
拍摄，由美国地质勘
探局提供）

森林和野生生存环境的破坏。

不是所有的土地都是一样的。对城市的发展来说，土地特殊的物理和化学特征比地理位置更加重要。土地资源是有限的，因此土地规划需要根据特定的需要，合理地使用土地。由于城市区域附近需要额外的土地，用于垃圾填埋或采矿等特殊目的，因此需要开垦更多的土地（图203）。

地形地貌被用于评估土地使用规划、选址、建设以及与这些活动有关的环境影响。在景观评价中，地质学为人们提供了地表和地下的地质信息，用于评估、设计和建设大厦、公路、机场、水库、隧道、管线和娱乐设施等工程项目。

用于景观评价的具体信息通常包括陆地材料的物理和化学性能，基岩深度，斜坡稳定性，地震危险性评价，地下水特性和漫滩的存在情况。没有这些正确的地质信息，一直困扰该地区的自然灾害将导致大量人畜死亡和建筑物破坏。

随着越来越多的森林和农业土地被用于城市化建设，卫星图中光谱特性已经发生了明显的改变。土地规划者越来越需要获得最新的土地使用卫星图，进而解决日益增加的地球人口和有限的资源之间的问题。规划者利用收集的准确数据（包括卫星数据），并利用智能规划，从而确保最佳地使用宝贵的资源。

在城市地区，从卫星图中可以识别不同层次的居住环境，例如中央商务区通常有高密度的建筑物，密集住宅区有草地覆盖，而在稀疏住宅区常常有缓慢生长的树木。在美国，很多大城市是以市中心为核心，其周围是繁荣并日益增长的郊区和远郊地区，被称为甜甜圈复合体。

因为混凝土往往吸收太阳低端的近红外辐射光谱，所以在多谱段卫星图中，建筑物多的地区普遍呈现蓝灰色。草场和树林呈现红色，因为它们对近红外辐射的反射率高。卫星图，被称为假彩色摄影，对于测绘植被极为有用。大都市仍在继续扩大，侵占曾经的原始农村，比较不同时间内采集的卫星图，可以监控城市的无计划扩张。

结语

我们最后必须要声明的是世界人口剧增对环境产生了巨大的影响。然而，人们在关于地球恶化的讨论中，总是忽略人口增长问题。实际上，由于人口增长所带来的贫穷、环境恶化等严重问题是不容忽视的。人口快速增长导致环境巨大变化的现象表明人类正在以空前的速度影响着全球的环境。如今，鉴于人类活动水平的破坏作用，大量人口的增加可能是灾难性的，它会直接导致全球变暖、环境污染、酸沉降、臭氧空洞、水土流失、森林砍伐、物种灭绝等一系列问题。

如果这些破坏活动持续下去，那么自然界的平衡将被打破。生物体之间以及生物体与环境的复杂作用体系尚未被人类完全认识。然而，我们可以确定的是，假若人类继续无知地忽视问题、浪费资源，那么自然界将被颠覆，未来的整个生态世界将与现在的地球完全不同。随着人口数量无控制地持续增长，其他物种将被迫让出空间，被用于农业、工厂和城市化建设，进而环境被破坏。

有限的资源和越来越多的人口之间形成了冲突。人口的迅速增长使世界资源处于极大的压力中。人们在展望未来的同时，也开始怀疑，在不严重破坏地球的前提下，这颗星球是否能继续支持人类日益增长的需要。自然资源的损耗也将进一步危及人类进步。世界经济活动的增长需要不断满足日益增长的人类需求，这将对生物圈造成不可逆转的损害。人类正在摧毁世界森林，并向大气和水体中排放污染物，从而使生物圈的组成往不利的方向发展。

人类活动似乎是造成气候异常的原因。大气组成正以前所未有的速度发生着显著变化。人类排放的废弃物不断破坏环境，实际上，人类正无意识地进行着一项危险的全球实验。每吨二氧化碳，每加仑污染物，每个物种的灭绝，都在使世界向危险的边界更进一步。人口增加、森林毁坏、树木砍伐、表层土流失和污染排放等正严重地毁坏着整个地球环境，如果人类自身不控制人口增长，那么自然将为我们控制人口。

专业术语

aa lava **块状熔岩**：这种熔岩由巨大的不规则的块状岩石组成

abrasion **磨蚀作用**：流动的水、冰和风挟带岩石颗粒产生的摩擦腐蚀

abyss **深海**：通常指海洋一英里（约1.6千米）以下的深度

acid precipitation **酸沉降**：是一种沉降类型，通常含有较高浓度的硫酸和硝酸

aerosol **气溶胶**：指大量固体或液体颗粒悬浮在大气中

agglomerate **集块岩**：是一种火山碎屑岩，由坚火山碎屑固结而成

air polluton **大气污染**：因自然或人类活动引起的空气污染

albedo **反照率**：物体反射太阳光的总量，它由物体的颜色和结构决定

alluvium **冲积层**：河流淤积产生的沉积层

alpine glacier **高山冰川**：是山上或山谷的冰川

aquifer **蓄水层**：是地下水流经的地下河床

ash fall **降落灰**：从火山喷发产生的云层中降落的细小固体颗粒

asperite **震源**：断层隆起，最后裂开导致地震的位置

asteroid **小行星**：岩石或金属物质，能使地球产生陨石坑

asthenosphere 软流圈：位于上地幔，约地表下60~200英里（约96~320千米），与上下层的岩石相比具有更强的塑性，可能存在对流运动

atmosphere 大气圈：在高空约10英里以下的薄层是对流层，其质量占整个大气圈的80%。对流层以上是平流层（10~40英里，约16~64千米），平流层的大气压力较低且稳定

atmosphere pressure 大气压：指在任何表面上，单位面积上所受的大气柱的重量，也称为大气压强

avalanche 雪崩：由于地震或特大暴风雪引发的振动，导致雪堆的滑塌

back-arc basin 弧后盆地：一种火山的海底扩张机制，由俯冲带之上的岛弧向后扩张引起

barrier island 障壁岛：指一种低的狭长的沿海岛屿，与海岸线平行，能够保护海滩免受暴风雨的侵袭

basalt 玄武岩：一种暗色火山岩，在熔融状态下通常具有流动性

bedrock 基岩：位于新矿物之下固体岩石层（常温常压下较稳定的新矿物构成地壳表层风化层，风化层之下的完整的岩石称为基岩）

bicarbonate 碳酸氢根：由岩石表面的碳酸作用产生的离子；海底生物利用碳酸氢盐和钙来构建碳酸钙支撑结构

biodegradable 生物可降解性：能够被微生物降解为环境安全物质的一种性质

biogenic 生物成因：动植物的遗物或遗体沉积物，例如贝壳

biomass 生物量：在特殊生存环境中生命物质的总量

biosphere 生物圈：地球中有生命活动的领域，与其他生物和地质进程相互影响

black smoker 黑烟囱：过热的热液水上升到大洋中脊表面；水中含有过饱和的金属，而当其从海底退出时，被迅速冷却，此时，原先被熔化的金属产生沉淀，生成黑色，烟雾状的流体

blowout 风井：由风蚀产生的凹坑

blue hole 蓝水湾：充满水的陷坑

bomb volcanic 火山弹：是火山爆发时，熔融或部分熔融的岩屑飞入空中，冷却下落形成

calcite 方解石：一种由碳酸钙组成的矿物

caldera 火山口：是指火山顶端巨大的坑状凹陷，由大爆炸或塌陷产生

calving 冰崩：海洋中冰川上冰体崩落的现象

carbonaceous 碳质物：一种含碳的物质，例如石灰岩等沉积岩和特殊类型的陨石

carbonate **碳酸岩**：含碳酸钙的矿物，例如石灰岩

carbon cycel **碳循环**：是指碳从大气进入海洋，然后转化为碳酸岩，再通过火山作用返回到大气中的一个过程

carcingen **致癌物**：自然或人为产生的物质，当其在环境中的含量达到一定值时，会诱发癌症

catchment area **汇集区**：地下蓄水层的补给区

circum−Pacific belt **环太平洋带**：太平洋板块边缘的地震活动带，与太平洋活火山 (the Ring of Fire) 带相符

climate **气候**：一段时间内，特定区域的天气状况

coal **煤**：一种化石燃料，由植物变质沉积生成

coastal storm **沿海风暴**：低压气旋沿沿海平原移动或直接袭击海岸

condensation **凝结作用**：一种物质由气态变为液态；与蒸发作用相反

conduit **火山通道**：火山产物从岩浆储层到地表的途径

cone，volcanic **火山锥**：是指任何一种锥形的火山

contaminant **污染物**：任何一种会污染环境的物质

continent **大陆**：由浅色花岗岩组成的板块，位于上地幔致密岩石上层

continental drift **大陆漂移**：在整个地质时期，大陆漂移在地球的表面

continental glacier **大陆冰川**：覆盖在一部分大陆表面的冰层

continent margin **大陆边缘/陆缘**：位于海岸线和深海之间的区域，它是真正意义上的大陆边缘

continent shelf **大陆架**：在浅海地区，大陆的海上区域，它是陆地在海水下的自然延伸

continent shield **地盾**：古代的地壳岩石，陆地生长于地盾之上

continent slope **陆坡**：从大陆架到深海地区的过渡带

convection **大气对流**：一种循环，流体介质在热力作用下的垂直上升运动；当物质被加热时，就会变轻而上升，冷却时就会变得致密而下降。

convergent plate boundary **聚敛板块边缘**：板块在地壳板块边界发生会聚；通常与深海海沟有关，此处古老的地壳在俯冲带处被破坏

coral **珊瑚**：是一群浅水底层栖息的海洋无脊椎动物，它们是热带地区的具有造礁作用的群体

core **地核**：地球的中心，由重的铁镍合金组成

Coriolis effect **科里奥利效应**：使风或运动的物体产生偏移的一种现象，它与地球的旋转有关

crater，volcanic **火山口**：在大部分火山顶端内旋的锥形凹坑，它是由火山喷

出物爆发形成的

creep 蠕变：地球物质的缓慢流动

crevasse 裂隙：地壳或冰川中的深裂缝

crust 地壳：地球或月球外层的岩石

crustal plate 地壳板块：岩石圈的一部分，在构造活动时与其他板块之间发生相互作用

deforestation 砍伐森林：为了农业或其他目的而毁坏森林

delta 三角洲：在入海口处形成的楔形沉积物堆积

density 密度：单位体积物质的质量

desertification 沙漠化/荒漠化：自然或人为地不合理开发利用使土地变得干旱、贫瘠的过程

desiccated basin 乾化盆地：由古代海洋蒸发形成的盆地

developed nation 发达国家：现代化程度较高，相对富裕的国家

dew 雾：空气因辐射冷却使气态水蒸发形成液态水滴

dew point 雾点：在恒定的气压和湿度条件下，空气因冷却而到达饱和的温度值

diapir 底辟：密度较小的熔融岩石穿过较重的岩石向上流动

divergent plate boundary 离散板块构造：板块在地壳板块边界发生分离；通常与大洋中脊有关，此处液相的岩石从底部上升，固化后形成新的地壳

downwelling 下降：流体比周围的介质密度大而下沉

drought 干旱：异常的干旱天气引起的长期的缺水，对农业和其他生物活动产生严重的危害

drumlin 鼓丘/冰锥丘：一种主要由冰碛物组成的流线型丘陵，面向冰川运动的方向

dune 沙丘：由风的作用形成的沉积物丘陵，通常是运动着的

earth flow 土流：土壤或岩石的向下移动

earthquake 地震：在地球内部地质力作用下，岩层沿活动断层突然开裂

ecology 生态学：是研究生物及其生存环境的相互作用关系的学科

ecosystem 生态系统：生物群体及其环境有机结合形成的完整的、独立的生物学单元

effluent 废水：液相废弃材料（通常是一种污染物）的流出物

elastic rebound theory 弹性回跳理论：关于地震发生依赖于岩石可塑性的理论

environment 环境：作用于生物体的复杂的物理因素和生物因素，它决定了生物体的生存和进化

eolian 风成：风作用产生的沉积物堆积

epicenter 震中：是震源（地震发生的中心）在地表水平面上的垂直投影

erosion 侵蚀：由于风、水流等自然因素导致的地表物质的磨损

estuary 河（口）湾：潮水沿着沿海进入的地方，此处是鱼和贝类的重要生存环境

evaporation 蒸发作用：由液态转化为气态的过程

evaporite 蒸发岩：在封闭盆地中的水体被蒸发，水中的溶解性盐类（盐、硬石膏、石膏）析出而沉淀

evolution 进化：物理因素和生物因素随时间而发生变化的趋势

exfoliation 剥离作用：由于天气原因造成的岩石外层脱落

extinction 灭绝：在较短的地质历史时期发生大量的物种消失

extrusive rock 火成岩：火山岩浆喷发到地球或月球的表面，冷却形成火成岩

fault 断层：由于地球运动导致的地壳岩石的断裂

fauna 动物群：特定区域或年龄段的动物生命

fissure 裂隙：地壳中大的裂缝，可能是火山岩浆喷发的地方

floodplain 漫滩：位于河边的平地，当河流泛滥时，易发生洪灾

flora 植物群：某一特定地区或时间的植物群落

fluvial 河流的：属于河流沉积作用形成的

fossil 化石：前地质时期的动植物的遗体，及岩石中的遗迹

fossil fuel 化石燃料：一种能源，来源于古代植物和动物生命体，包括煤、石油和天然气；当这些存储在地壳中上百万年的燃料被点燃时，就会释放二氧化碳

frost heaving 冻涨作用：冰的膨胀作用使岩石上升到表面

fumarole 喷气孔：蒸汽或者其他气体从地下喷出的出口，例如间歇喷泉

geologic column 地质柱状图：某地区地质单元的总厚度

geomorphology 地貌学：研究地球表面特征

geothermal 地热的：由地球内部炎热的岩石产生的热水或蒸汽

geyser 间歇喷泉：间歇喷水花和蒸汽的温泉

glacier 冰河：当冬日的降雪量超过了夏日融化的雪量，从而形成的巨大的缓慢移动的冰块

glacier burst 冰河泛滥：由于地下冰河火山喷发导致的洪水

glaciè re 冰层：地下冰层

graben 地堑：断层石块的下降形成的山谷

gravity fault 重力断层：沿着断层平面，就像在重力作用下，向下运动；也

称为正断层

greenhouse effect 温室效应：低层大气保温效应，主要是水蒸气和二氧化碳

groundwater 地下水：由大气降水渗透、循环进入地表以下

guyot 平顶海山：到达海洋表面的海底火山。火山顶部由于侵蚀作用变平坦，之后由于下陷沉入海底

haboob 哈布沙暴：猛烈的尘暴或沙暴

hazardous waste 有毒废弃物：对生命产生危害的污染，包括有毒物质和核废料

heat budget 热量收支：进入生物圈的太阳能流量

heat flow 热流：热能以一定的速率从热向冷传递，其流量相对于温度梯度乘以它们之间的材料传导率

hot spot 热点：与板块边界无关的火山中心，它是地幔中异常岩浆的生成点

hydrocarbon 碳氢化合物：由碳链和氢原子组成的分子

hydrologic cycle 水循环：水从海洋进入陆地再返回到大海的循环圈

hydrology 水文（地理）学：研究地球水流的科学

hydrosphere 水圈：位于地球表面的水层

hydrothermal 热液的：与地壳中热水的移动有关，也与矿石受地下热水侵位有关

hypocenter 震源：地震发生的位点

ice age 冰川期：大面积地球表面被巨大的冰川所覆盖的时期

iceberg 冰山：从冰川分离出的冰体，进入海洋

ice cap 冰帽：极地被雪或冰覆盖

igneous rocks 火成岩：由熔融的岩石凝固形成

impact 碰撞／冲击：天体冲击地球表面，形成弹坑

industrialization 工业化：自然资源在工业、交通业和其他人类活动中的利用

infrared 红外的：利用红光和无线电波波段的热辐射

insolation 日射：所有的太阳能入射进入行星

interglacial 间冰期：两个冰期之间气候比较温暖的时期

intertidal zone 潮间带：高潮和低潮之间的海滩区域

intrusive 侵入岩：火成岩体在地表以下固化成岩

island arc 弧形列岛：火山向陆地的俯冲带，与海沟平行，位于俯冲带融化地区的上方

isostasy 地壳均衡说：地质学理论，它认为地壳处在漂浮中，起伏与否取决于其密度

isotope 同位素：质子数和电子数相同，中子数不同的同一元素的不同原子

互为同位素；即核电荷数相同，原子质量不同

jet stream 急流：上层大气中（位于对流层上层或平流层中）的强而窄的气流

lahar 火山泥流：火山斜坡上（水、黏土、砂和岩石碎块等）火山混合物泥流

landfill 填埋：一种处理城市固体废弃物的方式，即垃圾分层填埋，顶部覆盖防渗黏土

landslide 滑坡：地震、灾害性天气等触发的土石顺坡快速下滑（的现象）

lapilli 火山砾：体积较小的固体状（直径为2～64毫米）火山碎屑

lava 熔岩：涌出地表的熔融岩浆

leachate 渗滤液：填埋场中可溶物质溶解产生的溶液

limestone 石灰岩：一种沉积岩，主要成分为海洋无脊椎动物外壳的方解石

liquefaction 液化：地震时沉积物液化而失去支撑能力

lithospheric 岩石圈：岩石圈中参与构造运动的部分

loess 黄土：粉尘颗粒大规模沉降形成的堆积物

magma 岩浆：地球内部的熔融的岩石，也是火成岩的组成部分

magnitude scale 地震震级：表示地震能量等级的标度

mantle 地幔：地球中地壳以下、地核以上的部分，由可能处在对流状态的致密造岩物质组成

mass wasting 块体坡移：岩石在重力直接作用下顺坡向下的运动

metamorpHism 变质作用：原有的火成岩、变质岩和沉积岩在高温高压下未经熔融，而重结晶

mathane 甲烷：有机物分解释放的碳氢气体，也是天然气的主要成分

microeathquake 微地震：微弱的地球振动

midocean ridge 大洋中脊：沿着离散型板块边缘的海底山脊，此处热地幔物质不断上升，凝固成新洋底

monsoon 季风：一年内陆地和海面温度随季节变化的季候风

moraine 冰碛：在冰川作用过程中，所携带和搬运的碎屑构成的堆积物

natural resource 自然资源：用于工业生产的可再生和不可再生地球资源

nitrogen cycle 氮循环：氮从大气圈到生物体，当生物分解时最终回到大气圈的流动过程

normal fault 正断层：（在倾滑断裂中）斜断面上面的岩石相对另一块岩石向下运动的重力断层

nuee ardente 细熔岩碎屑：热灰、热气形式的火山碎屑喷发物

oil spill 溢油：原油倾倒入水体的现象，会对海洋生物、海洋生境产生危害

ore body 矿体：含金属的矿石堆积体，涌向海面的热液与深入向下的冰冷海水在其周围混合

ozone **臭氧**：三个氧原子组成一个臭氧分子，在大气圈上层的臭氧屏蔽大部分具有危险性的太阳紫外线，而近地面处的臭氧是城市浓雾的主要成分

pahoehoe lava **绳状熔岩**：冷却时形成绳状结构的熔岩

paleontology **古生物学**：基于动植物化石研究古生物形态的学科

particulate **颗粒**：分散在大气中微小的灰尘和烟尘；人造颗粒一般被视为污染

periglacial **冰缘的**：指与冰川相关的地质进程

permafrost **永久冻土**：北极地区的永久性冻结的土地

permeability **渗透性**：岩石允许液体通过其裂隙、裂孔和关联结构的特性

petroleum **原油**：一种碳氢燃料，包括石油和天然气，采自古生物遗体

photochemical **光化学作用**：光照引发的化学反应

photosynthesis **光合作用**：植物利用二氧化碳、水和阳光生成碳水化合物的过程

pH scale **pH 值**：描述物质酸碱度的对数值；pH为0代表酸性最强，pH为14代表碱性最强，pH为7代表中性

phytoplankton **浮游植物**：海洋或淡水中，微小的自由浮游的单细胞植物

placer **砂矿**：冰川消融所形成的岩石沉积；流水作用形成的任一种矿床

plate tectonics **板块构造学**：从岩石圈板块的相互作用分析地球主要特征的理论

playa **干盐湖**：荒漠盆地底部平坦、干燥、贫瘠的平地

pollutant **污染物**：任何污染空气或水的、人造或天然的物质

porosity **空隙率**：岩石内晶体和晶粒间的空隙（通常充满水）的体积百分比

precipitation **降水**：从云雾降落到地面的冷凝物，如雨、雪、冰雹或细雨；沉降

primary producer **初级生产者**：食物链中最低一级

pumice **浮岩**：质极轻、多气泡的喷出岩

pyroclastic **火山碎屑**：火山爆发时抛射出的岩石碎块

radioactive waste **放射性废物**：来自核电厂、武器工厂和医院实验室的核废物，属于有害物质

reclamation **恢复**：使环境回到原始状态的过程

reef **生物礁**：大陆或岛屿边缘的生物群落；生物遗体的贝壳形成石灰石矿

regression **海退**：海面下降导致大陆架暴露而受侵蚀的现象

reserves **储量**：已知、已识别的可即时提取和使用的地球资源

resource **资源**：稍后可能被使用的有用的地球资源储备

resurgent caldera **复活的死火山口**：重新经历火山活动的火山口

rift valley **裂谷**：洋脊系统的中央山脊，延伸长度很长，是大陆和海洋板块

分离的地方

rille (ril) 冲沟：熔岩隧道坍塌形成的小沟

riverine 河岸的：与河流相关的

saltation 风沙跃移：风或水作用引起的沙粒运动

salt dome 盐丘：盐塞向上运动而产生的拱形构造，下面埋有沉积岩，通常蕴藏了石油

sand boil 砂沸：地震过程中，因液化作用产生的像喷泉的携带大量沉积物的水

scarp 崖：地球运动形成的斜坡面

seafloor spreading 海底扩张：一种学说，认为由于大洋中脊两侧的岩石圈板块分离，地幔物质从地幔涌出填平裂谷，从而形成新洋底

seamount 海山：海底下的火山

sedimentation 沉积作用：使沉积物沉积下来的过程

seiche 湖震：湖泊或内陆海水面的潮水振动

seismic 震动的：与地震能量或其他强烈地面震动相关

seismic sea wave 海啸波：海底地震或火山产生的海浪，也称海啸

seismometer 地震检波器：地震波的检测仪器

shield 地盾：前寒武纪大陆地核出露的地区

shield volcano 盾形火山：流动性较大的熔岩流堆积而成的表面平坦且坡度小的火山锥

sinkhole 灰岩坑：地下石灰岩溶解导致地表材料大量塌陷，从而形成巨坑

solifluction 融冻泥流：冻原地带冻融作用形成的现象

soluble 可溶物：指一种能溶解于水的物质

species 物种：有相似特征，成员间可以正常交配并繁育后代的生物群

stishovite 超（斯）石英：超高压（如大陨石撞击地球产生的高压）下产生的矿物多形体

storm surge 风暴潮：暴风引起的海岸边的海水异常升高

strata 岩层：岩石形成层

stratovolcano 成层火山：熔岩、碎屑等交替喷发形成的以层状结构为特征的基性火山

subduction zone 俯冲带：大洋板块向大陆板块俯冲进入地幔的区域；海沟是俯冲带的表面表现形式

subsidence 下沉/沉降：由于地下水的移除而产生的沉积物收缩

surge glacier 跃动冰川：以高速向海洋跳跃前进的大陆冰川

syncline 向斜褶皱：岩层向公共轴心内斜形成的褶曲构造

talus cone **倒石堆/岩屑锥**：从陡坡上滚落下来的石块在悬崖脚下形成的堆积物

tectonics **构造学**：关于地球巨型构造特征（岩石形成和板块）以及形成这些构造的作用力、运动的历史研究

temperature inversion **逆温层**：一般情况下，温度会随着高度增加而降低，而在大气某一层，气温随高度的增加而升高，出现这种逆温现象的大气层被称为逆温层

tephra **火山灰**：喷发过程中火山内喷射出的大到岩块小到灰尘颗粒的所有的碎屑物质

terrane **地体**：与陆块相连的特有的地壳片断

tide **潮汐**：月球对地球海洋的引力作用引起的海面水体凸出；地球的自转使得海面水位每天发生两次升降

till **碛**：冰川沉积形成的沉积物

tillite **冰碛岩/层**：冰川碛组成的沉积物

transform fault **转换断层**：地壳的一种断裂，且此断裂带周边伴有侧向运动；它们是大洋中脊的普遍特征

transgression **海侵**：因海面上升，造成海水对大陆浅边缘侵入

trench **海沟**：板块俯冲运动造成的海底凹陷

tsunami **海啸**：海底、近海发生地震或火山喷发而产生的海水波动

tuff **凝灰岩**：火山碎屑堆积固结而成的岩石

tundra **冻原**：高纬度高海拔地区被永久冻土覆盖的区域

typhoon **台风**：西太平洋中与飓风相似的热带大风暴

ultraviolet **紫外线**：波长比可见光短，比X光长的不可见光

undeveloped nation **不发达国家**：工业化程度低，重污染的，多数贫穷的国家

upwelling **涌升**：水流的向上流动

varves **纹泥**：冰川融水储存的叠层湖底沉积物

ventifact **风棱石**：经风沙长期磨蚀作用形成的岩石

volcanic ash **火山灰**：火山喷发时喷向大气的细微的火山碎屑物

volcanic bomb **火山弹**：火山爆发时弹出的形状圆滑的熔岩块

volcano **火山**：地壳的裂缝或裂口，熔岩可从此处涌出地面形成山脉

water pollution **水污染**：工业废水、城市生活污水排放引起的水质恶化现象

water vapor **水汽**：大气中气态不可见的水分

wetland **湿地**：被水覆盖，拥有众多野生动植物资源的土地

译后记

    2008年3月份，我有幸负责翻译乔恩·埃里克森（Jon Erickson）的著作《地球面临的挑战——环境与地质》。一开始阅读此书，我就喜欢上它通俗易懂、深入浅出的风格。不同于国内已经出版的专业书刊，本书更像是一本科普著作。不管是对地质学专业的学生，还是普通的科学爱好者来说，这都将是一本带领大家认识环境地质学的优秀参考书。

    环境地质学是研究人类活动和地质环境相互作用的学科，它是地质学的一个分支，也是一门融合了地质学、环境生态学、物理学和化学等学科知识的交叉性学科。原著的作者埃里克森是一名才学渊博的地质学家。在本书中，他不仅从专业的角度向我们介绍了自然地质作用对环境的影响，介绍了人类活动对环境的反作用，同时也从专业的角度提出了应对灾害的观点和对策。其中令我印象最深刻的一个观点是，降低洪水危害的最佳方法是"漫滩"，即人类退出洪水易发区，而不是在同样的漫滩上重建危险的家园，若漫滩必须开发，那么就需要建造保护堤、水库和改善河道。或许这个观点对于灾区的重建有一定启发：究竟人类应该主动地从危险地带撤退，还是应该在危险地带建立保护带？每个读者通过阅读本书后都将有自己的见解。

　　由于本书是作为科普读物，其读者群体中也许有很大一部分是非专业的科学爱好者，因此，笔者在翻译此书时，力求通俗易懂。许多美语常见的表达法与汉语的习惯可能存在很大的不同，这就导致原文中非常直白的句子直译后显得很拗口，于是译者对部分句子采取了意译。同时，笔者对书中较难理解的短语或句子做了相关的注释，并且对个别过时的观点做出了更正。希望这将有助于读者更好地认识环境地质学。

　　作为一名年轻的译者，我对自己的译文大多怀着不安，我只能说我已尽力。我感激我的好友章秀花和张元元女士，她们在此书的翻译过程中一直真诚地给予我帮助，并对译文提出了很多的意见。我也要感谢首都师范大学出版社杨林玉师姐对本书的认真编辑，才使得本书能顺利出版。

　　这是我真心喜欢的一本书，我也真诚地希望读者朋友们能从中得到收获。由于个人知识水平有限，加之校对仓促，书中会存在或多或少的疏漏，如读者在阅读时发现，欢迎批评指正。

杨心鸽

2009年4月19日于北大逸夫楼